Alan Mitchell · John Wilkinson

Pareys Buch der Bäume

Nadel- und Laubbäume in Europa nördlich des Mittelmeeres

Übersetzt und bearbeitet von

Prof. Dr. Peter Schütt
Lehrstuhl für Forstbotanik der
Ludwig-Maximilians-Universität München

Mit 2440 Einzeldarstellungen, davon 2400 fa

Verlag Paul Parey · Hamburg und Berlin

Konzeption und Entwicklung durch Domino Books unter dem Titel

THE TREES OF BRITAIN AND NORTHERN EUROPE

Konzeptionelle Beratung: Hermann Heinzel

CIP-Kurztitelaufnahme der Deutschen Bibliothek

Mitchell, Alan:
Pareys Buch der Bäume : Nadel- u. Laubbäume in
Europa nördl. d. Mittelmeeres / Alan Mitchell ;
John Wilkinson. Übers. u. bearb. von Peter
Schütt. – Hamburg ; Berlin : Parey, 1982.
Einheitssacht.: The trees of Britain and
northern Europe ‹dt.›
ISBN 3-490-19418-7
NE: Wilkinson, John; Schütt, Peter [Bearb.]

 Anschriften: Spitalerstraße 12, D-2000 Hamburg 1; Lindenstraße 44–47, D-1000 Berlin 61. Satz: Westholsteinische Verlagsanstalt Boyens & Co., Heide. Farblithographie: Fournier S.A. Vitoria.
Printed in Spain by Fournier S.A., Vitoria. Umschlag: Jan Buchholz und Reni Hinsch, Hamburg. Umschlagszeichnung: J. Wilkinson

ISBN 3-490-19418-7

Inhalt

Vorwort des Übersetzers 7
Einführung 8
Bestimmungsschlüssel für Nadelbäume 18
Bestimmungsschlüssel für Laubbäume im Sommer 19

Ginkgo-Gewächse 24

Eiben-Gewächse 24

Nußeiben 26

Kopfeiben-Gewächse 26

Steineiben-Gewächse 28

Araukarien-Gewächse 30

Zypressen-Gewächse

1 Scheinzypressen 32
2 Echte Zypressen 38
3 Wacholder 42
4 Lebensbäume 46

Sumpfzypressen-Gewächse

1 Küsten-Sequoie 50
2 Mammutbaum 50
3 Sicheltanne 50
4 Sumpfzypressen 52
5 Metasequoie 53
6 Schirmtanne 54
7 Spießtanne 55

Kiefern-Gewächse

1 Tannen 56
2 Zedern 68
3 Lärchen 70
4 Fichten 74
5 Hemlockstannen 82
6 Douglasien 86
7 Zweinadlige Kiefern 88
8 Dreinadlige Kiefern 96
9 Fünfnadlige Kiefern 100

Weiden-Gewächse

1 Schwarzpappeln 108
2 Weißpappeln 110
3 Balsampappeln 111
4 Weiden 112

Walnuß-Gewächse

1 Flügelnüsse 116
2 Walnüsse 118
3 Hickory 120

Birken-Gewächse

Birken 122

Erlen 128

Hainbuchen-Gewächse

1 Hainbuchen 130
2 Hopfenbuchen 131

Hasel-Gewächse 132

Buchen- und Ulmen-Gewächse

1 Scheinbuchen, sommergrün 133
2 Scheinbuchen, immergrün 134
3 Buchen 136
4 Eßkastanien 138
5 Eichen 140
6 Ulmen 154
7 Zelkoven 158
8 Zürgelbäume 159

Maulbeer-Gewächse

Maulbeeren 160

Feige 160

Magnolien-Gewächse

1 Magnolien 162
2 Tulpenbäume 166

Tetracentron-Gewächse 166

Katsura-Gewächse 167

Protea-Gewächse 168

Lorbeer-Gewächse 168

Winterrinden-Gewächse 168

Zaubernuß-Gewächse

Amberbaum 170

Parrotie 171

Guttapercha-Gewächse 171

Platanen-Gewächse 172

Rosen-Gewächse

1 Mispel 174
2 Weißdorne 174
3 Felsenbirne 176
4 Ebereschen 177
5 Mehlbeeren 181
6 Elsbeere 180
7 Äpfel 184
8 Birnen 188
9 Kirschen 189

Hülsenfrüchtler

1 Judasbaum 196
2 Mimose 197
3 Robinie 198
4 Gleditschie 199
5 Goldregen 200

Rauten-Gewächse 202

Bittereschen-Gewächse 204

Zederach-Gewächse 206

Sumach-Gewächse 206

Buchsbaum-Gewächse 207

Stechpalmen-Gewächse 208

Ahorn-Gewächse

1 Bergahorn 212
2 Dreiblättrige Ahorne 224
3 Fünfblättrige Ahorne 225

Roßkastanien-Gewächse 226

Linden-Gewächse 230

Eucryphia-Gewächse 234

Tee-Gewächse 235

Efeu-Gewächse 235

Seifenbaum-Gewächse 236

Klebsamen-Gewächse 237

Flacourtia-Gewächse 237

Myrten-Gewächse 237

Tupelobaum-Gewächse

Tupelobaum 240

Taubenbaum 240

Hartriegel-Gewächse 241

Heidekraut-Gewächse

Erdbeerbäume 242

Sauerbaum 244

Storax-Gewächse 244

Ölbaum-Gewächse

1

2

3

1 Eschen 246
2 Liguster 250
3 Steinlinde 250

Ebenholz-Gewächse 251

Bignonien-Gewächse 252

Rachenblütler 253

Agaven-Gewächse 254

Palmen-Gewächse 255

Bestimmungsschlüssel für Laubbäume im Winter 256

Baumsilhouetten im Winter 259

Verzeichnis der deutschen Namen 264

Verzeichnis der wissenschaftlichen Namen 268

Vorwort des Übersetzers

Seit eh und je gilt eine Synthese von straffem Text und geschickt ausgewählter zeichnerischer Darstellung als die wohl ideale Voraussetzung für ein gelungenes Bestimmungsbuch der Dendrologie. Bislang wurde diese Synthese allerdings nur selten verwirklicht.

Nunmehr bieten A. Mitchell als einer der profiliertesten europäischen Dendrologen und J. Wilkinson als ein besonders erfolgreicher Illustrator botanischer Objekte ein derartiges Buch an – bunt sogar und als Taschenausgabe. Unter diesen Voraussetzungen bedurfte es keiner langen Überlegungen, um das Angebot zur Übertragung vom Englischen ins Deutsche anzunehmen. Ohne Zweifel wird dieses Buch auch in Mitteleuropa viel Freunde finden.

In der englischen Fassung ist der Mitchell/Wilkinson ganz auf die dendrologischen Verhältnisse der Britischen Inseln abgestimmt. Wegen des ausgeglichenen feucht-milden Klimas gedeihen dort viele Baumarten, die in Mitteleuropa zurückfrieren. Eukalyptus, Bambus, Agaven und Araukarien seien als Beispiele genannt. Darüber hinaus können die andersgearteten Klimabedingungen auch zu Abweichungen in der Vitalität, in den Dimensionen und im Erscheinungsbild der Bäume führen. Aus eben diesen Gründen sind einige wenige der artspezifischen Übersichtsbilder nicht in allen Fällen typisch für die Verhältnisse „auf dem Kontinent“. Weißtanne, Salweide, Bergulme oder europäische Lärche gehören zu diesen Fällen. Dessenungeachtet treffen die Darstellungen der meisten Arten auch für uns ohne Einschränkung zu. Das gilt auch und vor allem für die Detailabbildungen von Blatt, Blüte, Rinde und Frucht.

Im übrigen wurden die Texte den mitteleuropäischen Verhältnissen angepaßt und gelegentlich um einige ökologische Informationen erweitert.

Der Verlag Paul Parey hat mir durch Verständnis und Geduld die Arbeit sehr erleichtert. Dafür danke ich.

Peter Schütt

Einführung

Dieses Buch beschreibt die in Wäldern, in der offenen Landschaft, in Hecken, Parks und Gärten sowie an Straßen vorkommenden Bäume Mitteleuropas, Großbritanniens und Nordeuropas – ingesamt mehr als 300 Arten und Varietäten. Nicht enthalten sind die zahllosen, meist nur in Sammlungen und botanischen Gärten zu findenden Raritäten. Ihre Aufnahme hätte den Rahmen des Buches gesprengt und seine Benutzung erschwert.

Einige der seltenen Arten wurden aber bewußt einbezogen – entweder, weil in dieser oder jener Sammlung besonders schöne Exemplare wachsen, weil sie ein spezielles Interesse verdienen, wie z. B. die Tempelkiefer, weil sie besonders eigenartig sind, wie Sassafras, oder einfach, weil sie mehr Aufmerksamkeit verdienen als sie derzeit erzielen, so etwa die Amurlinde und die mongolische Linde oder die chinesische Korkeiche.

Sträucher sind in diesem Buch nicht vertreten, ausgenommen einige wenige wie die gewöhnliche Hasel, welche normalerweise das Kriterium eines Baumes – die Ausbildung eines einzigen 6 m hohen Stammes – nicht erfüllt. Auch Obstbaumsorten wurden nicht aufgenommen.

Praktisch jeder Baum, ob selten oder häufig, der in Nordeuropa gedeiht, ist auch auf den Britischen Inseln und in Mitteleuropa kultivierbar. Andererseits sind die Klimabedingungen für den Anbau fremdländischer Baumarten in Großbritannien weit günstiger als in Mittel- und Nordeuropa.

Text

Deutsche Namen. Immer dann, wenn für eine Baumart mehrere deutsche Namen in Gebrauch sind, haben wir jenen vorgezogen, der uns weniger irreführend, präziser, weiter verbreitet oder wohlklingender erschien. Existierte für eine Baumart noch kein deutscher Name, leiteten wir ihn entweder von der botanischen Bezeichnung oder vom englischen Namen ab.

Die Bedeutung der lateinischen Artnamen wird immer dann erklärt, wenn sie sich nicht von selbst versteht.

Artbeschreibung. Ein blauer Punkt signalisiert den Beginn einer neuen Familie.

Die Beschreibung ergänzt die Abbildungen; sie erklärt sie nicht. Gelegentlich wird allerdings auf Merkmalsschwankungen oder – wie bei der Rinde – auf zusätzliche Einzelheiten hingewiesen. Das natürliche Verbreitungsgebiet fremder Holzarten erwähnen wir nur dann, wenn es sich nicht aus dem deutschen Namen ableiten läßt. Aussagen über ihre Anbauhäufigkeit in Mitteleuropa erfolgen pauschal. Differenziert wird in dieser Hinsicht klimatisch, nicht geographisch. Die Mehrzahl der erwähnten Exoten gedeiht ohnehin eher in Sammlungen als in Gärten, Parks oder Wäldern. In unserem Land konzentrieren sich die Gebiete größerer dendrologischer Vielfalt auf den klimatisch bevorzugten Südwesten, auf das Rheinland und das Bodenseegebiet. Frost- und kälteempfindliche Arten wie die Küsten-Sequoia oder die Italienische Zypresse findet man hier zuerst. Sie wird man in Mittel- und Hochgebirgslagen vergeblich suchen, denn dort werden die Lebensbedingungen für nicht angepaßte Baumarten durch strenge Winterkälte, verkürzte Vegetationszeit, erhöhte Gefahr von Spätfrösten und die mechanische Belastung durch Schnee und Eis extrem verschlechtert. Weil die Klimaverhältnisse in Mitteleuropa jedoch stark variieren, bestehen sowohl für atlantische wie für kontinentale Holzarten an irgendeinem Ort zumindest als Park- oder Gartenbaum gute Anbauchancen.

Die Höhe wird zum Abschluß jeder Artbeschreibung in Metern angegeben. Es geht dabei um Maximalwerte ausgewachsener Individuen unter den günstigsten Standorts- und Klimabedingungen Mitteleuropas. Auf konkrete Angaben über die Kronenbreite wurde verzichtet, weil diese in hohem Maße von Umweltverhältnissen abhängt und starken individuellen Schwankungen unterworfen ist.

Gleich nach der Maximalhöhe wird der Gartenwert in einer vierteiligen Skala angegeben (I, II, III, X). Grundlage dafür ist das Verhalten der jeweiligen Art in Parks und Gärten, dort, wo sie gut gedeiht. Gesundheit, Vitalität, Kronenform, Belaubung, Rinde, Herbstverfärbung, Blüte und Bedeutung im allgemeinen sind dafür die maßgebenden Kriterien.

I: Ein erstklassiger Baum von guter Gesundheit mit harmonischer Krone und schöner Belaubung, oft mit reichlicher Blüte oder prächtiger Herbstfärbung und ohne nennenswerte Fehler. Insgesamt Bäume mit spezifischem Charakter, als Blickpunkte geeignet – einzeln oder in kleinen Gruppen.

II: Entweder ansehnliche Bäume, denen die spezifische Besonderheit fehlt oder solche, die wegen eines Mangels, wie Krankheitsanfälligkeit oder unschöne Winterfärbung, nicht in Gruppe I eingereiht wurden. Gut für jede allgemeine Verwendung, nicht jedoch als Blickfang.

III: Normale, mittelmäßige Bäume, etwas blaß und ohne Besonderheiten, allerdings auch ohne gravierende Mängel,
– oder Bäume mit guten Eigenschaften, kombiniert mit deutlichen Mängeln,
– oder hierzulande armselige Arten, gleichwohl von großem botanischem Interesse oder ruhmreicher Vergangenheit und deswegen von Wert.

X: Ein Baum, den man nicht empfehlen kann. An seiner Stelle sind für jeden Standort zahlreiche bessere Arten vorzuziehen. Mängel treten das ganze Jahr hindurch offen zutage, wie z. B. eine zerzauste Krone, oder sie werden – wie eine eintönige Belaubung – nur während der Vegetationszeit deutlich.

Hinweis: Die japanischen Kirschen, S. 192–193, werden ausschließlich aufgrund ihrer Blüten eingestuft. Andernfalls gehörten sie fast alle zur Kategorie X.

Natürlich ist diese Bonitierung ein wenig subjektiv. Aber der Autor glaubt, einen guten Baum als solchen zu erkennen, wenn er einen sieht, und nach allen Grundsätzen der Ästhetik ist die Ungarische Eiche eine Schönheit, Pissards Pflaume gewiß nicht. Nicht alle Entscheidungen sind aber so einfach, und in einigen Fällen könnte man gewiß darüber diskutieren, ob II oder III die bessere Einstufung darstellt.

Vermehrung. Wird eine ganze Familie oder eine Gattung auf die gleiche Weise angezogen, steht es im einleitenden Text und wird nicht bei jeder Artbeschreibung wiederholt. Es sei denn, bei bestimmten Arten treten Schwierigkeiten auf oder es werden spezifische Vermehrungsmethoden angewandt. Weitere Hinweise über die Art der Vermehrung finden sich auf Seite 13.

Abbildungen

Die zur Illustration ausgewählten charakteristischen Teile des Baumes – Krone, Rinde, Trieb, Blatt, Blüte oder Frucht – sind für die Bestimmung besonders wichtig. In allen Fällen findet man eine Darstellung des Blattes. Wo Rinde, Frucht oder Blüte weder abgebildet noch beschrieben sind, unterscheiden sie sich nicht von den entsprechenden bereits abgebildeten Teilen nahe verwandter Arten.

Von einigen Ausnahmen abgesehen, wurden alle Abbildungen nach lebenden Bäumen bzw. nach frischen Trieben, Blüten oder Früchten gezeichnet. Immer sind es typische Beispiele. Man sollte aber nicht vergessen, daß Blätter wie auch Früchte und ganze Bäume während der Vegetationszeit erhebliche Farbveränderungen durchlaufen, daß ferner große Verschiedenheiten in der Blattform, sowohl an einem Baum als auch an verschiedenen Bäumen derselben Art, vorkommen und daß schließlich die Kronenform mit dem Alter, der Umwelt, der Wind- und Kälteexposition und auch mit der Beeinflussung durch Mensch und Tier, insbesondere in der Jugend, stark schwanken kann.

Höhe. Gleich neben den abgebildeten Bäumen ist deren Höhe vermerkt, desgleichen der Durchmesser des Stammes bei der Abbildung der Rinde. Wie man die Höhe eines Baumes feststellt, wird auf der dritten Umschlagseite erklärt.

Blühzeiten. Die Monate, in denen die Mehrzahl der Blüten oder Früchte erscheint, werden neben der entsprechenden Abbildung im Schrägdruck angegeben. Somit bedeutet ♂ 4–5, daß männl. Blüten im April/Mai zu sehen sind.

Winter. Wie man Laubbäume im Winter bestimmt, wenn Krone und Triebe ohne Blätter sind, wird auf Seite 256, gleich hinter dem Hauptteil des Buches, erklärt. Sowohl im Bestimmungsschlüssel als auch bei den Silhouettenbildern wird unmittelbar auf den Haupttext verwiesen.

Bäume

Bäume – das sind Pflanzen von bestimmter Wuchsform und keineswegs Angehörige ein und derselben speziellen Gruppe des Systems. Sie kommen in beiden Klassen der Samenpflanzen vor – bei den Gymnospermen wie bei den Angiospermen. Die Gymnospermen oder Nacktsamer (hier befinden sich die Samenanlagen frei zugänglich auf dem Fruchtblatt) umfassen Ginkgo und sämtliche Koniferen. Fast alle sind sie Bäume. Die Angiospermen oder Bedecktsamer (Samenanlagen werden von einem Fruchtknoten umgeben) schließen unsere bekannten Gartenpflanzen, Wildblumen, Lilien, Palmen und Gräser ein. Einige der Angiospermen-Familien, wie die Buchen-, die Ulmen- oder die Lindengewächse, bestehen fast ganz aus Baumarten, in anderen, wie den Hülsenfrüchtlern oder den Rosengewächsen, sind Bäume in der Minderzahl. Bei den Rachenblütlern gibt es schließlich nur eine Gattung mit Bäumen – Paulownia – und bei den Primelgewächsen fehlen sie völlig. Bäume und Sträucher unterscheiden sich von anderen pflanzlichen Wuchsformen durch die Bildung von Holz. Jede Knospe jeder beliebigen Pflanze läßt einen Sproß mit Zellen, die Wasser leiten können, hinter sich. In ‚Nicht-Holzpflanzen' bleibt es dabei, und der Sproß stirbt am Ende der Vegetationsperiode ab. Bei Holzpflanzen jedoch bildet das Kambium (das ist eine einschichtige Lage teilungsfähiger Zellen zwischen Holz und Bast) während der Vegetationszeit nach innen und außen ständig neue Zellen. Das verdickt und festigt den Stamm, der nun den Winter überdauern und im nächsten Jahr das Wachstum fortsetzen kann.

Die vom Kambium nach außen abgegebenen Zellen bilden den Bast. In ihm werden Stoffe nach unten, in Richtung Wurzeln, geleitet, die in den Blättern durch Photosynthese entstanden. Falls diese rel. dünne Bastschicht rings um den Stamm unterbrochen wird, muß der Baum sterben.

Demgegenüber bilden Zellen, die nach innen abgegeben werden – sie schieben das Kambium jedes Jahr ein wenig weiter nach außen – das eigentliche **Holz**. Hier werden Wasser und Nährsalze nach oben geleitet, die die Wurzeln aus dem Boden aufgenommen haben. Darüber hinaus dient das Holz der mechanischen Festigung des Baumes.

Laubbäume haben für diese Aufgaben Spezialzellen entwickelt: Die der Wasserleitung dienenden Zellen sind zu langen Röhren, den Tracheen, verschmolzen (fusioniert); spezielle Holzfasern erhöhen die Festigkeit.

Die rel. primitiven Nadelhölzer nutzen hingegen für beide Zwecke dieselbe Zellart: sog. Tracheiden. Diese sind mit dicken Wänden ausgerüstet und geben das Wasser von Zelle zu Zelle über kleine verschließbare Löcher, die sog. Tüpfel, weiter. Diese anatomischen Differenzen machen letztlich die grundsätzlichen Unterschiede zwischen dem Holz der Nadel- und dem der Laubbäume aus.

Insgesamt noch 3 Laubbäume sind entwicklungsgeschichtlich so primitiv, daß sie ausschließlich Tracheiden ausbilden – wie ein Nadelbaum. Zwei davon werden in diesem Buch beschrieben: Tetracentron und Katsurabaum. Der dritte, Trochodendron, ist ein sehr seltener immergrüner Strauch.

Die wasserleitenden Gefäße haben bei Nadel- wie bei Laubbäumen nur eine begrenzte Lebensdauer. Danach werden sie außer Funktion gesetzt und dienen nur noch der Festigung. Bei manchen Arten werden aber noch sekundär verschiedene Substanzen, unter anderem Farbstoffe, eingelagert. In diesen Fällen spricht man von Kernhölzern. Sie sehen nicht nur gut aus, sondern sind auch wesentlich dauerhafter.

Zwitterblüte

Blüten-Typen

Monoezische Art
männl. und weibl. Blüten
am selben Baum

Dioezische Art
♂ und ♀ Blüten
an separaten Bäumen

Platane,
ähnliche Formen
zufällig verteilt

Hasel,
♂ und ♀
sehr unähnlich

Chin. Großblatt-Pappel, androgyn,
♂ und ♀ Blüten
am selben
Blütenstand

Die auf Stammquerschnitten sichtbaren Jahresringe kommen durch die unmittelbare Nachbarschaft von Zonen mit weitporigen und engporigen Zellen zustande. Im Herbst schließt das Kambium seine Tätigkeit mit der Bildung dickwandiger, aber engporiger ‚Spätholzzellen' ab. Im Frühjahr jedoch setzt sie wieder mit der Abgliederung weitporiger und dünnwandiger ‚Frühholzgefäße' ein. Exakt dieser schroffe Übergang tritt dem Auge als Jahrringgrenze entgegen.

Borke und **Rinde** kommen durch die Tätigkeit eigener kleiner Kambien zustande. Sie schützen den Bast und das Kambium vor Verletzungen, Austrocknung und extremer Kälte. Das Aussehen der Borke und der Rinde wird z. T. durch Umwelteinflüsse bestimmt. So hat die Buche als Schattholzart eine glatte, dünne Rinde. Eichen hingegen, als Lichtholzarten in offener sonniger Umgebung wachsend, besitzen eine sehr rauhe, hitzeabweisende Borke.

Blätter. Eine ausgewachsene Eiche verfügt für die Herstellung einer ausreichenden Menge organischer Substanz aus Kohlendioxyd, Wasser, Luft und Sonnenenergie über eine Viertelmillion Blätter. Eine große Fichte besitzt etwa 3 Millionen Nadeln, jede davon bleibt vier bis fünf Jahre tätig. Blattorgane von Koniferen und anderen immergrünen Bäumen, die dem winterlichen Gefrieren und Austrocknen ausgesetzt sind, haben oft ihre Oberfläche reduziert oder bedecken sie mit Wachsen oder dichtem Haarfilz. Zur Zeit des Austreibens können Blätter rot, braun oder gelb gefärbt sein; parallel zur Entwicklung des Farbstoffes Chlorophyll werden sie aber schnell grün. Eine Ausnahme stellen jene Formen dar, bei denen eine durch Anthozyan bewirkte rotbraune Färbung das Grün des Chlorophylls auf Dauer überdeckt.

Wurzeln nehmen Wasser mit Nährsalzen auf und verankern den Baum im Boden. Bis zu einem bestimmten Grad werden diese beiden Funktionen von verschiedenen Wurzeltypen wahrgenommen: von den Feinwurzeln und den Grobwurzeln. Die Ausdehnung der Feinwurzeln eines Baumes reicht weit über dessen Kronenfläche hinaus. Sie bleiben jedoch im flachen Bodenbereich, meist in einer Tiefe von 15–20 cm. Durchlässige Böden werden i. a. tiefer durchwurzelt als verfestigte (z. B. Tonböden). Die eigentliche Aufnahme von Wasser und Nährsalzen geschieht indessen mit Wurzelhaaren, zarten, weißen Gebilden, die nur wenige Wochen am Leben bleiben. So hängt das Wachstum eines Baumes von der ständigen Erneuerung seines Feinwurzelsystems ab.

Die nötige Energie für das Einsetzen des Wurzelwachstums in jedem Frühjahr – lange vor der Blattentfaltung – bezieht der Baum aus den im Holz deponierten Reservestoffen.

Die ‚Wurzelplatte' trägt dazu bei, den Baum zu stabilisieren. Wichtiger sind in dieser Hinsicht jedoch die Senkerwurzeln. Ausgehend von starken Seitenwurzeln wachsen sie senkrecht nach unten und können in lockeren, grundwasserfernen Böden evtl. Tiefen bis zu 10 m erreichen. Stoßen sie auf Grundwasser, kommt es zu fächerartigen Wurzelbildungen, die für eine zusätzliche Wasseraufnahme in Zeiten der Dürre sorgen. Buchenwurzeln meiden feuchte Böden, und wenn Buchen auf flachgründigem Sand über Ton wachsen, kommt es zur Ausbildung mächtiger Wurzelplatten, es entstehen aber keine Absenker.

Blüten. Alle Baumarten tragen Blüten. Einen farbigen Schauapparat findet man aber nur bei jenen, die von Insekten bestäubt werden. Waldbäume wiederum sind viel häufiger wind- als insektenblütig. Sie entlassen große Mengen von Blütenstaub und zwar bevor die Blätter erscheinen, die die Windgeschwindigkeit drosseln.

Sind ♀ und ♂ in derselben Blüte vertreten, sprechen wir von zwittrigen Blüten – entwicklungsgeschichtlich eine rel. progressive Einrichtung. Im anderen Fall treten die beiden Geschlechter in separaten Blüten auf. Ist damit eine Trennung in männl. und weibl. Individuen verbunden, handelt es sich um Zweihäusigkeit oder Dioezie. Kommen ♀ und ♂ Blüten aber auf demselben Baum vor, geht es um Einhäusigkeit (Monoezie). Dioezie gilt als entwicklungsgeschichtlich primitiv, Stechpalmen und Weiden sind aber sekundär dioezisch geworden.

Nun können bei einhäusigen Pflanzen die ♀♀ und ♂♂ in verschiedener Weise angeordnet sein. So stehen bei Kiefern die ♀♀ an der Spitze, die ♂♂ an der Basis der Krone. Bei Eichen findet man die ♀♀ entlang des neuen Triebes, die ♂ Kätzchen aber an der Spitze des alten Triebes. Rein zufällige Verteilungen beobachtet man bei Buchen, Lärchen und Platanen. Für Castanea und Buxus wiederum gilt, daß ♀ und ♂ Blüten voneinander getrennt am selben Blütenstand vorkommen. Einige wenige Arten besitzen einige Äste mit ♂, andere mit ♀ Blüten. Und geradezu chaotisch ist die Situation bei unserer Esche. Dort gibt es rein weibliche oder durchgehend zwittrige Blütenstände an ♂ Individuen. Einige Ahornarten schließlich verwirklichen in dieser Hinsicht alle nur denkbaren Variationen.

Die Anzucht von Bäumen

Die Vermehrung durch Samen ist zweifellos die sicherste und einfachste Methode, Bäume anzuziehen. Zur Nachzucht von Kultivaren oder Zierformen ist sie jedoch ungeeignet. Grundsätzlich sollte man von einzeln stehenden Exemplaren oder von solchen, in deren Nachbarschaft Bäume anderer Arten wachsen, kein Saatgut verwenden. Der Grund: fast alle Baumarten sind Fremdbestäuber. Findet dennoch Selbstbestäubung statt, so sind die Nachkommen oft minderwertig und von schlechter Form. Im zweiten Fall besteht die Gefahr der Artbastardierung; entsprechende Sämlinge wären u. U. nicht artrein. Die Fähigkeit zur Stecklingsbewurzelung schwankt zwischen den Arten. Eichen, Stechpalmen oder Ahornarten verfügen nur selten über Knospenanlagen, aus denen Wurzeln werden können, sog. „Wurzelinitialen". Buchen und Roßkastanien vermehren sich gelegentlich durch Absenker – dennoch sind sie kaum über Stecklinge vermehrbar. Weiden und Pappeln hingegen bilden reichlich und fast überall Wurzelinitialen aus. Selbst zugeschnitten und als Zaunpfahl verwendet, können sie noch Wurzeln bilden. Maulbeerbäume schließlich werden seit altersher durch die Bewurzelung langer Zweigabschnitte vermehrt, indem etwa die Hälfte ihrer Länge in den Boden gesteckt wird.

Die Mehrzahl der Bäume ist zwischen den hier skizzierten Extremen einzuordnen. Sie lassen sich bewurzeln, benötigen allerdings eine wohl abgestimmte Unterstützung. So sollten die Stecklinge zur Winterszeit geschnitten werden, wenn die Wurzeln ohnehin kaum tätig sind und wenn Laubbäume keine Blätter zu versorgen haben. Unter diesen Bedingungen werden sich bei Erwärmung des Bodens – noch vor dem Laubausbruch – leicht Wurzeln bilden. Ein anderer geeigneter Erntetermin liegt im Juni/Juli, wenn der erste Wachstumsschub vorüber ist, die Wurzeln sich aber noch in voller Entwicklung befinden. Zu beiden Zeitpunkten ist es entscheidend, daß der größere Teil des Stecklings mit möglichst vielen Knospen in den Boden gelangt. Nur 2 oder 3 Knospen sollten herausschauen. Pappeln und Weiden, angezogen aus Stecklingen, die zu $^{9}/_{10}$ im Boden waren, können im 1. Jahr 2–3 m lange Triebe bilden. Sich selbst überlassen, entwickeln sie sich dennoch zu unerfreulichen, krummen und unwüchsigen Pflanzen. Verhindern läßt sich das, wenn man sie vor dem nächsten Frühjahr konsequent zurückschneidet. Sie entwickeln sich dann zu kräftigen, geradwüchsigen Bäumen.

Pfropfung. Kultivare als plötzlich entstandene und später selektierte Sämlinge sind auf generativem Wege nicht ohne Veränderung zu vermehren. Mißlingt in diesen Fällen die Stecklingsbewurzelung, so muß gepfropft werden. Pfropfung ist außerdem angebracht, wenn die zu vermehrenden Bäume so zart und schwach sind, daß man sie besser auf ein fremdes Wurzelsystem setzt. Das wird bei Obstbäumen in großem Umfang praktiziert, teils auch, um frühen Fruchtansatz zu erreichen und um das Spitzenwachstum zu beeinflussen.

Die Pfropfmethoden sind groß an Zahl und sehr verschiedenartig. Stets ist es aber angebracht, zwei goldene Regeln zu beachten. Zum ersten muß die Unterlage dem Reis in der Entwicklung voran sein. Deswegen entnimmt man das Reis während der Ruhezeit des Mutterbaumes und lagert es kühl. Währenddessen werden die Unterlagen in der Wärme vorgetrieben, bis sich die Knospen zu öffnen beginnen. Zum zweiten muß das Kambium des Reises dem Kambium der Unterlage beim Pfropfen perfekt angepaßt werden. Je länger die Strecke, auf der beide Kambien direkt aufeinanderliegen, um so schneller und vollständiger werden Reis und Unterlage zusammenwachsen.

Forstwirtschaft. Bäume für die Holzproduktion anzuziehen, ist in vieler Hinsicht verschieden von ihrer Anzucht als Garten- oder Parkbaum. Die Kosten für Ankauf und Kultivierung des Landes, für Bodenvorbereitung und Pflanzung sind so hoch, daß sie durch die Endnutzung allein kaum ausgeglichen werden können. Zwischennutzungen durch periodisch wiederkehrende Durchforstungen müssen hinzukommen. Wenn bei einem Pflanzverband von 2 × 2 m etwa 2500 2- bis 3jährige, ca. 30 cm hohe Bäume pro Hektar gepflanzt werden, so bleiben für die Nutzung am Ende des Umtriebes nur ca. 250 Bäume übrig. Alle anderen werden vorher auf dem Wege der Durchforstung entnommen. Das kann auf mannigfache Weise geschehen. Forstwirtschaft ist zu großen Teilen die Kunst der Durchforstung.

Der Markt wird zu 90 % von Nadelhölzern bestimmt. Sie sind anspruchsloser und wachsen – zumindest im Flachland – dort, wo der Boden für die Landwirtschaft zu arm ist. Hinsichtlich der Massenleistung ist bei uns die Weißtanne die leistungsfähigste Waldbaumart. Auf anderen Standorten und unter abweichenden Klimabedingungen sind jedoch andere Holzarten vorzuziehen. Das gilt z. B. für die Douglasie, *Pseudotsuga menziesii,* eine aus dem pazifischen Westen Nordamerikas eingeführte Art, die unter etwas schwächeren Standortsbedingungen unseren einheimischen Bäumen an Holzmasse überlegen ist. Ganz anders ist die Lage, wenn die Produktion von Wertholz das Wirtschaftsziel darstellt. Dann können auch langsamwachsende Arten unter Umständen sehr einträglich sein. Das gilt für Fourniereichen, wie sie im Spessart auf keineswegs nährstoffreichen Standorten wachsen, oder für „Klangholz", das ist im Hochgebirge heranwachsendes, besonders engringiges Holz für den Instrumentenbau.

Eine auf spezielle Holzsortimente abgestimmte Forstwirtschaft ist aber die Ausnahme. Anklänge dazu findet man eher in plantagenartigen Wirtschaftsformen außerhalb des Waldes. So gewinnt man z. B. aus Schwarzpappelhybriden-Plantagen das Material für Holzschachteln und Streichhölzer, und in GB wird *Salix alba* var. *coerulea* ausschließlich für die Herstellung von Kricket-Schlägern angebaut. Davon unabhängig kann natürlich das Holz verschiedener Bäume für ganz bestimmte Verwendungszwecke besonders gut geeignet sein, so das Ahornholz für Küchengeräte, weil es hart, glatt und weiß ist und weder den Geruch noch die Farbe der Lebensmittel annimmt. Roßkastanienholz wählt man gern für Kinderspielzeug und für Prothesen, denn es bricht ohne zu splittern. Lindenholz verhält sich ähnlich und eignet sich hervorragend zum Schnitzen. Besonders zäh und dauerhaft ist das Holz von Eiben. Dessen spezifische Eignung für die Herstellung von Armbrüsten führte im Mittelalter fast zur Ausrottung von *Taxus baccata* in den deutschen Mittelgebirgen. Heute verwendet man es für Stuhllehnen. Ulmenholz ist besonders schön, hart und widerstandsfähig. Außer für Möbelfourniere nutzt man es für Bänke, Sitze und Treppenstufen. Gleich dem Erlenholz widersteht es wiederholtem Naßwerden und Austrocknen.

Einheimische und fremde Baumarten

Die ursprüngliche Vielfalt in der Baumflora temperierter Zonen ist heute in Nord- und Mitteleuropa nicht mehr festzustellen. Wohl aber besteht sie in Ostasien und Nordamerika, wo die Gebirge von N nach S verlaufen und dadurch der Vegetation während der Eiszeit einen Fluchtweg in warme, südliche Regionen ermöglichten. Als das Eis mehr und mehr vordrang, konnten sich die Pflanzen vor ihm zurückziehen und am Ende der Eiszeit wieder einwandern. Als Folge davon ist eine amerikanische Buche in den Allegheny-Bergen der östl. USA nicht – wie das in Europa sein würde – von anderen Buchen der gleichen Art umgeben, sondern sie steht inmitten einer Fülle verschiedener Baumarten. Die nächste Buche steht erst 40 Arten entfernt.

In Europa hingegen bildeten die Gebirge von Spanien bis Polen eine fast vollständige Barriere, und unmittelbar südlich davon dichtet das Mittelmeer die bestehenden Lücken ab. Auch die ursprüngliche Flora war in ihrer Vielfalt schon durch die über Millionen Jahre andauernde Norddrift der Landmassen allmählich verdünnt worden. So liegen heute große Teile Europas auf derselben Breite wie das Gebiet zwischen der Hudson-Bay und den Großen Seen und weisen die gleiche Artenarmut auf. Für GB liegen die Verhältnisse sogar noch ungünstiger. Die Höhe des Eises ließ keinerlei Baumbewuchs zu. Die einzigen Arten, die nach dem Rückgang des Eises wieder einwanderten, waren jene, die nahe der Landgrenze überlebt hatten, sowie einige Arten aus SW-Irland. Dann schmolz das Eis, der Meeresspiegel stieg an, GB wurde zur Insel und die Rückkehr weiterer Baumarten war unmöglich geworden.

Auch in Mitteleuropa ist die einheimische Baum- und Strauchflora nicht vielfältig. Das gilt besonders für Koniferen, die nur mit je einer einzigen Fichten-, Lärchen- und Tannenart, mit einer Eibe, einem Wacholder und wenigen Kiefern vertreten sind. Araukariengewächse, Kopfeiben und Taxodiaceen waren zwar vor der letzten Eiszeit vorhanden, sie fehlen heute aber völlig. Etwas günstiger sieht es bei den Laubbäumen aus, von denen zumindest die Gattungen *Acer, Alnus, Betula, Quercus, Populus, Salix, Sorbus* und *Ulmus* mit mehr als einer autochthonen Art vorkommen. Die Anzahl der in Mitteleuropa heimischen Baumarten beläuft sich insgesamt auf etwas mehr als 50.

Einbürgerungen. Bald nach Rückgang des Eises wanderten die Menschen ein und brachten wahrscheinlich Bäume zu ihrem Schutz mit, z. B. Silber- und Graupappeln, noch vor der Eisenzeit wohl auch die Englische Ulme und die Feldulme. Auch Obstbäume dürften auf diese Weise eingeführt worden sein: die Birne, die Mispel und möglicherweise auch die Kirschpflaume. Später haben die Römer Walnuß, Feige und Eßkastanie mitgebracht. Auch die Mandel ist zweifellos sehr früh eingeführt worden.

Bis 1548 gab es allerdings keine Aufzeichnungen über den Anbau von Baumarten. Zweifellos wurden zu dieser Zeit aber schon einige südeuropäische Arten kultiviert, so in GB Pinie, Seestrandkiefer, Fichte, Italienische Zypresse, Steineiche und Maulbeere. Einige chinesische Bäume wie der Pfirsich waren lange zuvor über die alten Handelsstraßen zum mittleren Osten und von dort nach Europa und GB gelangt. Andere, wie die weiße Maulbeere und die Dattelpflaume, kamen erst im 16. Jahrhundert, zusammen mit einigen Arten des mittleren Ostens, so daß um 1600 bereits Morgenl. Platane, Goldregen, Lorbeer und Judasbaum in Kultur waren.

Die noch vor 1600 eingeführten ersten Bäume aus dem **östl. Nordamerika** waren die Weiße Scheinzypresse und die Balsampappel. Während der folgenden 200 Jahre wurden ständig weitere Bäume aus diesem ungemein artenreichen Gebiet nach Europa gebracht, wobei es 3 Perioden besonders hoher Aktivitäten gab: 1660–1700, 1732–1760 und 1785–1796.

Die schönsten Bäume der Welt wachsen wohl nahe der Pazifik-Küste Nordamerikas. Viele davon hat Archibald Menzies entdeckt, ein Wissenschaftler, der 1792–1794 an Entdeckungsreisen vom Cap Horn bis Alaska teilnahm. Er sandte Belegstücke nach Kew, war aber an der Einführung der Arten nicht beteiligt. Dafür sorgte David Douglas, der zwischen 1826 und 1833 Küsten- und Edeltanne, Douglasie, Sitkafichte, Zuckerkiefer, Monterey-Kiefer und Ponderosakiefer nach Europa brachte. Douglas war ein ungewöhnlich robuster Mann, der jahrelang in der Einsamkeit lebte, Tausende von Meilen in unberührten Wäldern zurücklegte und der den Plan faßte, zu Fuß von Nordamerika über Sibirien nach England zurückzukehren. Bei einem Aufenthalt in Hawaii bestieg er die höchsten Gipfel. Im Jahre 1834 verunglückte er tödlich, als er in eine Großwildfalle fiel, in der sich ein Büffel befand. Douglas' Erfolge stimulierten die Aktivitäten zur Einführung fremder Holzarten erheblich, so daß im Laufe des vergangenen Jahrhunderts viele Botaniker und Gärtner erfolgreiche Sammelreisen in die unerschlossenen Wälder Nordamerikas unternahmen.

Der erste aus **Südamerika** eingeführte Baum dürfte die Araukarie gewesen sein. Sie wurde von Archibald Menzies 1797 nach Europa gebracht. Andere lateinamerikanische Bäume wie die Nothofagus-Arten sind hierzulande nicht vor dem ersten Viertel dieses Jahrhunderts angepflanzt worden.

Bäume aus dem **Himalaya** erreichten Europa erst im 19. Jahrhundert, so z. B. *Picea smithiana* 1818, *Abies spectabilis* 1822, *Cedrus deodara* 1831 und *Tsuga dumosa* 1838.

Vor der Einfuhrwelle nach 1900 war das Sammeln **chinesischer** Baumarten ein mühevoller und sehr langsam fortschreitender Prozeß. Mit Ginkgo, 1760 durch Pierre d'Incarville aufgefunden, fing es an. Bald danach kamen Götterbaum, Pagodenbaum und der chinesische Lebensbaum nach Europa. Es folgte eine Zeit der Stagnation, in der nur über Vertragshäfen exportiert werden konnte. Damals gelangten nur wenige Arten aus der unmittelbaren Küstenregion Südchinas nach außen. Später unternahm Robert Fortune mehrere Sammelreisen. Er brachte u. a. *Pinus bungeana* und die Goldlärche mit. Im Inneren Chinas konnten bis 1880 nur einige franz. Jesuitenpater reisen. Augustine Henry, ein irischer Arzt, hörte davon und erfuhr, daß A. David, P. Farges und J. M. Delavay wertvolle Herbarstücke nach Frankreich gesandt hatten. Er wurde selbst zum Sammler, brachte mehr als 5000 Belegstücke nach Kew und führte eine Reihe seltener und wertvoller chinesischer Bäume ein. Auch E. Wilson leistete in späteren Reisen wertvolle Arbeit.

Japan war bis 1854 völlig isoliert. Die wenigen vor dieser Zeit nach Europa gelangten jap. Arten entstammten entweder einer Sammlung auf Java oder dem Gepäck einiger privilegierter Japan-Reisender. Zu ihnen gehörte Philipp von Siebold, der die Erlaubnis zu mehreren Reisen erhielt und 1820 u. a. den ‚japanischen Ahorn', *Acer palmatum,* ausführte.

Japanische Gärtner haben über Jahrhunderte hinweg mehr oder weniger bizarre Zierformen selektiert und gezüchtet. 1861 kam durch Fortune und Veitch eine große Zahl dieser Formen nach Europa. Das Material stammte fast ausschließlich aus Baumschulen nahe Tokio und Yokohama. Um 1880 wurden die Reisebeschränkungen gelockert und danach die Mehrzahl der Wildformen vieler japanischer Baumarten gesammelt und bei uns eingeführt. Die Zierkirschen kamen erst nach der Jahrhundertwende.

Über die Einfuhr **australasischer** Arten ist wenig Verläßliches bekannt. Sie sind ohnehin auf GB beschränkt; die ersten dürften aber schon vor 1850 angebaut worden sein, so z. B. die Mimose und einige Eukalypten.

Die erste aus dem **Kaukasus** nach Mittel- und NW-Europa gelangte Baumart scheint Zelkova gewesen zu sein (um 1760). Später folgte die Flügelnuß (1782), viel später erst die Parrotie und die Orientfichte (1838).

Das Alter der Bäume

Die höchstmögliche Lebensdauer einer Art ist nur sehr schwer exakt anzugeben, denn meist kennt man von alten oder abgestorbenen Bäumen das Pflanzdatum nicht. Außerdem sind sie oft hohl, so daß auch das Zählen der Jahrringe kaum zum Ziel führt. Altersschwäche ist nur selten die Todesursache eines Baumes, denn i. a. haben Beschädigungen oder Krankheiten zum Ableben geführt. Viele eingeführte Baumarten leben noch nicht lange genug in Europa, als daß man Genaues über ihre Lebensdauer aussagen könnte. Ausnahmen bilden die von den Römern eingeführten Arten wie Walnuß oder Eßkastanie. Im allgemeinen wissen wir aber nicht, ob die fremden Baumarten bei uns ähnlich alt werden wie in ihrer Heimat. Die Standorts- und Klimabedingungen, unter denen z. B. *Pinus aristata*, die Borstenkiefer, in Teilen ihres natürlichen Areals ein Alter von 5000 Jahren erreicht, sind in Europa nirgends gegeben.

Unter den in Mitteleuropa heimischen Baumarten werden Stiel- und Traubeneiche , Sommerlinde und Eibe am ältesten. Mehr als 1000 Jahre dürften sie jedoch kaum erreichen. Weißtanne und Fichte werden allenfalls halb so alt. Das andere Extrem bilden Eberesche, Birken und einige Weiden mit einem Höchstalter, das oft unter 100 Jahren liegt.

Das hohe Alter der Eiben geht auf ihre extreme Austriebsfähigkeit nach Schnitt, Frost und jeglicher Verletzung, aber auch auf die Dauerhaftigkeit ihres Holzes zurück. Alte Eiben sind oft hohl, aber sie werden durch eine Vielzahl senkrecht emporwachsender stammbürtiger Triebe zusammengehalten. Das kann keine andere Baumart.

Bestimmungsschlüssel für Nadelbäume

Blätter in Quirlen zu 10 und mehr	
Quirle unmittelbar am Trieb	**Japanische Schirmtanne,** 54
Quirle an Kurztrieben	
Blätter spitzig, hart, immergrün	**Zedern,** 68
Blätter weich, blaßgrün, im Herbst abfallend	**Lärchen,** 70–73
Blätter in Bündeln zu 2, 3 oder 5, nadelähnlich	**Kiefern,** 88–107
Blätter in Quirlen zu 3	
zugespitzt, Außenseite ohne Streifen	**Wacholder,** 42–45
stumpf, kurz, weiß gestreift	**Patagonische Zypresse,** 40
Blätter einzeln	
sommergrün, blaßgrün, weich, an dünnen, im Herbst abfallenden Trieben	
in gegenüberstehenden Paaren	**Metasequoie,** 53
abwechselnd, spiralig oder rings um den Trieb	**Sumpfzypressen,** 52–53
immergr., gewöhnlich dunkelgr., fest, schuppenartig	
dicht anliegend, flach	
oberseits weiß gestreift	**Chilenische Flußzeder,** 31
paarig, parallel an lang hochgezogener Basis	**Flußzedern,** 31
abwechs. m. abgespreizt. dorn. Schuppen	**Wacholder,** 42–45
in abgeflachten Trieben	
Zapfen erbsenähnlich, verholzt	**Scheinzypressen,** 32–36
Zapfen birnenförmig, lederig	**Lebensbäume,** 46–49
Z. unregelm. rundl., Schuppen breit	**Hiba,** 49
an eckigen, federartig verzweigten Trieben	**Zypressen,** 38–40
Spitzen abgespreizt, einwärts gerollt	
Spitzen kurz	**Schuppenfichten,** 54
Spitzen lang	
dunkelgrün oder blaugrün	**Mammutbaum,** 50
hellgrün oder gelbgrün	**Sicheltanne,** 50
weiße Streifen an der Innenseite	**Schuppenfichten,** 54
freistehend, pfriemlich	
gelblich, im Winter rotbraun	**Sicheltanne,** 50
blaugrün, weich, flaumig	**Sawara-Scheinzypresse,** 35
spitzig, hart, gekrümmt	**Schuppenfichten,** 54
Blätter 7–12 cm lang, lederig, linealisch	**Weiden-Steineibe,** 28
Blätter 4–7 cm lang, zugespitzt	
breit, dreieckig, steif	**Araukarien,** 30
schmal länglich, biegsam	**Spießtanne,** 55
Trieb im 2. Jahr grün, gerieft	**Nußeiben,** 26
Trieb rotbraun, Knospe braun, zugespitzt	**Santa Lucia-Tanne,** 67
Trieb 2–3 Jahre grün	
Schuppenblätter am Trieb	**Küsten-Sequoie,** 50
Trieb weiß gestreift	**Patagonische Eibe,** 29
Blätter breit, lederig, blaß	**Kopfeiben,** 26
Blätter hart und zugespitzt, ringsum am Trieb	
unterseits gelblich	**Steineiben,** 28
unterseits mit weißen Streifen	**Chilenische Steineibe,** 28
Blätter länglich	
gelbliche Streifen unterseits	**Eiben,** 24
blauweiße Streifen unterseits, weich	**Pflaumen-Steineibe,** 28
2jährige Triebe nicht grün	
Blätter mit hellem Rand, hart	**Nußeiben,** 26
Bl. mit kleinem, am Trieb verbleibendem Sockel	**Fichten,** 74–81
Bl. mit verbreiterter Basis, Trieb n. Blattfall glatt	**Tannen,** 56–67
Blätter schlank, Endknospe zugespitzt	**Douglasien,** 86–87
Blätter flach, Knospen abgerundet	**Hemlockstannen,** 82–85

Bestimmungsschlüssel für Laubbäume im Sommer

Für Laubbäume im Winterzustand (ohne Blätter) s. Seite 256.

Dieser Schlüssel verwendet in erster Linie das Blatt. Er vermeidet den Bezug auf Blüte und Frucht, weil beide nur kurze Zeit des Jahres zur Verfügung stehen.

Blätter zusammengesetzt (Teile des Blatts = ‚Blättchen')

Doppelt gefiedert (bipinnat)	
Blättchen ungezähnt	
silbrig blaugrün, Fiederung sehr fein	**Mimose,** 197
hellgrün, nur z. T. doppelt gefiedert	**Gleditschie,** 199
blaßgrün, unterseits weißlich, Blatt bis 1 m lang	**Geweihbaum,** 201
Blättchen gezähnt, an der Basis tiefer	**Blasenesche,** 236
Gefingert (mehrere Blättchen von einem Punkt ausstrahlend)	**Roßkastanien,** 226
Einfach gefiedert (pinnat), mit 5 oder mehr Blättchen	
1 oder 2 breite Zähne an jeder Seite der Blättchenbasis	**Götterbaum,** 204
Blättchen wenige, groß, breit, nicht gegenüberstehend	**Gelbholz,** 196
Basis der Blättchen ungezähnt, die oberen zwei Drittel scharf gezähnt	**Ebereschen,** 177–180
Blättchen fast bis zur Spitze ungezähnt, dort einige Zähne	**Manna-Esche,** 247
Blättchen völlig ungezähnt	
an der Spitze gekerbt; 2 Dornen an der Blattbasis	**Robinie,** 198
5–7 Blättchen, die größten an der Blattspitze	**Walnuß,** 118
7–20 Blättchen, die kleinsten an der Blattspitze	
3–5 cm lang	**Schnurbaum,** 199
15–20 cm lang	**Sumach,** 206
Blättchen mit welligem Rand, undeutlich gezähnt; Blätter gegenständig	**Korkbäume,** 202
Blättchen winzig gezähnt; Blätter gegenständig	**Stinkesche,** 203
Basale Blättchen mit Buchten und einigen kleinen Zähnen	**Eschen-Ahorn,** 225
Blättchen gesägt	
15–25 Blättchen	
Blattspindel (Rhachis) dicht behaart, Knospe rosa	**Butternuß,** 118
Blattspindel flaumig behaart, Knospe grau bis fahlbraun	**Schwarze Walnuß,** 118
Blattspindel kahl, 2 Blätter anst. der Knospe, braun	**Flügelnüsse,** 116
5–13 Blättchen	
Blättchen schmal, bis 12 cm lang, Blätter gegenständig	**Eschen,** 246–249
Blättchen nahe der Spitze am größten, Blätter 15–35 cm lang, 10–20 cm breit, wechselständig	**Hickory,** 120
Blätter dreizählig (aus drei Blättchen zusammengesetzt)	
Blättchen ungezähnt, Blattstiel grün, kahl	**Goldregen,** 200
Blattstiel rot, behaart	**Ahorne,** 210–225
Blättchen mit einigen großen oder zahlreichen unregelmäßigen Zähnen	**Ahorne,** 210–225
Blättchen regelmäßig scharf gezähnt, Blatt dunkel, immergrün, sehr kurzer Blattstiel	**Eucryphia,** 234

Blätter teilweise zusammengesetzt

Blättchen nur an der Basis gelappter Blätter	**Thüringische Mehlbeere,** 181

Blatt ungeteilt – einige Sonderfälle

Knopfähnliche ‚Drüsen' am Blattstiel	
‚Drüsen' rötlich, manchmal grün oder gelb, Blätter länglich	**Kirschen, Pflaumen** etc. 189–195
‚Drüsen' grün; Blätter rund mit schlanker Spitze	**Pappeln,** 108–111
Blätter und Triebe gedreht	**Korkenzieher-Weide,** 115
Durchgerissene Blätter mit Fäden verhärtenden Saftes	
Blatt gezähnt, glänzend dunkelgrün	**Guttaperchabaum,** 171
Blattrand gewellt, glatt, Blatt hellgrün	**Hartriegel,** 241
Blätter an der Basis mit kleinem Dorn	**Osagedorn,** 160

Blatt ungeteilt – immergrün – hart, dunkel- oder blaugrün

Blattrand bedornt	
Blatt flach, unterseits dicht weiß behaart	**Steineiche,** 150
Unters. in Achseln der Adern büschelig behaart	**Kalifornische Steineiche,** 150
Unterseite kahl, grün	**Großblättrige Stechpalme,** 209
Blatt gewölbt, Dornen abwechselnd nach oben und unten gerichtet	**Stechpalme,** 208
Blattrand gezähnt	
Blatt 1–5 cm lang	
unterseits außer der Mittelrippe kaum Blattadern erkennbar	**Scheinbuchen,** 133–135
Blattadern auf der Unterseite sehr deutlich, Blätter gegenständig	**Steinlinde,** 250
Blatt papierartig dünn, 10–12 große Zähne	**Rote Scheinbuche,** 134
Blatt 6–10 cm lang	
Blattrand leicht gekräuselt; aromatisch	**Lorbeer,** 168
Blattrand glatt; nicht aromatisch	**Erdbeerbäume,** 242
Blattrand glatt, nur an der Blattspitze gezähnt	**Bambusblättrige Eiche,** 152
Blattrand rundum gewellt	
Blatt 10–14 cm lang, dunkelgrün	**Spitzblättrige Eiche,** 152
Blatt 3–5 cm lang, stark gewölbt, blaßgrün	**Klebsame,** 237
Blattrand glatt	
Blätter 1 cm lang, wechselständig, stumpf dunkelgrün	**Scheinbuchen,** 133–135
Blätter 2–3 cm lang, gegenständig, glänzend	**Buchsbaum,** 207
Blätter 5–10 cm lang	
blaugrau, aromatisch	**Eukalypten,** 238–239
dunkelgrün	
glänzend, gegenständig, Blattstiel grün	**Chinesischer Liguster,** 250
glänzend, unterseits goldfarbig, wechselständig	**Goldkastanie,** 139
matt grün	
aromatisch, Blattstiel grün	**Kalifornischer Lorbeer,** 169
nicht aromatisch, Blattstiel breit und rot	**Erdbeerbäume,** 242–243
Blätter 15–25 cm lang	
blaugrau, schlank, aromatisch	**Eukalypten,** 238–239
breit	
unterseits behaart	**Magnolien,** 162–165
kahl, unterseits blaßblau oder silberblau	**Winterrinde,** 168

Blatt ungeteilt – sommergrün – selten hart oder dunkel

Tief gelappt oder gebuchtet – mindestens bis zur Hälfte eingeschnitten
- Viele Lappen an jeder Seite der Mittelrippe — **Eichen,** 140–153
- 5–7 radial angeordnete, etwa gleich große Lappen
  - fein gezähnt, hart — **Baumaralie,** 235
  - grob gezähnt — **Morgenländische Platane,** 172
- Große Lappen und viele kleine an jeder Seite
  - Zähnung spärlich, unregelmäßig, Zähne groß
    - Blätter 10 cm, wechselständig — **Elsbeere,** 180
    - Blätter 5–7 cm, Triebe dornig — **Weißdorn,** 174
    - Blätter 5–7 cm, Triebe nicht dornig — **Mongolische Linde,** 233
  - Ungezähnt, Blätter 25–35 cm — **Feige,** 160

Seicht gelappt – weniger als bis zur Hälfte eingeschnitten
- Lappen deutlich ausgeprägt – mehr als nur grobe Zähnung
  - ganzrandig
    - 5–7 Lappen, Blätter breit, gegenständig — **Kolchischer Ahorn,** 211
    - 4 Lappen – kein Mittellappen — **Tulpenbäume,** 166
    - 3 Lappen
      - weit auseinanderklaffend, frühzeitig dunkelgr. — **Französischer Ahorn,** 223
      - vorwärts gerichtet, nahe der Blattspitze — **Dreizahn-Ahorn,** 222
    - 2–3 Lappen, asymmetrisch, aromatisch gezähnt — **Sassafras,** 169
    - 7–11 Lappen, fein und scharf gezähnt — **Japanischer Ahorn,** 216
    - 5–7 fast gleich gestaltete Lappen
      - Blätter 7–9 cm — **Fächer-Ahorn,** 216
      - Blätter 13–15 cm, Lappen wenig ausgeprägt (nicht var. *maximowiczii*!) — **Baumaralie,** 235
    - Lappen ungleich – 3 große, 2 kleine
      - Zähnung intensiv und fein, Blätter wechselständig — **Amberbäume,** 170
      - Zähnung intensiv und unregelmäßig, Blätter gegenständig — **Ahorne,** 210–225
      - Zähnung spärlich, groß unregelmäßig — **Platanen,** 172–173
  - 3 Lappen
    - groß, Zähne hart — **Chinesischer Amberbaum,** 170
    - klein, Blätter gegenständig — **Schlangenhaut-Ahorne,** 218–220
  - 2–3 Lappen, nur bei einigen Blättern, asymmetrisch — **Maulbeeren,** 160
- Lappen wie große, ganzrandige Zähne eines großen Blattes
  - Blätter 40–50 cm, Lappen nahe der Blattbasis — **Paulownie,** 253
  - Blätter 25–35 cm, Lappen an oberer Blatthälfte — **Hybrid-Trompetenbaum,** 252
  - Blätter 15 cm, fast rund — **Obassia-Storaxbaum,** 245
- Kleine gezähnte Lappen, ähnlich sehr großen Blattzähnen
  - nahe der Blattspitze
    - Blattstiel sehr kurz, Blatt bis 18 cm — **Bergulme,** 154
    - Blattstiel 2 cm, Blatt rund, 15–18 cm — **Obassia-Storaxbaum,** 245
  - entlang beiden Blattseiten
    - Blattunterseite dicht behaart — **Schwedische Mehlbeere,** 181
    - Blätter dünn, länglich, zugespitzt — **Eichen,** 140–153
    - Blätter breit oval, dunkel, 10–12 cm — **Erlen,** 128–129
    - Blätter länglich oval, 5–8 cm — **Robelbuche,** 133
  - gelappte und nicht gelappte Blätter am selben Trieb
    - ganzrandig, aromatisch — **Sassafras,** 169
    - gezähnt
      - Triebe, Blätter oder Blattadern behaart — **Maulbeeren,** 160
      - völlig unbehaart, Blätter gegenständig — **Hers' Ahorn,** 218 *oder* **Dreizahn-Ahorn,** 222

Blätter nicht gelappt

- *Blattrand nicht gezähnt*
  - Blätter elliptisch
    - 12–50 cm, kahl, an Basis verschmälert, — **Magnolien,** 162–165
      - aromatisch, unters. blaßgrün, Blattstiel dunkelrot — **Winterrindenbaum**, 168
    - schlank, 10–12 cm
      - Geruch nach Anis — **Weidenblättrige Magnolie,** 165
      - Geruch nach Vanille — **Sassafras,** 169
    - Blattrand gekräuselt, Blatt 13–18 cm — **Schindel-Eiche,** 152
    - Blattstiel 1–2 cm lang
      - Blattstiel dunkelrot, Blatt oval — **Tupelobaum,** 240
      - Blattstiel gelbgrün, Blatt schlank — **Weiden-Eiche,** 152
      - Blattstiel dicht behaart
        - Blatt breit — **Salweide,** 112
        - Blatt langgestreckt — **Baum-Zwergmispel,** 176
  - Blätter rund, Blattadern fächerförmig — **Judasbaum,** 196
- *Blattrand gewellt,* Zähnung undeutlich
  - Blätter 15–18 cm
    - stark zugespitzt, glänzend dunkelgrün — **Persimone,** 251
    - abgerundet, blaß und matt grün — **Obassia-Storaxbaum,** 245
  - Blätter bis 10 cm
    - stumpf – breite Spitze
      - Blatt dick, 0,5 cm lang gestielt — **Parrotie,** 171
      - Blatt dünn, 1–1,5 cm lang gestielt — **Buchen,** 136–137
    - zugespitzt
      - Blattstiel 5 cm, Blatt breit, Basis mit Dorn — **Osagedorn,** 160
      - Blattstiel 0,5 cm, Blatt nicht breit — **Japanischer Storaxbaum,** 245
- *Blattrand gezähnt*
  - Zähnung einseitig oder auf die Spitze des Blattes beschränkt — **Zürgelbäume,** 159
  - Blattspitze ungezähnt, Blattbasis asymmetrisch — **Linden,** 230–233
  - Zähne weitstehend
    - Zähne wie kleine Haken, Blatt 5 cm — **Mandschurische Kirsche,** 194
    - Zähne mit Borsten, Blätter 20 cm
      - Unterseite grün, Spitze lang ausgezogen — **Eßkastanie,** 138
      - Unterseite silbrig, Spitze fast stumpf — **Chinesische Korkeiche,** 151
    - Blattstiel mit Drüsen — **Japanische Kirschen,** 192–193
  - Zähne dichtstehend
    - Zähne hakenförmig
      - Blattstiel 12–30 cm, scharlachrot — **Orangenkirsche,** 237
      - Blattstiel 3–6 cm, abgeflacht — **Pappeln,** 108–111
      - Blattstiel 1–2 cm, Blatt mit 13–18 parallelen Aderpaaren — **Pontische Eiche,** 151
    - Zähne sehr klein und sehr dicht stehend
      - Zähne abgerundet, Blätter rundlich, gegenständig — **Katsurabaum,** 167
      - Zähne scharf
        - Blattunterseite stärker glänzend als Oberseite — **Kamelienartige Stewartie,** 235
        - Blattunterseite nur an Mittelrippe weiß — **Sauerbaum,** 244
        - Blattunterseite mit behaarten Adern — **Berg-Maiglöckchenbaum,** 244
        - Blattunterseite kahl, grün oder grau — **Weiden,** 112–115
        - Zähne hart, verdickt, Blätter an Kurztrieben — **Tetracentron,** 166
    - Blattbasis asymmetrisch
      - Blattstiel 1–2 cm — **Ulmen,** 154–157
      - Blattstiel 5–8 cm, Blätter mit ungezähnter Spitze — **Linden,** 230–233
    - Zähne mit breiter, abgerundeter Basis
      - Blattstiel 1,5 cm, Blattbasis symmetrisch — **Kaukasus-Zelkove,** 158
      - Blattstiel 5–8 cm, Blattbasis asymmetrisch — **Linden,** 230–233

Zähne dreieckig
  Blattstiel 15 cm, rosa, Zähnung grob — **Taubenbaum,** 240
  Blattstiel 6–8 cm, rot
    Blätter breit, gegenständig — **Davids Ahorn,** 218
    Blätter schmal, wechselständig — **Tee-Apfel,** 186

Blätter nicht gelappt, Blattrand gezähnt, Zähne dichtstehend und dreieckig, Blattstiel kürzer als 6 cm

Blätter mit 10–20 parallelen, hervortretenden Blattadern,
 Blatt länglich, viel länger als breit
    mit stumpfer Spitze, seichte Zähnung — **Rauli,** 133
    zugespitzt, scharf gesägt — **Hainbuchen,** 130–131
    scharf zugespitzt, 15–17 cm lang
      Blattadern unterseits seidig und büschelig behaart — **Rote China-Birke,** 124
      Blattunterseite kahl, Blätter gegenständig — **Hainbuchen-Ahorn,** 223
  Blätter fast so breit wie lang
    Blattstiel 0,5 cm, weich behaart, Seitenadern unverzweigt — **Hopfenbuchen,** 131
    Blattrand fein, aber scharf umgebogen — **Roterle,** 128
    Zähne am Ende der Seitennerven
      Blatt glänzend — **Maximowicz-Birke,** 126
      Blatt matt, abgezogene Rinde riecht aromatisch — **Zuckerbirke, Gelbbirke,** 126

Blätter nur mit 4 Aderpaaren — **Antarktische Scheinbuche,** 134

Blätter mit breitem, stumpfem Ende — **Schwarzerle,** 128

Blätter 10–12 cm lang, 6–10 cm breit
  unterseits dicht behaart — **Woll-Apfel,** 187
  unterseits mit behaarten Blattadern
    intensiv gezähnt — **Maulbeeren,** 160
    unregelmäßig und klein gezähnt — **Hasel,** 132

Blätter 3–8 cm
  sehr scharf gezähnt, Blattstiel mit ‚Drüse' — **Pflaumen, Kirschen** etc., 189–195
  fein gezähnt, herzförmige oder längliche Blätter — **Birnen,** 188
  schwach gezähnt — **Birken,** 122–126

Ginkgo-Gewächse (Ginkgoaceae). (Jap.: gin-kyo = ‚Silberaprikose'). Dominierte vor ca. 200 Mio. Jahren, noch bevor sich unsere heutigen Laub- und Nadelbäume entwickelten. Von vielen fossil bekannten Arten hat sich nur eine bis heute erhalten. Vermehrung durch Samen.

Ginkgobaum *Ginkgo biloba* (= zweilappiges Blatt). ◁ Von Europäern in Japan entdeckt, heimisch aber in China. Kam um 1730 nach Mitteleuropa. In Deutschland zählen die ältesten, noch völlig gesunden Bäume knapp 200 Jahre (Wilhelmshöhe bei Kassel). Wärmeliebender, ungemein widerstandsfähiger Parkbaum. Selbst unter Extrembedingungen als Straßenbaum bewährt (Manhattan). Zweihäusig. ♀ und ♂ Bäume vor der Blüte nicht zu unterscheiden. Früchte mit üblem Geruch. Samen eßbar. 26 m. I.

Eiben-Gewächse (Taxaceae). Mit acht sehr ähnlichen, eng verwandten Arten, fünf davon strauchig. Nordhalbkugel. ♀ und ♂ Bäume. Die giftigen Samen werden von einem ungiftigen, leuchtend roten, fleischigen Samenmantel, dem Arillus umgeben. Die Blätter wiederum sind giftig für Warmblüter, nicht jedoch für das Wild. Vermehrung durch Samen, Stecklinge und Pfropfung.

Gemeine Eibe *Taxus baccata* (= mit beerenartigen Scheinfrüchten). Einheimischer, bei uns selten gewordener Baum, der wegen seines widerstandsfähigen Holzes andere Arten überdauert. Wegen der Zähigkeit des Holzes können hohle Stämme ein mächtiges Astwerk tragen. Höchstalter kaum über 1000 Jahre. Die ◁ Rinde ist purpurbraun; sie blättert ab und zeigt dann helle, rötlichbraune Flecke. 18 m. II.

Säuleneibe 'Fastigiata'. Alle Pflanzen stammen von einem Exemplar ab, das 1780 in Irland gefunden wurde. Bei uns bis 5 m hoch, rel. schmal, im Alter oben auseinanderweichend. 'Adpressa Aurea' ist eine weibl. blühende Buschform mit ansehnlicher Gelbfärbung. II.

'Adpressa Variegata', ebenfalls ♀ und buschig, trägt rel. kleine, etwas ovale Nadeln mit hellgelbem Rand. Bewährte Form mit orangefarbenen neuen Trieben. 4 m. I.

Japanische Eibe *Taxus cuspidata* (= Nadeln plötzlich zugespitzt). In Japan von ähnlichen Abmaßen wie die gewöhnliche Eibe, bei uns meist strauchig. Nadeln steif, seitlich abstehend, unterseits gelb. Scheinfrüchte zahlreich, in Gruppen. In einem amerikanischen Gar- ◁ ten entstand *Taxus × media*, ein Bastard mit *T. baccata*, der als Säulenform 'Hicksii' der Säuleneibe ähnelt, jedoch breiter ist und die typischen *Cuspidata*-Nadeln aufweist. III.

Zweig mit
beblättertem
Kurztrieb
junger
Baum
Herbst
20m
Ginkgo
♀
♂
Eibenblüter
2–3
Gemeine Eibe 12m
'Säuleneibe'
'Adpressa Variegata'

NUSSEIBEN (Gattung *Torreya*). Mit sechs Arten aus Kalifornien, Florida, China oder Japan. Die Scheinfrüchte ähneln der Muskatnuß, haben aber nichts damit zu tun. Verglichen mit den Kopfeiben ist die Benadelung härter, schärfer zugespitzt und glänzend dunkelgrün. Sie steht auch weniger dicht.

◁ **Kalifornische Nußeibe** *Torreya californica.* Bei weitem die größte und häufigste *Torreya*-Art. Bei uns selbst in feuchtwarmen geschützten Lagen fast nur strauchig. In GB zu breitkronigen Bäumen mit starkem Stamm (1 m) heranwachsend. Zerriebene Blätter riechen stark aromatisch, etwa wie Salbei. Die meisten Bäume blühen entweder ♂ oder ♀, manchmal wechselt das Geschlecht auch zwischen verschiedenen Ästen desselben Baumes. Das Holz ist wertvoll, dauerhaft und rel. selten, meist wird es innen verarbeitet. Es ist von blaß cremig-bräunlicher Farbe und von sehr feiner Struktur. In Mitteleuropa ist die Art sehr heikel. II.

◁ **Japanische Nußeibe** (Stinkeibe), *Torreya nucifera.* Erstmals 1764 während der Isolierung Japans nach Europa eingeführt, jedoch nicht sehr verbreitet. Widerstandsfähiger als *T. californica,* dennoch in Mitteleuropa nur strauchig. Im ozeanischen Nordwesteuropa ein kleiner, nicht sehr vitaler, schmalkroniger, gelblicher Baum. Zerriebene Nadeln riechen unangenehm und sind kleiner als die der kalifornischen Art. Junge Triebe werden nach zwei Jahren rotbraun. III.

● Kopfeiben-Gewächse (Cephalotaxaceae).

Mit vielen strauchig wachsenden Arten aus dem östlichen Indien, China, Japan und Korea. ♀ oder ♂ Bäume. Von den Nußeiben zu unterscheiden durch die weichen, etwas ledrigen Blätter und die büschelartige Anordnung der Früchte.

◁ **Harringtons Kopfeibe** *Cephalotaxus harringtonia.* 1828 anhand zweier aus Japan stammender Exemplare als echte Art beschrieben, später als Gartenform erkannt. Charakteristisch: die leicht sichelförmigen Nadeln stehen regellos nach allen Seiten ab. Die Form ist selten. 4 m. III.

Die tatsächliche Art, var. *drupacea* genannt, ist hingegen ein häufiger Strauch, dessen Nadeln fast senkrecht zum Trieb stehen. Dabei wird deren silbrig-grüne Unterseite sichtbar. 4 m. III.

'Fastigiata' ist eine aufrechte, sehr dunkle Form mit ca. 7 cm langen Nadeln, die zur Spitze des Jahrestriebes hin kürzer werden. 5 m. II.

Rinde bei Ø 40cm

Samen

Frucht *10*

Chinesische Kopfeibe *Cephalotaxus fortuni* (benannt nach R. Fortune, der auf langen Reisen viele Pflanzen sammelte und u. a. den Tee von China nach Indien brachte). Bei uns nur in milden Lagen, strauchig. Im W und S von GB jedoch ein mehrstämmiger, kleiner Baum, dessen relativ schwergewichtige Benadelung die Äste, gelegentlich auch den ganzen Baum herabbeugt. Die jungen Triebe bleiben drei Jahre lebhaft grün. II.

Rinde bei Ø 20cm

Steineiben-Gewächse (Podocarpaceae). Eine große, recht heterogene Familie, stammt hauptsächlich aus den Tropen und von der Südhalbkugel, einige Arten auch aus Indien und Japan. Viele besitzen lange, ledrige Blätter, einige haben eßbare Fruchtböden. Vermehrung über Samen oder durch Stecklinge.

◁ **Pflaumen-Steineibe** *Podocarpus andinus,* Baum der Anden. Oft fälschlich für die gemeine oder für die patagonische Eibe gehalten, unterscheidet sich dieser Baum von beiden durch glatte, dunkelgraue Rinde und weiche Blätter. Oft mehrstämmig, dann mit aufrechter Beastung; einstämmige Bäume haben waagerechte Äste. Die Art ist schnittfest, bei uns nicht winterhart und auch in GB wenig verbreitet.

◁ **Totara** *Podocarpus totara,* ein empfindlicher, in Irland gut gedeihender, in Mitteleuropa fehlender Baum mit ledrigharten, zugespitzten, gelblichgrau getönten Blättern. Die graubraune Rinde löst sich grobfaserig ab. 1867 wurde die Art aus Neuseeland eingeführt, wo sie große Bäume bildet.

◁ **Chilenische Totara** *Podocarpus nubigenus* (‚aus den Wolken geboren' – die Art stammt aus einem sehr nassen, wolkenverhangenen Gebiet Südchiles). Stellt hohe Ansprüche an Luftfeuchtigkeit und Niederschläge. Im Westen von GB und in Irland mit mächtigem Stamm, sonst klein; in Mitteleuropa fehlend. Verglichen mit *P. totara* ist die Beblätterung dichter, heller grün und unterseits meist mit silbrigen Streifen versehen.

◁ **Weidenartige Steineibe** *Podocarpus salignus.* In GB winterhart. Dort meist als kleiner, mehrstämmiger, dünn aber hübsch benadelter Busch. Die dunkel orangebraune Rinde löst sich bei älteren Exemplaren in langen, unregelmäßigen Streifen ab. Die Blätter können 12 cm lang werden, sind ledrig, aber dennoch weich und flexibel. Der junge Trieb bleibt zwei Jahre lang grün, die Knospe ist kaum mehr als eine kleine, grüne Verdickung an der Spitze. Daheim in Chile, wo sie meist in kleinen verstreuten Gruppen vorkommt, liefert die Art wertvolles Bauholz.

◁ **Großblättrige Steineibe** *Podocarpus macrophyllus* ist eine der wenigen auf der Nordhalbkugel heimischen *Podocarpus*-Arten. Sie kommt in verschiedenen Formen von Burma bis nach Japan vor. Als empfindlich geltend, wurde sie in GB meist in besonders geschützten Lagen des S und W angebaut: Sehr langsam wachsend, wird sie dort zu einem dicht belaubten, gesund aussehenden, aufrechten Busch von gelbgrüner Farbe. Die Borke ist dunkelgrau und schuppig. Die Frucht, in Mittel- und Nordeuropa kaum zu finden, aber häufig in den Städten der südlichen USA, hat eine keulig angeschwollene blaue Basis.

Patagonische Eibe *Saxegothaea conspicua* stammt aus den südlichen Teilen Chiles und Argentiniens und benötigt feuchte, gegen austrocknende Winde geschützte Standorte. Hierzulande nicht winterhart, in GB und Irland wird sie in milden Lagen zum Baum. Die gebogenen, harten Blätter sind anfangs dunkelpurpur getönt und riechen nach Gras, wenn man sie zerreibt. Dünne Triebe hängen herab. Stets findet man die kleinen, blaugrauen Blüten. Der Stamm ist gerippt und mit einer eibenähnlichen, glatten Rinde versehen, die sich in großen, runden Schuppen ablöst.

▽

Rinde bei Ø 40cm

,Zimmertanne' 15m

Zapfen
9

20m
Chilenische Araukarie

Araukarien-Gewächse (Araucariaceae)

Araukarien-Gewächse (Araucariaceae) (entdeckt im Lande der Arauca-Indianer in Chile). Etwa 30 Arten aus Südamerika, Ozeanien und Australasien. Die typische Wachstumsweise läßt Stammgabelungen kaum zu. Die Bäume blühen entweder ♀ oder ♂. Nachzucht aus Samen.

Samen

◁ **Chilenische Araukarie** *Araucaria araucana,* aus einem kleinen Areal in den südlichen Anden. Sie wurde von A. Menzies 1795 nach Europa (Kew) gebracht, nachdem er einige der eßbaren Samen von der Tafel des Gouverneurs an Bord seines Schiffes aussäte. Diese ersten Pflanzen blieben eine Rarität, bis 1844 eine große Saatgutsendung eintraf. Um keimfähige Samen zu erhalten, müssen ♀ und ♂ Bäume dicht nebeneinander erwachsen. Vor der Blüte lassen sich ♀ von ♂ Bäumen nicht unterscheiden. In GB winterhart, bei uns nur in geschützten Lagen.

◁ **‚Zimmertanne'** *Araucaria heterophylla,* hierzulande als Topfpflanze kultiviert und zur Innendekoration verwendet. Selbst in GB nur selten im Freiland. Heimat: Norfolk-Inseln, nördl. von Neuseeland. In Ländern mit warmem Klima weit verbreitet. Name deutet auf Unterschiede in der Blattmorphologie zwischen jungen (pfriemlich, weich) und alten Bäumen (derb, einwärtsgekrümmt mit starrer Spitze) hin.

▷ junges Blatt

Zypressen-Gewächse (Cupressaceae). Eine große und variable Gruppe immergrüner Koniferen, weit verbreitet in beiden Hemisphären. Zypressen haben sehr kleine, meist schuppige Blätter sowie winzige oder keine Knospen. Die Zapfen sind klein, ledrig, eiförmig oder rund, holzig oder – bei Wacholder – fleischig. Es gibt 18 Gattungen, zumeist mit langsam wachsenden Bäumen mittlerer Größe: langlebig, mit hartem, wohlriechendem Holz. Deswegen wurden viele Cupressaceen-Arten von den ersten amerikanischen Kolonisten ‚Zedern' genannt. Vor der adulten Benadelung bilden Sämlinge frei ausgebreitete schmale Blätter aus.

FLUSSZEDERN. 11 Arten von der pazifischen Küste in fünf Gattungen. Die nächsten Verwandten sind Thujen mit ebenfalls flaschenförmigen Zapfen. Nur eine Art ist bei uns klimahart. Vermehrung über Samen und Stecklinge.

Kalifornische Flußzeder *Calocedrus decurrens.* Winterharter Parkbaum, dessen schmale Säulen besonders in Reihen und Gruppen eindrucksvolle Bilder bieten. In Europa meist mit kurzen, spitzwinkligen Ästen, am natürlichen Standort in Oregon und Kalifornien hingegen mit spärlicher, horizontaler Beastung und breit-kegelförmigen Kronen. Auf exponiertem, trockenem Standort verbuscht die Krone. Zerriebene Blätter riechen nach Terpentin. Stecklingsbewurzelung ist unsicherer als die generative Vermehrung. 25 m. l.

Kal. Flußzeder

Zapfen 2cm

Rinde bei ∅ 50cm

Kal. Flußzeder 25m

Zapfen 1cm

Chilenische Flußzeder

Chilenische Flußzeder *Austrocedrus chilensis,* ein viel seltenerer, weniger wüchsiger und kleinerer Baum als die kalifornische Art. Er wird nicht alt, ist empfindlich und gedeiht nur im südlichen und nördlichen GB, in Mitteleuropa fehlt er. Die dünnen Äste biegen nach oben um und verleihen der Krone eine eiförmige Gestalt. Manchmal gabelt sich der Stamm schon ganz unten. Die Belaubung ist flachgedrückt; örtlich können die weißen Linien an der Oberseite fehlen, so daß Ähnlichkeit mit der Hinoki-Scheinzypresse besteht.

Rinde bei ∅ 30cm

SCHEINZYPRESSEN (*Chamaecyparis* = Zwergzypresse, ein unglücklicher Name für Bäume bis zu 60 m Höhe). Beblätterte Zweige flacher und Zapfen kleiner als bei *Cupressus.* ♂ Blüten rot oder gelb, Pollenflug im Frühjahr; ♀ kleiner und grün. Zapfenreife im ersten oder zweiten Jahr. Vermehrung durch Stecklinge oder Samen. Drei Arten aus Amerika, zwei aus Japan und je eine aus China und Taiwan.

◁ **Lawsons Scheinzypresse** *Chamaecyparis lawsoniana* (1854 von Lawsons Baumschulen, Edinburgh, eingeführt). Einer der häufigsten Garten-, Park- und Friedhofsbäume in Stadt und Land, selbst wenn man die etwa 200 Zierformen nicht berücksichtigt. Leicht durch Samen zu vermehren; Cultivare werden aber aus Stecklingen angezogen. Wohl alle Grünschattierungen kommen vor, so daß aus Sämlingen angezogene Hecken kaum zwei Pflanzen mit gleicher Farbtönung enthalten. Sehr robust, klimahart und standorttolerant, aber empfindlich gegen Staunässe.

Geschätzt als Beschirmung und Windschutz. Gut geeignet, um Gärten auch im Winter ein Profil zu geben, bietet sie Deckung und Nistgelegenheit für Singvögel, z. B. für Goldhähnchen und Grünfinken.

Hohe *C. lawsoniana* sind durch Windwurf gefährdet, in geschützten Lagen erreichen sie in GB 40 m, bei uns gut 20 m Höhe. Typisch: die Gipfeltriebe sind dünn und hängen im weiten Bogen über. Die Art eignet sich gut für Hecken und für die Gestaltung französischer Gärten. Die zerriebenen Zweiglein aller Spielformen riechen nach Petersilie und Harz. Alte Bäume sind mitunter von einem Kranz junger Absenker umgeben. Die Art ist an der Pazifikküste (Oregon, NW-Kalifornien) zu Hause und benötigt nährstoffreichen, gut mit Wasser versorgten Boden. Die hellrosa ♂ Blüten zieren im Frühjahr die Spitzen jedes Zweiges und stäuben im April. Die bläulichen ♀ Blüten sitzen etwas weiter einwärts.

Die Zahl der Zierformen liegt bei *C. lawsoniana* weit höher als bei anderen kultivierten Baumarten. Hier werden einige der häufigsten und prägnantesten dargestellt. Nach der Einführung in Europa nahm ihre Beliebtheit ständig zu. Alle lassen sich leicht durch Stecklinge vermehren. Bei den meisten kann man die Maximalhöhe noch nicht abschätzen. 'Erecta' und 'Stewartii' werden etwa 10 m hoch, 'Triumph of Boskoop' 15 m.

Rinde bei ∅ 50cm

Unterseite

Hinoki-Scheinzypresse *Chamaecyparis obtusa* (die Schuppenblätter haben obtuse, d. h. stumpfe Spitzen). Gehört in Japan und auf Taiwan zu den ältesten und höchsten Bäumen, wächst aber nur langsam. Weil die Art frische Böden und hohe Sommerniederschläge benötigt, fühlt sie sich in atlantischen Teilen Europas wohler. Die breite, fast rechtwinklig beastete Krone trägt glänzend grüne, unterseits hübsch weiß gemusterte Schuppenblätter, welche zerrieben angenehm süßlich nach Harz riechen. 1861 kam diese Art gemeinsam mit vielen der frühen Gartenformen, darunter die stumpf-gelbgrüne 'Aurea', nach Europa. 22 m. II.

Die besonders beliebte goldfarbene Obtusa-Form 'Cripsii' stammt jedoch aus einer engl. Baumschule. 'Tetragona Aurea', ebenfalls goldgelb, aber im Kroneninneren grün, ist dicht büschelartig beastet, hat Triebe mit quadratischem Querschnitt, wächst aufrecht und wird bei uns 3 m hoch. I.

'Lycopodioides' mit breiten, verdickten, aufrechten Trieben kann wie die mit hängenden flachen Zweiglein versehene Farn-Zypresse 'Filicoides' am Anfang etwas unansehnlich und dürftig wirken. 10 m. II.

'Filicoides'

Sommer

Herbst

Zapfen

Rinde bei ∅ 30cm

'Tetragona Aurea'

'Crippsii'

Gold-Zypresse

Lycopodioides'

Sawara-Scheinzypresse, 'Squarrosa'

'Squarrosa'

'Plumosa'

Zapfen

Unterseite

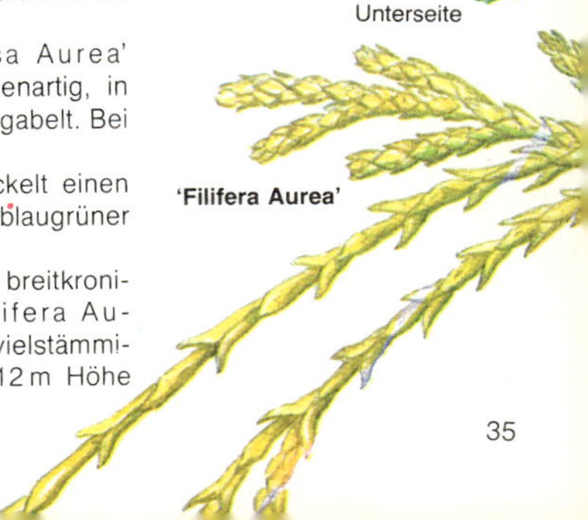
'Filifera Aurea'

Sawara-Scheinzypresse *Chamaecyparis pisifera* (benannt nach dem erbsenähnlichen Zapfen). Die reine Art, 1861 aus Japan eingeführt, ist kaum verbreitet und wird trotz ihrer hellbraunen und viel feineren Beblätterung mit leicht gekrümmter Spitze, dem starken Harzgeruch und ihrer rotbraunen, in Streifen abblätternden Rinde oft mit der *Lawsoniana* verwechselt. Die lockere Krone hat annähernd waagerechte Äste. Die folgenden Cultivare – lange zuvor in Japan entstanden – sind weit häufiger verbreitet als die reine Art, insbesondere in Parks und auf Friedhöfen. 20 m. III. ▷

'Plumosa' und ihre Goldvariante 'Plumosa Aurea' sind die häufigsten: breitkegelförmig bis säulenartig, in etwa 2 m Höhe oft in zwei oder drei Stämme gegabelt. Bei uns nicht viel über 10 m, in GB 24 m hoch. II.

'Squarrosa' bleibt kegelförmig und entwickelt einen durchgehenden Stamm. Ein locker beasteter blaugrüner Baum bis 20 m Höhe. II.

'Filifera' wird zu einem wenig ansehnlichen, breitkronigen, spärlich beblätterten Baum, während 'Filifera Aurea', oft in Kübeln kultiviert, einen hellgelben, vielstämmigen Busch oder schmalen Baum von max. 12 m Höhe abgibt. I.

Nutka-Scheinzypresse *Chamaecyparis nootkatensis* (entdeckt in Nootka, auf der Insel Vancouver). Knapp unterhalb der Gletscher und Schneefelder von Oregon bis Alaska vorkommend, verträgt diese Art fast alles außer Kalkböden. Wegen ihrer sehr gleichmäßig-kegelförmigen Krone ist sie schon von weitem zu erkennen. In Irland neigt sie zur Absenkerbildung (Bewurzelung und Verselbständigung niederliegender Zweige). Die zerriebenen Zweiglein riechen stark nach Terpentin; sie fühlen sich sehr rauh an, wenn man gegen den Strich reibt. Die Zapfen brauchen zwei Jahre zur Reife. Sie sind im ersten Jahr blau. Jede Zapfenschuppe trägt eine stark hervorragende Spitze. 25 m. III.

'Pendula', eine Form mit hängenden Zweigen, aber aufgerichteten Ästen. 22 m. II.

Weiße Scheinzypresse *Chamaecyparis thyoides,* ein niedlicher, kleiner, kegelförmiger Baum mit abgerundeter Spitze. Selten in Kultur. Heimat: östl. Nordamerika. Benötigt warme Sommer, ist aber in Mitteleuropa klimahart. Blätter entweder gelblich oder dunkelblaugrau, zerrieben deutlich nach Ingwer riechend. Die Rinde löst sich in schraubig verlaufenden, grauen, faserigen Streifen ab. 15 m. II.

Formosa-Scheinzypresse *Chamaecyparis formosensis.* Heute auch in ihrer Heimat auf Taiwan ein seltener Baum, der gelegentlich 3000 Jahre alt und sehr hoch werden soll. Bei uns heikel und nicht in Kultur. In GB ein kleiner, U-förmig beasteter Baum. Blätter wie bei *Ch. pisifera,* aber mit bronzefarbener Tönung und ohne weiße Zeichnung auf der Unterseite. Zerrieben nach Tang riechend.

Nutka-Scheinzypresse 20m Leyland-Zypresse 29m Monterey-Zypresse (S. 38)

HYBRID-ZYPRESSEN Gemeint sind alle Hybriden zwischen den Gattungen *Cupressus* und *Chamaecyparis.* Z. Zt. ist jedoch nur die Leyland-Zypresse verbreitet. Sie wird nur durch Stecklinge vermehrt, obwohl auch Pfropfung auf der Monterey-Zypresse gelingt.

Leyland-Zypresse × *Cupressocyparis leylandii.* Unter diesem Namen werden die Hybriden zwischen Nutka- und Monterey-Zypressen zusammengefaßt, die teils 1888 aus Samen von *Ch. nootkatensis,* teils 1911 aus Samen von *C. macrocarpa* gewonnen wurden. Sie wachsen sehr rasch auf nicht zu schattigen und nicht zu feuchten Standorten. In GB recht häufig, in Mitteleuropa neuerdings zunehmend. Meist Park- und Gartenbaum, aber auch gut für hohe Hecken. Am weitesten verbreitet ist 'Haggerston Grey', deren Zweiglein in fast jedem Winkel abstehen. Es folgt 'Leighton Green' mit dickeren Schuppenblättern an langen, flachen Zweiglein. 'Naylor's Blue', aus derselben Samenprobe erzogen, hat dunkel graublaue, anfangs helle Blätter, bei 'Castlewellan' haben die Zweiglein hell goldgelbe Spitzen, und 'Robinson's Gold', heute noch wenig verbreitet, hat flache, farnähnliche Zweiglein. 25 m. I.

ECHTE ZYPRESSEN (Gattung *Cupressus*). Zu trennen von den Scheinzypressen (S. 32–36) durch die buschige, in allen Richtungen abstehende Verzweigung und durch die meist größeren, stärker verholzten Zapfen. Von insgesamt 20 Arten kommen 10 in kleinen Hainen Kaliforniens, 5 weitere in Arizona und Mexiko vor. Eine Art mit nur wenigen Exemplaren wächst in der Sahara. Vermehrung am besten durch Samen.

Italienische Zypresse *Cupressus sempervirens* (= immergrün). In Südeuropa zu Hause, Nordgrenze = Schweiz, Ostgrenze = Persien. Die echte Wildform ist breitkronig; beschrieben wurde die Art aber erstmals als Säulenform, die zwar heute weit verbreitet ist, jedoch auf eine im Altertum vollzogene Selektion zurückgeht. Die Form ist samenecht. Bei jungen Pflanzen frieren die Spitzen in harten Wintern zurück. Alte Bäume sind weniger empfindlich. Bei uns nur in geschützten Lagen zu kultivieren. In GB, selbst in Schottland, weit weniger problematisch. An alten blühenden Zweigen sind die Blätter kurz und dick. Abweichend von anderen echten Zypressen strömen zerriebene Blätter keinen Geruch aus. II.

Monterey-Zypresse *Cupressus macrocarpa* (= mit großen Zapfen). Ein sehr bizarrer, mächtiger Baum, der in Mitteleuropa erfriert, in GB weit verbreitet und sehr vital ist und auf den Klippen der kalifornischen Halbinsel Monterey sein winziges natürliches Areal hat. In Irland findet man ungemein eindrucksvolle Exemplare mit mächtigen, tief angesetzten Ästen – fast so breit wie hoch. Ihre dominierende Stellung als Heckenpflanze gibt sie in NW-Europa allmählich an die Leyland-Zypresse ab, weil diese in Bodennähe länger grün bleibt. Zerriebene Blätter riechen nach Zitrone.

'Lutea' wird astiger, zeigt goldgelbe Blätter und ist tolerant gegen Seewind.

Monterey-Zypresse

Rinde bei Ø 50cm

Gowens Zypresse *Cupressus goveniana* (nach J. Gowen, schottischer Gartenbauer). Nur noch wenige, etwas dürftige Wildpflanzen in ihrem winzigen natürlichen Areal nahe Monterey, Kalifornien. Fehlt in Mitteleuropa. Auch selten in GB, aber dort dicht belaubt und eher säulenförmig. Die ▷ kurzen, deutlich rechtwinklig abstehenden Zweige riechen beim Zerreiben stark nach Thymian und Zitrone. Charakteristisch sind die am letzten Jahrestrieb in Büscheln auftretenden glänzend rotbraunen Zapfen.

Rauhe Arizona-Zypresse *Cupressus arizonica* war zunächst nicht von der glattborkigen *C. glabra* unterschieden worden. Erst nach der Einführung in Europa differenzierten sich bei den älteren Bäumen die typisch faserig-rissige Borke und die grünen, nicht gezeichneten Blätter dieser Art heraus. Sie ist *C. glabra* i. a. unterlegen.

Glatte Arizona-Zypresse *Cupressus glabra* (*C. arizonica* var. *glabra*) [nach der glatten Borke benannt] bildet daheim im mittleren Arizona zahlreiche lange, waagerecht abstehende Äste, in NW-Europa jedoch eine schmale, eiförmige Krone aus. In Mitteleuropa fast, in GB ganz winterhart. Braucht warme Sommer, ist dürrefest, standortstolerant, verträgt aber auch hohe Niederschläge. Gut als Heckenpflanze. Nicht raschwüchsig, immer ansehnlich. Die graublauen Blätter, reichlich weiß gefleckt, riechen zerrieben nach Grapefruit und tragen an der Spitze während des Winters gelbe ♂ Blüten.

'Pyramidalis' hat aufrechte Zweigenden und trägt deutlich blaue, stets weiß gefleckte Blätter.

Mexikanische Zypresse *Cupressus lusitanica.* Von portugiesischen Missionaren aus Mexiko nach Portugal (Lusitanien) gebracht, ist der Baum im milden Klima GB's, nicht aber in Mitteleuropa kultivierbar. Junge Bäume sind schlank und raschwüchsig, haben graugrüne Blätter ohne charakteristischen Geruch und krumme, rosafarbene Stämme. Alte Bäume wachsen langsam.

'Glauca' trägt weiche, graublaue Blätter in aufrechten Büscheln.

Himalaya-Zypresse *Cupressus torulosa.* Bei uns nicht winterhart, in GB selten, aber ausdauernd. Krone eiförmig, Äste aufstrebend mit locker herabhängenden Zweigen. Junge, aus Samen gezogene Bäume haben blaugrüne Blätter und herabhängende Triebe, alte Exemplare hingegen grüne, gerade erwachsene Langtriebe. Blätter riechen zerrieben nach frisch gemähtem Gras. Die flachen Furchen der Borke verlaufen leicht spiralig. Langsames Wachstum.

Patagonische Zypresse *Fitzroya cupressoides,* zu Ehren des Admirals Fitzroy benannt, der das Schiff befehligte, mit dem Darwin nach Südamerika fuhr. In Chile, wo der Baum 35 m hoch wird, trägt er den Namen ‚Alerce'. Für Mitteleuropa ungeeignet, findet man in GB und Irland relativ trägwüchsige, dichtbelaubte, reichlich mit Zapfen behangene Exemplare, die durch starke, tiefansetzende, aufwärts gebogene Äste charakterisiert sind. Typisch sind auch die harten, stumpfen, beiderseits mit weißen Streifen versehenen Schuppenblätter.

15m
Rauhe Arizona-Zypresse
15m
Glatte Arizona-Zypresse
12m
'Pyramidalis'
Rinde bei ∅ 40cm
Rinde bei ∅ 40cm
12m
Patagonische Zypresse
18m
Mexikanische Zypresse
16m
Himalaya-Zypresse

WACHOLDER (Gattung *Juniperus*), über die ganze Nordhalbkugel verbreitet. Im Norden an die Arktis, im Süden an Wüsten grenzend. Die Samenschuppen verwachsen, werden fleischig und ähneln dadurch einer Beere (Beerenzapfen). Keine einzige Art entwickelt sich zu einem großen Baum oder wächst schnell. Anzucht aus Samen oder Stecklingen.

◁ **Gemeiner Wacholder** *Juniperus communis,* hat von allen Holzarten das größte natürliche Verbreitungsgebiet, ist auf beiden Seiten des Atlantiks zu Hause und kommt von der West- zur Ostküste Nordamerikas vor. In Hochlagen wächst er mattenartig flach, selbst unter den besten Standortbedingungen ist er mit 6 m Höhe eher ein aufrechter Busch als ein Baum. *J. communis* ist völlig winterhart und ungewöhnlich standorttolerant; er wächst auf sauren Heideböden, auf tiefgründigen Lehmen, wie auf anstehendem Kalk. In Gärten werden meist Zierformen kultiviert. Die stachelspitzigen Nadeln riechen zerrieben nach Äpfeln. Meist befinden sich ♀ und ♂ Blüten auf verschiedenen Individuen, und die Beerenzapfen brauchen bis zur Reife drei Jahre. Währenddessen verändert sich ihre Farbe von grau über dunkelgrün bis schwarz. Junge Triebe sind im Querschnitt dreieckig und tragen die Nadeln in Wirteln zu dritt. 6 m. II.

'Hibernica', irischer Säulenwacholder, viel verwendet für Gebüsche, Heidegärten und zwischen Zwergkoniferen. Die schlanke Säulenform kontrastiert gut zu runden und flach wachsenden Arten. 6 m. II.

'Pyramidalis', schwedischer Wacholder, lange unter dem Namen 'Suecica' angeboten, ähnelt 'Hibernica', ist aber locker aufgebaut und hat herabhängende, silbriggrüne Triebspitzen. 5 m. II.

◁ **Tempel-Wacholder** *Juniperus rigida* stammt aus Japan, Korea und der Mandschurei. Ein auch in Mitteleuropa winterharter, trägwüchsiger, geradstämmiger Baum von maximal 8 m Höhe mit weit ausladender, U-förmiger Beastung. Die rel. weichen Blätter stehen an dünnen, überhängenden Zweigen. Aus der Entfernung wirkt der Baum leicht bronzegelb. ♀ Bäume tragen Reihen ungleichmäßig runder, zunächst blaugrüner, bei Reife purpurbrauner Beerenzapfen. Die Rinde löst sich in langen grauen Streifen ab und läßt stumpfbraune Partien zurück. 8 m. II.

◁ **Syrischer Wacholder** *Juniperus drupacea* (= mit pflaumengleichen Früchten). Einer der bewährtesten Wacholder, was Beblätterung, Wachstum und Form angeht. Außerdem sehr standorttolerant. Bei uns allerdings nur in milden Lagen kultivierbar, dann meist säulenförmig. Besonderheiten sind die orangebraune, sich ablösende Rinde und die mit ca. 25 mm ungewöhnlich langen, unterseits mit zwei weißen Bändern versehenen Nadeln. Die etwa 2 cm großen Beerenzapfen sind purpurbraun und verholzt. Sie ähneln sehr einem Zypressenzapfen.

Schwedischer W.
Irischer W.
5m
Gem. Wacholder
10m
Tempel-Wacholder
18m
Syrischer W.

◁ **Chinesischer Wacholder** *Juniperus chinensis,* einer der häufigsten Wacholder in Park und Garten. Bei uns nicht über 10 m. Ohne großen Zierwert, weil stumpfe, dunkle und mit dem Alter immer spärlicher werdende Benadelung. Alte Zweige mit Schuppenblättern tragen an ihrer Basis zahlreiche Triebe mit spitz hervorragenden, zu zweit oder dritt angeordneten Jugendblättern. Zerriebene Blätter riechen säuerlich, harzig. Der Stamm ist so tief gerippt und ausgehöhlt, daß er fast zweistämmig wirkt. Die Rippen sind abgerundet und verlaufen spiralig. Die blaßrotbraune Rinde löst sich in Streifen ab. Im allg. gibt es ♀ oder ♂ Bäume. Die ♂ Blüten sind während des Winters gelb und stäuben im zeitigen Frühjahr. 10 m. X.

'Aurea', der chinesische Gold-Wacholder, in der Stadt ein bewährter kleiner Baum, wächst langsam und wird zu einer zierlichen, etwas breiten Säule. Jugendblätter hart und spitzig. 8 m. II.

'Keteleerii', selten, aber bewährt. Seine zierliche, kegelförmige Krone mit glänzend grünen Altersblättern trägt hellblaue, bereifte Beerenzapfen. 8 m. II.

◁ **Virginischer Wacholder** *Juniperus virginiana,* wächst im Osten der USA wie ein Unkraut an Straßenrändern und auf Ödland, wobei die Blattfarbe von schwarzgrün bis hell graublau variiert. Ähnlich *J. chinensis,* aber seltener in Kultur. Die Schuppenblätter sind etwas kleiner und blaßgrün berandet. Zerrieben riechen sie nach Farbe oder Kernseife. Die aufgelockert wirkenden, spitzigen Jugendblätter stehen zumeist an den Triebspitzen. Insgesamt wenig wüchsig. 18 m. X.

Blauzeder-Wacholder *Juniperus squamata* 'Meyeri', 1910 von Frank Meyer in den USA als Gartenform entdeckt. Die reine Art stammt aus dem Himalaya, ist selten und wenig ansprechend. 'Meyeri' jedoch ist zurecht beliebt. In der Jugend kegelförmig und fast metallisch blau, ist er ungemein klimahart und standortstolerant. Ideal geeignet für Begrenzungen. Gelegentlich wächst er für einen Wacholder untypisch schnell, und mit langen aufrechten Zweigen. Rückschnitt hilft dann. Die papierartig abblätternde Rinde ist rötlichbraun. 10 m. I.

Hängewacholder *Juniperus recurva.* Heimat: Ost-Himalaya, Burma, China. Bei uns nur in milden Lagen, in GB vorzugsweise im kühl-feuchten N und W. Anfangs treiben zahlreiche senkrechte Äste von der Stammbasis aus. Sie bilden eine kegelförmige Krone mit deutlich herunterhängenden Zweigenden. Alte Exemplare können zu breiten, lockeren Büschen werden. Trockene Blätter rascheln in der Hand und riechen nach Farbe. 10 m. II.

'Cox Wacholder' *J. recurva,* var. *coxii* aus Burma hat hellere, stärker herabhängende Benadelung und deutlich orangefarbene, rauhere Rinde. 10 m. I.

LEBENSBÄUME (Gattung *Thuja*) [griech. thuia = wohlriechendes Holz] mit sechs Arten aus Nordamerika und Ostasien. Mehrere werden im Englischen Zeder (‚cedar') genannt, obwohl sie zu den Zypressen gehören. Am besten aus Samen anzuziehen, lassen sie sich auch über Stecklinge vermehren. Langsam wachsende asiatische Arten pfropft man auch auf *T. plicata*.

◁ **Riesen-Lebensbaum** *Thuja plicata.* Heimat von Alaska bis Kalifornien und landeinwärts bis Montana. Daheim kann er 60 m hoch und 3 m stark werden, er erträgt Schatten und braucht hohe Luftfeuchtigkeit. In Mitteleuropa ein zuverlässiger Parkbaum, nur gelegentlich und probeweise im Wald angebaut. Das Holz ist dauerhaft und wertvoll. Die Indianer nutzten es für Totempfähle. Auf den ersten Blick mit Lawsons Scheinzypresse zu verwechseln, hebt sie sich von dieser durch glänzende flachgedrückte Beblätterung mit leicht aromatischem Geruch (Ananas), durch faserige Rinde, aufrechte Gipfeltriebe und ledrige Zapfen ab. 40 m. II.

'Zebrina', schwankend im Anteil gelber Blätter und in der Intensität der Gelbfärbung. Dennoch einer der besten goldgelben Nadelbäume, auch hinsichtlich Größe und Form.

Abendländischer Lebensbaum *Thuja occidentalis,* hochwahrscheinlich die erste nach Europa gebrachte nordamerikanische Holzart. Das geschah um 1539, mehr als 300 Jahre bevor *Th. plicata* eingeführt wurde. Die Art fühlt sich auf feuchtem Boden wohl, wird aber weder alt noch sehr hoch. Alte Bäume neigen sich leicht. Hierzulande völlig klimahart und besonders auf neutralen oder alkalischen Böden eine bewährte Heckenpflanze. 20 m. III. ▷

'Lutea' ist wüchsiger und standfester. Ihre frischen Triebe heben sich durch Gelbfärbung vom grünen Kroneninneren ab. Wie bei allen Zierformen dieser Art werden die Blätter im Winter bronzefarben. 20 m. I.

'Spiralis' mit dichtstehenden Zweiglein, die spiralig um den Trieb angeordnet sind. Kaum Winterfärbung. 11 m. I.

Japanischer Lebensbaum *Thuja standishii* (genannt nach J. Standish, einem Gärtner, der diese Art erstmals in Europa anzog). Leicht zu erkennen an den weit ausladenden, U-förmigen Ästen und den nickenden, hellgrünen oder silbergrau-grünen Triebspitzen. Anders als bei *Th. plicata* sind die Blätter hart und abgerundet. Stark zerrieben riechen sie angenehm nach Zitrone und Eukalyptus. Rinde mit glänzend tiefroten Flecken und großen, sich ablösenden Platten. In Mitteleuropa wenig verbreitet. Schwachwüchsig, kaum über 10 m – aber von eigentümlichem Charakter. 10 m. I. ▷

Morgenländischer Lebensbaum *Thuja orientalis.* Eine der ersten Arten, die aus China nach Europa kamen (1752) ◁ und die einzige Thuja, welche ihre Blätter in flachen, vertikalen Zweiglein anordnet. Daraus resultiert gleiche Lichtversorgung und Farbgleichheit für beide Seiten als weitere Besonderheit. Die dritte Abweichung betrifft die deutlich hakenförmigen Spitzen an den Zapfen, die vierte das Fehlen jeden Geruchs beim Zerreiben der Blätter. Die Art liebt warme Sommer und frische Böden. Als Solitär recht ansehnlich. 18 m. II.

'Elegantissima' beginnt als schmale, langsam wachsende Säulenform, wird dann breiter. Blätter im Sommer mit gelben Spitzen, gelblichgrün im Winter. Nicht überall winterhart. 7 m. II.

Koreanischer Lebensbaum *Thuja koraiensis.* Der einzige ◁ Lebensbaum mit fast schneeweißer Blattunterseite. Die Oberseite der Zweiglein ist hingegen frisch grün, nach dem Austrieb manchmal auch blaugrün mit leichtem Silberglanz. Zerrieben strömen die Blätter einen geradezu appetitanregenden Duft nach Obstkuchen mit Mandeln und etwas Zitrone aus. Hart und trägwüchsig, aber relativ selten in Kultur. Stecklingspflanzen wachsen bestenfalls 15 cm pro Jahr. Ansehnlich wegen der silbrigen Blätter. 11 m. I.

Hiba *Thujopsis dolabrata* (= beilähnlich, nach der Form der weißen Zeichnung auf der Blattunterseite). In Mitteleuropa meist als dichter Busch; oft aus mehreren Absenkern gebildet; in Japan, seiner Heimat, ein kleiner, einstämmiger Baum. Verlangt hohe Niederschläge und frische Standorte. Die Schuppenblätter zeigen unterseits eine charakteristische weiße Zeichnung und glänzend blaßgrüne Ränder. Ansehnlich wegen seiner wie lackiert wirkenden, an Reptilienschuppen erinnernden Blätter. Langsam wachsend. Unansehnlich in trockenen, sehr sonnigen Lagen. 12 m. I. ▷

Sumpfzypressen-Gewächse (Taxodiaceae) (*Taxodium* = eibenähnlich). Eine sehr ursprüngliche, einstmals umfangreiche und heterogene Familie. Heute gibt es nur noch 10 Gattungen mit 15 Arten. Davon ist *Athrotaxis* an die Südhalbkugel gebunden. Fünf Arten sind sommergrün, die meisten haben harte und stachelspitzige, andere schuppenförmige Blätter, *Sciadopitys* trägt lange, ledrige Nadelblätter. Die rundlichen Zapfen sind rel. klein, gelegentlich stachelig oder zerbrechlich. Gemeinsames Merkmal: die streifige, rotbraune Faserrinde. Am besten durch Samen zu vermehren, bei vielen auch Stecklingsbewurzelung möglich.

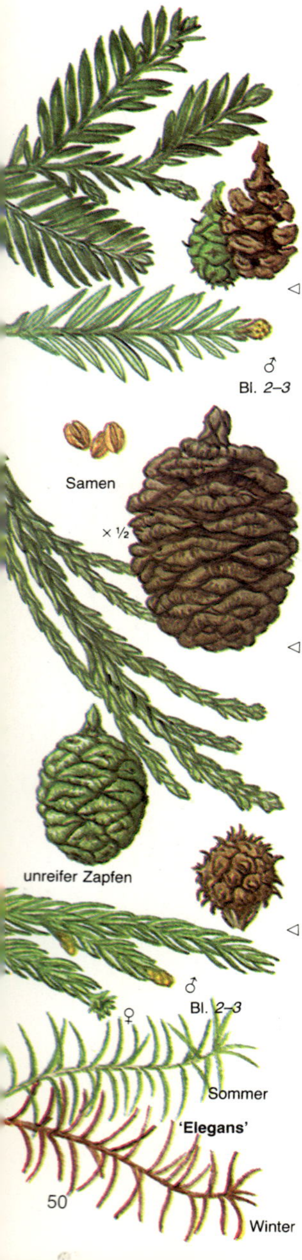

Küsten-Sequoie *Sequoia sempervirens* (= immergrün; eigentlich keine Besonderheit für einen Nadelbaum, doch die Art wurde zuerst als Sumpfzypresse eingestuft, und als solche hätte sie sich als immergrüner Baum gut von der laubabwerfenden *T. distichum* unterscheiden lassen). Die Art wächst in einem schmalen, ca. 800 km langen, nebelreichen Streifen nahe der Küste Kaliforniens bis zur Grenze nach Oregon. Mit Maximalhöhen um 110 m stellt sie die höchsten Bäume der Welt. In Mitteleuropa nur in mildesten Lagen. Im N und W von GB erreicht sie 40 m. Für trockenwarme Standorte weniger geeignet. Stecklinge bewurzeln sich schwer, Sämlinge wachsen schnell. Zerriebene Blätter riechen stark nach Grapefruit. 20 m. II.

Mammutbaum *Sequoiadendron giganteum* (auch Wellingtonie oder Riesen-Sequoia genannt). Heute nur noch in 72 meist kleinen Hainen an der Westseite der südlichen Sierra Nevada natürlich vorkommend. 1852, kurz nach Beginn des Goldrausches, wurde sie entdeckt. ‚General Sherman' gilt mit 87 m Höhe und 24,3 m Umfang als der mächtigste Baum der Welt. Auch in Europa erreichen die ältesten, inzwischen etwa hundertjährigen Mammutbäume fast 50 m Höhe. In milden Lagen West- und Südwestdeutschlands ist er ein häufiger, sehr ansehnlicher Parkbaum. Ein besonders eindrucksvoller und sehr leistungsfähiger Bestand befindet sich in Weinheim/Bergstraße. Die sehr dicke Borke ist auffallend weich und schwammig; zerriebene Triebe haben einen intensiven Anisgeruch. Mammutbäume fühlen sich in der Stadtluft nicht wohl. 45 m. I.

Japanische Sicheltanne *Cryptomeria japonica.* Das erste Saatgut kam 1842 aus China und ergab Bäume mit leicht herabhängender Beastung. Erst die späteren, aus japanischen Samen herangezogenen Sicheltannen bilden die gewohnte relativ straffe, waagerecht beastete Krone aus. Der Baum benötigt hohe Luftfeuchtigkeit und frische Böden. In Mitteleuropa ist er im allgemeinen klimahart, nimmt jedoch eine wenig schöne, bräunliche Winterfarbe an. In Japan einer der wirtschaftlich wichtigsten Forstbäume, ist er bei uns allenfalls in Parks zu finden. 25 m. II.

'Lobbii' ist eine japanische Zierform mit dicht büschelig angeordneten Zweigen. Sehr bewährt und recht wüchsig.

'Elegans' mit weichen, abstehenden Blättern, die im Winter eine purpurrote Farbe annehmen. Meist buschig und oft vielstämmig. Zweige im Alter überhängend. 15 m. III.

Küsten-Sequoie | Mammutbaum | Japanische Sicheltanne

Rinde bei ∅ 70cm

Rinde bei ∅ 90cm

Rinde bei ∅ 50cm

SUMPFZYPRESSEN (Gattung *Taxodium*) mit drei Arten aus Nordamerika. Zwei davon sommergrün, eine fast immergrün und selbst für NW-Europa zu empfindlich *(T. mucronatum)*.

◁ **Sumpfzypresse** *Taxodium distichum* (= Blätter in zwei Reihen angeordnet). Wächst in den von Gezeiten beeinflußten Sümpfen der amerikanischen Ostküste von Delaware bis Texas, an überschwemmten Flußufern und geht 2000 km den Mississippi aufwärts. In Mitteleuropa ein rel. seltener, nicht überall frostharter Parkbaum, der gern an Seeufern oder Flußläufen kultiviert wird und warme Sommer benötigt. In England gedeiht er an warmen Orten auch ohne Grundwasseranschluß. Bei stehender Nässe bildet *T. distichum* sog. Atemknie aus, kräftige, nach oben orientierte Wurzelbildungen mit einem Durchlüftungsgewebe, das dem Gasaustausch dient. Das rel. weiche Holz verträgt wiederholtes Naßwerden und Austrocknen, es eignet sich deswegen gut für die Verarbeitung in Gewächshäusern. 25 m. l.

Zierliche Sumpfzypresse *Taxodium ascendens,* in Mitteleuropa kaum winterhart. Ebenfalls im Osten der USA beheimatet, wird sie in S-England allenfalls zu einem mittelgroßen, schlanken Baum mit kleinen, eng anliegenden ▷ pfriemlichen Blättern und schnurähnlichen, am Triebende überhängenden Zweigen. Die Form 'Nutans' mit schlaff herabhängenden Zweigspitzen hat orangefarbene bis braune Winterverfärbung und eine graue, grob gefurchte Rinde.

Metasequoie *Metasequoia glyptostroboides* (= wie *Glyptostrobus,* eine andere chinesische Taxodiacee). Lange Zeit als verbreitetes Fossil bekannt, wurden lebende Exemplare dieser Art erst 1941 in China entdeckt. Ab 1948 ▷ steht Saatgut zur Verfügung. Seitdem hat sich der weitgehend winterharte Baum auch bei uns in großen und kleinen Gärten durchgesetzt. Raschwüchsig in luftfeuchten, geschützten Lagen, läßt er sich von der Sumpfzypresse durch streng gegenständige Blätter am Kurztrieb und durch erheblich früheres Austreiben unterscheiden. Wie bei *Taxodium* werden im Herbst die ganzen Kurztriebe plus Blätter abgeworfen. Die langgestielten Zapfen entstehen – wie auch die ♂ Blüten – nur nach sehr warmen Sommern. In Deutschland durch Stecklingsbewurzelung weniger Ausgangsbäume vermehrt. 20 m. l.

Rinde bei ∅ 40cm

SCHUPPENFICHTEN (Gattung *Athrotaxis*) bilden eine Gruppe von drei Taxodiaceen-Arten aus den Bergen West-Tasmaniens, die sich hinsichtlich Zapfenform, langsamen Wachstums, faseriger Rinde und geringer Größe sehr ähneln. Die zuerst beschriebenen beiden Arten haben härtere Blätter, welche bei *A. laxifolia* dem Trieb dicht anliegen. Keine der drei Arten ist in Mitteleuropa winterhart. Deutsche Namen fehlen.

Athrotaxis laxifolia, in Gärten und Parks N- und W-GB's ◁ durchaus zu finden, am natürlichen Standort jedoch recht selten. Meist breitkronige, stark beastete kleine Bäume, im Kroneninneren nur spärlich, außen dicht belaubt; Zapfenbildung oft reichlich. Die tief gefurchte Rinde löst sich in Fasern ab. Sie wird durch neue, orangefarbene Rinde bei alten und neue, graubraune bei jungen Bäumen ersetzt.

Athrotaxis selaginoides (= mit bärlappähnlichen Blättern), einst ein wichtiger Holzlieferant in Tasmanien. Selbst ◁ in England nicht überall winterhart, aber wüchsig in Irland. Die Blätter stehen steif und spitzig vom Trieb ab. Die Zapfen sind etwas größer als bei den anderen Arten, aber wie bei diesen anfangs glänzend hellgrün und bei Reife gelb bis orangefarben. Rinde stumpf rotbraun.

Athrotaxis cupressoides (= zypressenähnlich). Auch in geschützten Teilen GB's selten, kurzlebig und langsam wachsend. Krone schmal und offen. Nicht sehr ansehnlich.

Japanische Schirmtanne *Sciadopitys verticillata* (= quirlig – die Blätter stehen wie die Speichen eines Schirmes ab). Dieser etwas exotisch wirkende Baum erinnert an eine Kiefer. Seine bis 12 cm langen ‚Doppelnadeln' sind aus zwei miteinander verwachsenen Einzelnadeln entstanden. ◁ Die entsprechenden Verwachsungsnähte sind als Längsrinnen gut zu erkennen. Außerdem treten ganz anders gestaltete Schuppenblätter auf, deren verdickte Spitzen knotenartig dem Trieb anliegen. Die Art ist bei uns weitgehend winterhart aber heikel. Sie benötigt frische, gut durchlüftete Böden und wächst sehr langsam. In GB oft vielstämmig oder buschig. 12 m. II.

Rinde bei ∅ 30cm

reifer Zapfen

Spießtanne *Cunninghamia lanceolata* (= spießförmig, d. h. Blätter mit vorgewölbten Seiten und schlanker Spitze). Rinde und Zapfen sind typisch für eine Taxodiacee, die Blätter jedoch ähneln eher einer Araukarie. Allerdings sind sie hellgrün und im Innern der Krone gibt es viele orangefarbene, abgestorbene Blätter. In Mitteleuropa ist diese Art nur in milden Lagen winterhart. Frostschäden werden zwar ausgeheilt, aber sie bleibt meist buschig. Aufrechte oder flachkronige Bäume in GB und NW-Frankreich. ▷

Unterseite

● **Kiefern-Gewächse** (Pinaceae) umfassen ca. 200 Arten in 10 Gattungen, alle auf der Nordhalbkugel. Sie gelten als die höchstentwickelten Koniferen. Ihre verholzten Zapfen tragen viele schraubig angeordnete Schuppen mit je zwei Samen. Die Blätter sind linealisch oder nadelförmig. Hauptverbreitung durch Samen, Kultivare durch Pfropfung.

TANNEN (Gattung *Abies*) mit etwa 50 Arten, die zu den höchsten Waldbäumen zählen. Sehr symmetrischer Aufbau, durchgehend gerade Stämme, aufrecht stehende Zapfen, rel. große, ledrige, selten zugespitzte Nadeln, die auf einer verbreiterten Basis sitzen.

△

Nordmanns Tanne *Abies nordmanniana* (nach Nordmann, einem deutschen Botaniker, benannt). Ein dicht und glänzend dunkelgrün benadelter Baum. Besser für Park und Garten geeignet als unsere einheimische Weißtanne, weil die Krone im Alter geschlossen bleibt. Rinde mattgrau, später in kleine Platten aufgeteilt. Junge Pflanzen sind relativ breit, bevor starkes Höhenwachstum einsetzt. In dieser Zeit ist Halbschatten sehr förderlich. Zapfen erscheinen nicht vor 50 Jahren und stehen an der Spitze der Krone. Bei Reife zerfallen sie am Baum. Bei uns gut 30 m, daheim im Kaukasus bis 60 m hoch. 30 m. II.

◁

Purpurtanne *Abies amabilis.* Ein sehr attraktiver, bis 60 m hoher Baum mit kerzengeradem, aufrechtem Schaft, einer silbergrauen Borke und dunkler, spitzer Krone. In Mitteleuropa wenig erfolgreich. Wüchsig und ansehnlich nur in den ozeanischen Teilen Skandinaviens und GB's. Die bis zu 1 m langen Leittriebe bilden kleine, aufrechte Seitentriebe aus – für Tannen eine Besonderheit. Die Triebe sind blaßblau und behaart. 20 m. I.

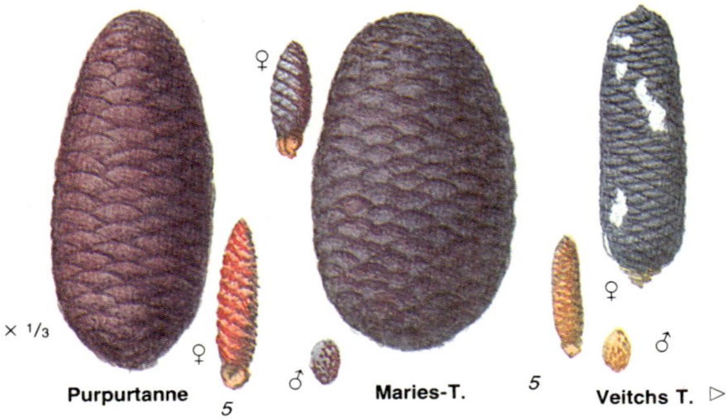

Rinde bei Ø 40cm

Veitchs Tanne *Abies veitchii* (von J. G. Veitch entdeckt). Eine der nicht sehr raschwüchsigen, aber ungemein ansehnlichen japanischen Tannen, die häufig in europäischen Parks und Gärten vorkommen. Sie ist winterhart, aber dürreempfindlich. Kalkboden verträgt sie nicht. Kennzeichnend sind die kreideweißen Nadelunterseiten – sie werden besonders bei den nach oben gerichteten Zweigenden sichtbar – und der gefurchte, unter den Ästen taschenartig eingesenkte Stamm. 22 m. II.

Maries-Tanne *Abies mariesii* (C. Maries sammelte in Japan die ersten Samen). Winterhart und dennoch selten. Ähnlich benadelt wie *A. amabilis,* nur sind die Nadeln kürzer (ca. 2 cm), die Triebe sind leicht orangefarben behaart, und die zerriebenen Nadeln riechen nach Ingwer. Die blaßgraue Rinde ist dunkel gefleckt und hat schwarze Ringe um die Astnarben. 18 m. I.

Bornmüllers Tanne *Abies bornmuelleriana,* bildet in einem kleinen Gebiet der NW-Türkei schöne Wälder. Morphologisch steht sie zwischen Nordmanniana und der Griechischen Tanne. Kennzeichnend sind die sehr dicht stehenden, meist abgerundeten Nadeln mit zwei deutlichen weißen Streifen auf der Unterseite. Die Rinde ist glatt und von rötlichschwarzer Farbe. Winterhart, aber selten. 25 m. I.

Colorado-Tanne *Abies concolor* (= gleichfarbig, d. h. Nadeloberseite genauso blaugrau wie die Unterseite), stammt aus höheren Lagen der südl. Rocky Mountains. Somit an trocken-warme Sommer gewöhnt und eine der wenigen Tannen, die im halbwegs kontinentalen Klima gedeihen. Hierzulande bewährter Garten- und Parkbaum, in GB weniger ansprechend. Die sehr langen, blaugrauen Nadeln sind sichelförmig nach oben gekrümmt, die schwärzliche Rinde ist leicht gefurcht. 25 m. I.

Die im natürlichen Verbreitungsgebiet nach W anschließende Varietät *lowiana* findet man in Mitteleuropa viel seltener, in GB aber häufiger als die reine Art. Typisch ist die scharf umrissene, kegelförmige Krone sowie die meist flache Stellung der i. a. grüneren Nadeln. In dieser Hinsicht dürfte die *lowiana* zwischen *concolor* und *grandis* stehen. 30 m. II.

Farges Tanne *Abies fargesii* nach P. Fargus, einem in China botanisierenden französischen Mönch, benannt. Eine recht seltene, schmalkronige Art mit glänzend dunkelgrünen Nadeln und purpur-mahagonibraunen Trieben. Oft als *Abies sutchuenensis* bezeichnet. Winterhart und ansehnlich – dennoch sehr selten. 18 m. II.

Felsengebirgstanne *Abies lasiocarpa,* ein wunderschöner, ungewöhnlich schlanker, spitzkroniger Baum, der zwischen 2500 und 3000 m Höhe in fast allen Teilen der Rocky Mountains vorkommt. In Europa langsam wachsend, weit weniger ansehnlich und relativ selten kultiviert. Hübsch sind die zahlreichen, anfangs blauvioletten Zapfen. 15 m. X.

Var. *arizonica,* die Arizona-Korktanne, ist wegen der längeren und blauen Nadeln und der sehr hellen, weichen Rinde wesentlich dekorativer. 18 m. II.

Cilicische Tanne *Abies cilicica.* Ein relativ seltener, aber ansehnlicher, bei uns klimaharter Baum mit üppiger Benadelung. Hat Ähnlichkeit mit der Nordmannstanne, besitzt aber längere, schmalere und etwas gebogene Nadeln. Nadelspitzen weißlich (variabel!). Die Rinde weist rings um die Astnarben schwarze Kreise auf. 25 m. II.

× 1/4

♀ 5

Colorado-T.

♀ 5

Felsengebirgstanne

Rinde bei Ø 40cm

Cilicische T.

Küstentanne *Abies grandis* ist nahe der Pazifikküste von Vancouver bis N-Kalifornien und landeinwärts bis nach Montana zu Hause. Dort soll sie fast 100 m hoch werden. Für Mitteleuropa auch als Waldbaum interessant, weil raschwüchsiger und genügsamer als andere Tannen. Zerriebene Nadeln riechen nach Mandarinen. Die Zapfen sind vom Boden aus schwer zu erkennen, denn sie bilden sich erst an ca. 50jährigen Bäumen, stehen nahe der Kronenspitze und zerfallen schon im August. *A. grandis* verträgt in der Jugend mehr Licht und mehr Trockenheit als andere Tannen. Ihr Kennzeichen: Nadeln zweizeilig, glänzend grün und ungleich lang. 40 m. l. ▷

Edeltanne *Abies procera* (= stattlich) kommt von Natur aus als mächtiger Waldbaum entlang der Westseite der Cascaden und in begrenzten Gebieten des Küstengebirges in Oregon und Washington vor. In Deutschland ein winterharter Garten- und Parkbaum, dekorativ wegen seiner dichten, blaugrauen Benadelung und der eindrucksvollen, bis 25 cm großen hellbraunen Zapfen, die mitunter schon an mannshohen Bäumen vorkommen und durch weit hervorschauende Deckschuppen gekennzeichnet sind. Wachstum in den ersten 15 Jahren langsam, dann zügig. Frischer, nährstoffreicher Boden erforderlich. 30 m. II.

Prachttanne *Abies magnifica.* Prächtig vor allem wegen der schmalen, sehr regelmäßig symmetrischen Krone, ihrer kerzengeraden, astfreien Schäfte und der ansehnlichen Dimensionen. All das erreicht sie aber nur in ihrer Heimat nahe der Pazifikküste in Kalifornien und Oregon. In Mitteleuropa selten, weil heikel, auch in GB nur in feuchten Gebieten. Ihr englischer Name ‚red fir' bezieht sich auf die rote Rinde älterer Exemplare, die in Europa jedoch kaum beobachtet wurde. 20 m. I.

Forrests Tanne *Abies forrestii* (von G. Forrest 1910 entdeckt und eingeführt). Oft als eine Varietät der chinesischen *A. delavayi* aufgefaßt, von der sie sich durch hellorangefarbene, unbehaarte Triebe und flache Nadeln abhebt. Wegen ihres raschen Jugendwachstums sind die Astquirle am Stamm zunächst weit entfernt. Das trifft jedoch nur unter kühl-feuchten Klimaverhältnissen zu. Unter kontinentalen Bedingungen kaum in Kultur, obwohl winterhart; in GB ansehnlich und bewährt. 18 m. II.

Die Varietät *georgei,* eine Hochlagenform, hat kürzere, graugrüne Nadeln, behaarte Triebe und Zapfen mit deutlich hervorstehenden Deckschuppen.

Himalaya-Tanne *Abies spectabilis.* Ein für Mitteleuropa leider zu empfindlicher Baum mit wunderschönen, bis 6 cm langen, unterseits kreideweißen Nadeln, mit 1 cm langen, von Harz bedeckten Knospen und hellbraunen, tiefgefurchten, relativ dicken Trieben. In deren Furchen rotbraune Haare. Auch unter optimalen Bedingungen etwas spärlich beastet. Dunkle, etwas schuppige Borke. I.

Pindrow-Tanne *Abies pindrow* ist in etwas tieferen Lagen des Himalaya zu Hause als *A. spectabilis,* mit der sie u. U. bastardiert. In Mitteleuropa nur ausnahmsweise winterhart. Auch in GB relativ selten. Triebe noch kräftiger hellrosa oder grau, Blätter noch länger (bis 7 cm), unterseits mit zwei graugrünen Streifen. Gedeiht nur in kühlen Gebirgslagen. Dann ansehnlich, mit schmaler, waagerecht beasteter Krone und dunkelgrauer Rinde. I.

◁ **Ostsibirische Tanne** *Abies nephrolepis* (= mit nierenförmigen Zapfenschuppen). Löst die Sibirische Tanne in der Mandschurei, in Korea und in Nordchina ab. Nur in wenigen europäischen Sammlungen zu finden. Hinsichtlich der Nadeln etwa zwischen *veitchii* und *sachalinensis* stehend. Sie sind dichter angeordnet als bei *A. veitchii* und haben unterseits keine kreideweißen, sondern grünlichweiße Streifen. Der Stamm ist glatt und ebenmäßig. Zerriebene Nadeln kleben und riechen nach Farbe. 12 m. III.

◁ **König Boris-Tanne** *Abies borisii-regis.* Ist in Bulgarien und Griechenland beheimatet und stellt vermutlich einen natürlichen Bastard zwischen unserer Weißtanne und der Griechischen Tanne dar. Sie ist ein vitaler, für den Garten etwas üppiger Baum mit dunkelgrauer, grobschuppiger Rinde und kräftigen Ästen, deren junge Triebe dicht mit hellbraunen Nadeln besetzt sind. Im Vergleich zu *A. alba* hat sie längere, schlankere, spitzere und dichter stehende Nadeln. 25 m. II.

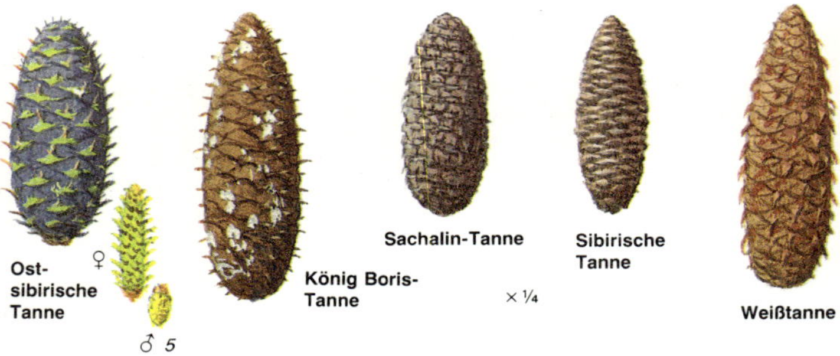

◁ **Sachalin-Tanne** *Abies sachalinensis.* Die Inseln Sachalin und Hokkaido sowie die Kurilen stellen das natürliche Areal dieser Art dar, die bei uns winterhart ist, kaum Ansprüche stellt und einen ansehnlichen, zuverlässigen Parkbaum abgibt. Charakteristisch sind die glatte, rotbraune Rinde mit waagerechten Linien und kleinen Harzbeulen, und die zierliche, sehr regelmäßige Krone. Die graubraunen Triebe haben kleine, behaarte Rinnen, und sie tragen einzelne, dicht mit grasgrünen, schmalen Nadeln besetzte Zweige. Zerrieben sind sie klebrig und riechen nach Zedernöl. 20 m. II.

◁ **Sibirische Tanne** *Abies sibirica.* Besiedelt ein riesiges Areal ostwärts und südlich des Ural bis in die zentralasiatischen Gebirge. Dennoch in Europa heikel und kaum in Kultur. Oft gehören die als Sibirische Tannen gekennzeichneten Bäume zu *A. sachalinensis.* Die echte *A. sibirica* hat glatte, runde, weich und weiß behaarte Triebe und cremefarbene Knospen. Sonst ähneln sich die beiden Arten sehr. Auch die Rinde der Sibirischen Tanne hat Harzbeulen. 12 m. III.

Weißtanne *Abies alba,* benannt nach der hellgrauen Rinde der Bäume. Sie kommt in den Pyrenäen und in den mitteleuropäischen Gebirgen natürlich vor, erreicht ihre Nordgrenze im Erzgebirge und ihre Südgrenze in Kalabrien. Bedeutsam als leistungsfähiger, wenn auch etwas empfindlicher Waldbaum und von großem ökologischen Wert. Heute in Deutschland durch Krankheit und Wildverbiß ernsthaft bedroht. Erträgt Schatten, ist aber spätfrostempfindlich. Weißtannen stellen hohe Standortsansprüche, vertragen jedoch Kalk. Ihre Benadelung ist recht variabel, oberseits dunkelgrün, unterseits mit zwei weißen Streifen. Wichtiges Bauholz. Als Park- und Gartenbaum, insbesondere in höherem Alter, selten ansehnlich. 50 m. III.

◁ **Griechische Tanne** *Abies cephalonica* (nach Cephalonien, einer griechischen Insel, benannt). Eine der wenigen Tannen, die auch auf trockenem, kalkigem Standort gedeihen, ohne auf feuchten Böden zu versagen. Alte Bäume oft unregelmäßig und stark beastet, reichlich mit Zapfen behangen und durch Windbruch gefährdet. Die relativ starren, scharf zugespitzten Nadeln stehen rund um die glänzend rotbraunen Triebe. Die anfangs schuppige, leicht orangegraue Rinde wird später zu einer stumpfgrauen Plattenborke. Die Neigung zu frühem Austreiben führt zu Spätfrostgefährdung. Deswegen sollten junge *A. cephalonica* unter leichtem Schirm angezogen werden. 25 m. III.

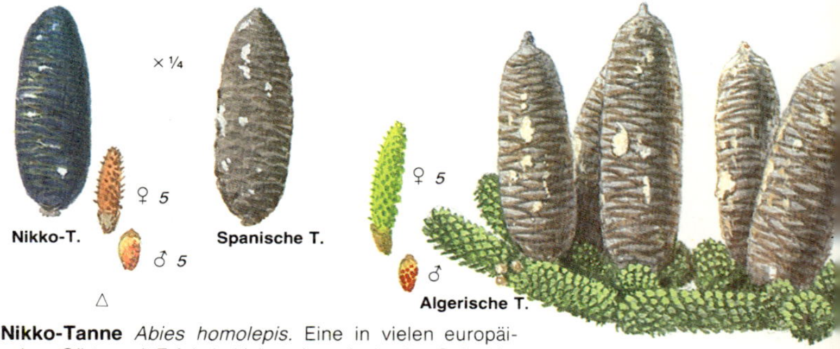

Nikko-Tanne *Abies homolepis.* Eine in vielen europäischen Gärten mit Erfolg kultivierte japanische Art. Selbst im Stadtklima gedeiht sie, was außer *A. numidica* kaum einer anderen Tanne gelingt. Junge Bäume sind kräftig und auffallend wirtelig beastet. Als charakteristische Merkmale sind zu nennen: die blaßrosafarbenen oder fast weißen, unbehaarten Triebe, deren Rinde in feine Schuppen aufplatzt sowie die relativ breiten, oberseits dunkelgrünen, unterseits mit zwei weißen Bändern versehenen Nadeln. 22 m. II.

Spanische Tanne *Abies pinsapo* (Kurzform für *Pinus saponis,* ‚Seifenkiefer'. In Wasser zerriebene Nadeln hinterlassen seifenartige Substanz). In einem sehr kleinen Areal nahe Ronda in der südspanischen Sierra Nevada zu Hause, wächst sie bevorzugt auf trocken-warmem Kalkboden, wird aber bald unansehnlich und erreicht selten 100 Jahre. In jungen Jahren jedoch wohlgeformt mit graublauen, steifen, rings um den Zweig angeordneten Nadeln. Das brachte ihr in England den Namen ‚Igeltanne' ein. Am besten in milden, windgeschützten Lagen. 20 m. III.

Algerische Tanne *Abies numidica.* Eine der besten Tannen für warm-trockene Lagen und für Kalkstandorte. Toleriert auch Stadtklima und feucht-kühle Orte, außerdem in Mitteleuropa weitgehend winterhart. Dennoch ziemlich selten. Nadeln dicht, dunkelgrün, kurz und breit. Die Rinde ist bei jungen Bäumen glatt und grau mit rosa Flecken und beginnt sich an der Basis aufzurollen. Bei alten Bäumen bilden die Rindenrisse ein regelmäßiges Netz dünner, runder Schuppen. Ungewöhnlich und sehr ansehnlich. 20 m. I.

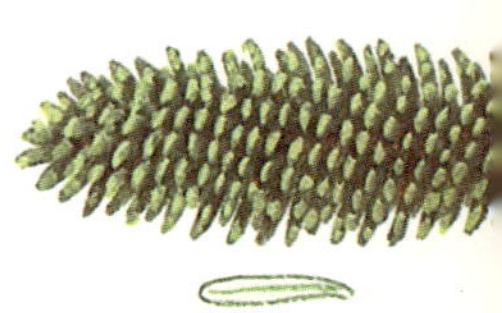

Griech. T.
bei ∅ 40cm

Nikko-T.
bei ∅ 40cm

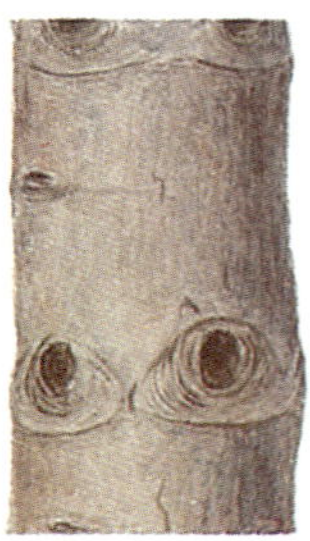

Spanische T.
bei ∅ 40cm

Algerische T.
bei ∅ 40cm

Unterseite

◁ **Koreanische Tanne** *Abies koreana.* Vielleicht die einzige Konifere, die man als blühenden Strauch kultivieren kann. Die zuerst eingeführte Form, wie sie auf der südkoreanischen Insel Quelpaert wächst, beginnt schon zu blühen, wenn sie 1 m hoch ist. Die in Reihen stehenden ♀ Blüten sind rosa, grünlich oder purpurn, die ♂ bilden dicht gedrängte, goldgelbe Kugeln. Die hübschen dunkelvioletten Zapfen sind mit braunen, abwärts geneigten Deckschuppen besetzt. Während diese Form dicht beastet und klein bleibt, wachsen Koreatannen vom koreanischen Festland schneller, werden höher und schlanker und sind locker beastet. Ihre glatte, glänzend schwärzliche Rinde hat kleine weiße Tupfer. 14 m. l.

Momi-Tanne *Abies firma.* In Japan zu Hause, in GB ein häufiger Garten- und Parkbaum, auch in Mitteleuropa hart und relativ wüchsig, dennoch verhältnismäßig selten. Nadeln dick und starr, in der Mitte am breitesten. Äste an jungen Bäumen spitzwinkelig, an alten waagerecht. Die ziemlich glatte, dunkelgraue Rinde hat blaßorangefarbene Flecken. 30 m. II.

Min-Tanne *Abies recurvata* (= zurückgebogen. Gemeint sind die zweijährigen Nadeln. Bei manchen Herkünften ausgeprägt, bei anderen nicht). Dieser aus W-China stammende Baum ist hierzulande fast nur in Arboreten zu finden. Er hat Ähnlichkeit mit *A. firma,* nur die Nadeln sind kürzer, die Rinde ist braun und leicht geschuppt, und der Stamm kann frische Triebe bilden. Insgesamt ein schmalkroniger Baum mit kurzen, waagerechten Ästen. 20 m. II.

Momi-Tanne

× 1/4

Min-Tanne

Santa Lucia-T.

Mandschurische Tanne

Santa Lucia-Tanne *Abies bracteata* (= lange, bärtige Deckschuppen ragen aus den Zapfen hervor). Eine bei uns nur in geschützten Lagen gedeihende Tanne mit mancherlei Besonderheiten. Sie stammt aus dem trocken-warmen Klima südkalifornischer Berge, hat schlanke, zugespitzte Knospen, sehr stachelspitzige Nadeln und ganz unverwechselbare grüne Zapfen. Die schwarze, bei alten Exemplaren recht rauhe Rinde fällt durch ringförmig überwallte Astnarben auf. Die Zapfen erscheinen frühestens an 40jährigen Bäumen. In GB problemlos – auch in Gebieten mit hohen Niederschlägen. 20 m. I.

Mandschurische Tanne *Abies holophylla* (= voll benadelt – d. h. Nadelspitzen nicht wie bei den meisten asiatischen Tannen eingekerbt). Eine in Europa kaum kultivierte, aber völlig winterharte Art mit schöner, hellgrüner, unterseits mit grauen Streifen versehener Benadelung, kräftigen, leicht gerieften rosafarbenen Trieben, runden rotbraunen Knospen und einer graurosafarbenen, schwach geschuppten Rinde. Wegen der schönen Benadelung und der harmonischen Krone recht attraktiv. 20 m. I.

ZEDERN (Gattung *Cedrus*). Es gibt nur vier echte Zedernarten. Sie alle gehören zur Alten Welt. Unglücklicherweise hat man darüber hinaus viele Koniferen Australiens und Amerikas mit wohlriechendem Holz ‚cedar' getauft, sie sind mit den echten Zedern jedoch nicht verwandt. *Cedrus*-Arten blühen im Herbst und werden mit Samen vermehrt.

Himalaya-Zeder *Cedrus deodara.* Eine Art aus dem westl. Himalaya, wo sie in lichten Beständen zu mächtigen, bis ◁ 70 m hohen Bäumen heranwächst. Wie bei allen Zedern ist das Holz sehr wertvoll. Um 1830 nach Europa gebracht, ist sie bei uns auf milde Lagen angewiesen, in GB und Oberitalien jedoch völlig ungefährdet. Alte Himalaya-Zedern kommen erst als Solitär zur Wirkung; sie brauchen viel Platz. Kennzeichnend sind die überhängenden Triebenden, selbst bei den Ästen 1. und 2. Ordnung. Junge Bäume zeigen das besonders deutlich. Sie haben hellgrüne, rel. lange Nadeln, astig werden sie erst im Alter. Zapfen erscheinen nur an alten Bäumen und dann nur an wenigen, allerdings auch tieferen Ästen. Die Rinde an starken Stämmen ist schwarz und in kleine aschgraue Platten geteilt. 30 m. II.

Atlas-Zeder *Cedrus atlantica,* in Algerien und Marokko beheimatet, ist sie auch in leidlich geschützten Lagen Mitteleuropas ein häufiger und attraktiver Garten- und ◁ Parkbaum. Gut angepaßt an trockene und kalkhaltige Böden, wächst sie schnell zu mächtigen, weit ausladenden Solitären heran. Die Gipfeltriebe junger Atlaszedern nicken ein wenig, während die Spitzen der Seitenzweige im flachen Winkel aufwärts gerichtet sind. Die Nadelfarbe schwankt von tiefgrün über blaugrün bis zum Silberblau einiger Zierformen.

Die Blaue Atlas-Zeder, *C. a.* var. *glauca,* heutzutage besonders häufig und fast überall kultiviert, eignet sich wegen ihres raschen Wachstums wenig für kleine Gärten. Alte Bäume bleiben schmaler als die grüne Form und haben eine fahlgraue Rinde. 30 m. I.

Libanon-Zeder *Cedrus libani.* Die wohl wichtigste Holzart des Altertums, hochbegehrt wegen ihres sehr ansehnlichen, wohlriechenden, dauerhaften und vielseitig ver- ◁ wendbaren Holzes. Im Libanon, einem ihrer beiden Verbreitungszentren, ist sie heute nur noch in wenigen Exemplaren erhalten. Seit 1638 in Europa angebaut, hält sie es bei uns aber nur in milden Lagen aus. Junge Bäume schlank und kegelförmig. Nadeln etwas länger als bei *C. atlantica,* nur sehr alte Bäume haben gelegentlich deutlich kürzere Nadeln und werfen sie sogar im Herbst ab. 30 m. I.

Zypern-Zeder *Cedrus brevifolia* (= kurzblättrig). Ihre Nadeln sind nur halb so lang wie die kürzesten der anderen *Cedrus*-Arten, die Krone ist meist unregelmäßig. In ◁ Deutschland eher buschig oder verkrüppelt als baumförmig. In GB und in Holland ein mittelgroßer Baum mit etwas steifen, leicht gelblichen jungen Trieben an den waagerechten Seitenästen. Die Rinde ist anfangs dunkel purpurgrau und glatt, später treten zahlreiche rechtwinklige Risse auf.

Atlas-Zeder
Rinde bei Ø 40cm
28m
Himalaya-Zeder
24m
Atlas-Zeder
Alter Zapfen
× 1/3
29m
Libanon-Zeder

LÄRCHEN (Gattung *Larix*). Der circumpolare nördl. Nadelholzgürtel wird zu großen Teilen von drei der zehn Lärchenarten gebildet, von der amerikanischen, der sibirischen und der dahurischen Lärche. Die anderen sieben Arten kommen südlich davon in viel kleineren, zerstreuten Arealen vor. Alle Lärchen sind sommergrün und tragen die Nadeln entweder spiralig an Langtrieben oder büschelig an Kurztrieben. Die Zapfen reifen schon im ersten Jahr, können aber nach dem Ausfallen der Samen jahrelang am Baum verbleiben. Austrocknende Nadeln an abgetrennten Zweigen riechen nach Heu. Vermehrung durch Samen.

Europäische Lärche *Larix decidua.* Kommt von Natur aus in den Alpen, der Hohen Tatra, den Sudeten und im polnischen Flachland vor. Auch außerhalb dieses Gebietes forstlich genutzt, bildet sie ein wertvolles, sehr dekoratives und wasserbeständiges Kernholz. Als Garten- und Parkbaum wegen des zarten Grüns im Frühling und wegen der gelben Herbstfarben ebenfalls sehr beliebt. *L. decidua* wächst in der Jugend rasch und ist extrem lichtbedürftig. Beschattung – auch von der Seite – nimmt sie übel. Im Garten wird sie gern von Hänflingen, Zeisigen, Meisen und Goldhähnchen besucht. 40 m. I.

Sibirische Lärche *Larix sibirica.* Besiedelt ein riesiges Areal von Nordrußland bis zum Jenissei, wo sie an die Dahurische Lärche grenzt und mit ihr bastardiert. Sie benötigt strenge Winter mit konstant tiefen Temperaturen, treibt bei uns in Europa schon in den ersten warmen Tagen aus und ist daher extrem spätfrostgefährdet. Deswegen selten kultiviert, obwohl wegen der langen Nadeln sehr ansehnlich. Triebe und Zapfen sind spärlich behaart.

Japanische Lärche *Larix kaempferi* (benannt nach dem deutschen Arzt E. Kaempfer, der die japanische Flora beschrieb). Ein Baum mit ozeanischen Klimaansprüchen, Anfang dieses Jahrhunderts nach Europa gebracht und für Aufforstungen in Küstennähe verwendet. Die Japanische Lärche hat eine breitere, stufigere, weniger harmonische Krone als *L. decidua.* Das gilt besonders für alte Bäume, deren Äste waagerecht abstehen und mit vielen Zapfen besetzt sind. Die zu Boden fallenden Nadeln behindern die Bodenvegetation. Junge Sämlinge wachsen in feuchtem Klima anfangs sehr schnell. Charakteristisch ist die rote Farbe der jungen Triebe. 35 m. II.

× ½

Hybridlärche *Larix × eurolepis* (= entstanden aus den heute ungültigen Namen der Elternarten L. europaea und L. leptolepis). Ein um 1900 in Dunkeld, Schottland, natürlich entstandener Bastard zwischen europäischer und japanischer Lärche, der in günstigen Kombinationen beide Eltern an Wuchskraft übertrifft. Inzwischen an vielen Orten künstlich hergestellt, in Versuchsflächen geprüft und als schnellwachsende Sämlinge im Handel. Hybridlärchen haben hauptsächlich forstliche Bedeutung, in GB allerdings auch beliebter Gartenbaum. I.

25m
Europ. Lärche
♀ Bl.
2–3
23m
Rinde bei Ø 40cm
♀ 3–4
♂
2–3
Japanische L.
3–4
♀
♂ 3–4
Europ. L.
Rinde bei Ø 40cm
Hybridlärche
♂
3–4

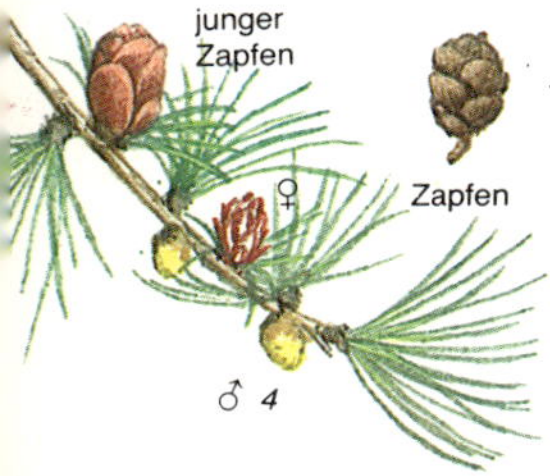

Amerikanische Lärche oder **Tamarack** *Larix laricina,* die Lärche der Ebene und der flachen Berge von Alaska bis Neufundland und New York. Sie ist auf nassen Standorten zu Hause, wo sich andere *Larix*-Arten nicht wohlfühlen. Obwohl völlig winterhart, wird sie in Europa kaum kultiviert. Typisch sind der gerade, schlanke Stamm, die rel. dünnen, im oberen Kronenbereich steil nach oben weisenden Äste und die zahlreichen, auffallend kleinen Zapfen. Zu durchsichtig und hager, um dekorativ zu wirken. 20 m. X.

Westamerikanische Lärche *Larix occidentalis.* Diese mit 65 m Maximalhöhe wüchsigste aller Lärchenarten hat ihr natürliches Areal in den nördlichen Rocky Mountains und von Britisch Kolumbien südwärts bis nach Oregon. Weil die ersten in Amerika sammelnden Botaniker sie nicht für eine separate Spezies hielten, kam *L. occidentalis* erst sehr spät (1881) nach Europa. Durchgesetzt hat sie sich hier weder als Park- noch als Waldbaum. Sowohl in GB wie auf dem Festland findet man sie fast nur in dendrologischen Sammlungen. Auffallend sind die rotbraune Farbe der Triebe und die lang hervorragenden, mitunter zurückgeschlagenen Deckschuppen ihrer Zapfen. Die Rinde alter Bäume ist grau und schuppig. 25 m. II.

Dahurische Lärche *Larix gmelinii* (nach Joseph Gmelin, einem in Sibirien arbeitenden deutschen Naturforscher, benannt). Schließt sich mit ihrem Verbreitungsgebiet der *L. sibirica* nach Osten an und wächst vom Jenissei bis zum Pazifik. Man unterscheidet drei geographische Formen: ‚Prinz Ruprecht-Lärche' mit langen Zapfen und spätem Austrieb ist davon die einzig klimatisch unproblematische; die anderen Formen treiben schon im Januar aus, frieren daher regelmäßig durch Spätfröste zurück und bleiben klein und unansehnlich. 20 m. II.

Sikkim-Lärche *Larix griffithii* (von W. Griffith, einem britischen Botaniker, entdeckt). Von N nach S nimmt bei den Lärchen die Größe der Zapfen und die Länge der Deckschuppen zu. Für *L. griffithii,* die südlichste *Larix*-Art, trifft beides in besonderem Maße zu. Die Zapfen stehen aufrecht an hängenden Trieben. Sie werden 10 cm lang, und die Deckschuppen ragen 1 cm hervor. Der Baum stammt aus dem östl. Himalaya; in GB ist er selten und kurzlebig, in Mitteleuropa fehlt er wegen seiner Frostempfindlichkeit völlig.

Goldlärche *Pseudolarix amabilis.* Sie stammt aus einem sehr kleinen Areal im südlichen China, hat in der sommergrünen Benadelung Ähnlichkeit mit echten Lärchen, nicht aber in Blüte und Zapfen. Die ♂ stehen anstelle der Nadeln an Kurztrieben, und zwar zu etwa 20 in einem Bündel. ♀ Blüten wachsen auf anderen Kurztrieben. Die Zapfen haben dicke, ledrige Schuppen. Sie bleiben grün bis zum Spätherbst und zerfallen am Baum. Goldlärchen sind als kleine Pflanzen sehr empfindlich, lassen sich schlecht verpflanzen, werden aber später widerstandsfähiger. In D ziemlich selten und heikel. Im Alter breitkronig und nicht lärchenähnlich, aber mit wunderschöner, lang andauernder Herbstfärbung von gelb über orange bis fuchsrot. 12 m. I.

Rinde bei Ø 30cm

FICHTEN (Gattung *Picea*). Eine Gruppe mit etwa 50 Arten, quer über die Nordhalbkugel verteilt, von den Ebenen des Nordens bis zu den Gebirgen des Südens. Von der Gestalt her ganz ähnlich, sind sie oft nur an Kleinigkeiten zu unterscheiden. Alle wirken sie rauh und uneben durch die schuppige, niemals gefurchte Borke, stets bleiben die Nadelkissen als kleine Höcker am Zweig zurück, die Nadeln selbst sind meist starr und zugespitzt. Reife Zapfen hängen herab und fallen als Ganzes ab. Bis zur Reife brauchen sie eine Vegetationsperiode. Viele Arten sind wichtige Holzlieferanten. Sie werden aus Samen angezogen.

Tigerschwanz-Fichte *Picea polita* (= poliert, bezieht sich wahrscheinlich auf die glänzenden Nadeln). Sie ist die stachelspitzigste einer Gruppe spitznadeliger Fichten, stammt aus Japan und ist – trotz weitgehender Frosthärte – bei uns wie auch in GB nur selten anzutreffen. Sie hat eine rauhe, braune, mit papierartigen Schuppen besetzte Borke, waagerecht abstehende Äste und eine schmale, meist dichte Krone, innen mit vielen abgestorbenen Ästen. Besonders charakteristisch sind die starren, mit kräftigen, messerscharfen Spitzen versehenen, leicht aufwärts gebogenen Nadeln. 18 m. III.

Schrenks Fichte *Picea schrenkiana* (von Schrenk 1840 entdeckt). Dieser Baum ist von Natur aus in Zentralasien weit verbreitet. Er wird im heimischen, streng kontinentalen Klima zu einem wichtigen, bis 60 m hohen, wohlgeformten Waldbaum, im humiden Europa jedoch, durch Spätfröste gefährdet, meist unansehnlich. Die Nadeln ähneln jenen von *P. smithiana,* hängen jedoch nicht herab. Die Einzelnadel ist gerade und abrupt zugespitzt. Hierzulande selten und unauffällig. 18 m. X.

Himalaya-Fichte *Picea smithiana.* Eine besonders attraktive, aus dem mittleren und westlichen Himalaya stammende Art mit hochgebogenen Astenden und hängenden Zweigen. Bei uns nur in windgeschützten, warmen Lagen gedeihend, in GB aber sehr beliebt, relativ häufig in Gärten und Parks kultiviert und bis 35 m hoch. Himalaya-Fichten lieben kühl-feuchte Sommer und brauchen Windschutz. Im Alter wird die Krone licht und wenig ansehnlich.

Siskiyou-Fichte *Picea breweriana* (von Prof. Brewer 1863 entdeckt). Stammt aus einem sehr kleinen Areal beiderseits der Grenze Kalifornien/Oregon, war lange Zeit schwer zu beschaffen, ist aber heute in europäischen Parks, besonders in GB, durchaus verbreitet. Sämlinge sind mindestens 10 Jahre lang sehr unwüchsig, wachsen danach allerdings recht flott und nehmen dann auch die typische Hängeform an. Im Schatten bleiben sie dünn benadelt und unharmonisch. Die ältesten Bäume in GB sind kaum höher als 15 m. Die Nadeln sind flach (bei der Himalaya-Fichte rund) und die hängenden Zweige können bis 2 m lang werden. Als Solitär ein ungemein attraktiver Baum. 15 m. I.

1/4

♂ Bl.
der Siskiyou-Fichte
5–6

Siskiyou-F.
Rinde bei Ø 35cm

Sikkim-Fichte *Picea spinulosa* (= Nadeln enden mit kleinen Dornen). Den aus dem östl. Himalaya stammenden Baum findet man in Europa nur in wenigen Sammlungen. Für Mitteleuropa zu frostempfindlich, gedeiht er vor allem in GB. Auffallend ist die stark geschuppte, hellgraue Rinde und die sehr offene, lichte Krone. Zwar wachsen die Endtriebe der Äste waagerecht, aber die weiter innen angelegten Zweige hängen herab. Die schmalen Nadeln sind vorwärts gerichtet, so daß man die weiße Unterseite am besten erkennt, wenn man den Zweig von der Knospe her betrachtet. Die etwa 8 cm langen, glänzend braunen Zapfen sind mit zahlreichen runden Schuppen besetzt. II.

◁ **Sargents Fichte** *Picea brachytyla* (= kurze, geschwollene Knoten). Eine recht seltene, aber höchst ansehnliche und bei uns völlig winterharte Art aus dem mittleren und westlichen China, etwa seit der Jahrhundertwende in Europa kultiviert. Die ersten Samenimporte erbrachten teils buschige, teils normale Bäume mit offener Krone und weit ausladenden Ästen. Die Nadelunterseite und auch die Mittelrippe silbrigweiß. Kleine Triebe hängen herab, frische Triebe sind weißlich bis cremefarben. 25 m. I.

◁ **Serbische Fichte** *Picea omorika* setzte die Botaniker nach ihrer Entdeckung (1875) in Erstaunen, weil alle anderen flachnadeligen Fichten ausschließlich an der pazifischen Küste und im Ost-Himalaya vorkommen. Wegen ihrer eleganten Form und wegen ihrer Toleranz gegenüber alkalischen wie sauren Böden ist ‚die Omorika' eine der schönsten und am vielseitigsten verwendbaren Zierkoniferen überhaupt. Sie treibt spät aus und entgeht dadurch den Spätfrösten. Geeignetes Saatgut läßt sich ohne Schaden aus kleinen Baumgruppen gewinnen. Auch in der Stadt gehört sie zu den ansehnlichsten und zuverlässigsten Fichtenarten. 30 m. I.

Orient-Fichte *Picea orientalis*. Im Kaukasus und der Osttürkei beheimatet, trägt sie die kürzesten Nadeln aller Fichtenarten. Die Nadeln glänzen stark, sind an der Spitze abgerundet und liegen eher dem Trieb an als daß sie abstehen. Sie hüllen den Trieb gewissermaßen ein und verleihen ihm ein leicht spitziges Aussehen. Die Äste stehen sehr regelmäßig, waagerecht und dicht. Junge Bäume dürften ideale Weihnachtsbäume abgeben. 30 m. I.

Sitka-Fichte *Picea sitchensis* (von der Insel Sitka, Alaska). Ihr Areal erstreckt sich von Kodiak, Alaska, bis nach Mittelkalifornien, fast immer in Sichtweite der pazifischen Küste. Sie ist die größte aller Fichtenarten und erreicht oft 80 m Höhe. In GB einer der wichtigsten Bäume für Aufforstungen, mit 1 m langen Jahrestrieben selbst auf armen, moorigen Standorten, sofern – wie im W des Landes – hohe Luftfeuchtigkeit gegeben ist. Auch in küstennahen Lagen Norddeutschlands eine leistungsfähige Holzart. Für den Garten viel zu breit und astig, wenn auch mit ansehnlichen, blaugrünen Nadeln versehen, die rel. dünn und scharf zugespitzt sind. In Mitteleuropa ganz winterhart. Das Holz ist leicht und weich. 40 m. III.

Hondo-Fichte *Picea jezoensis* var. *hondoensis* (= aus Honshu stammend; *jezoensis* geht auf Yedo, den Namen der nördlichen Insel, [heute Hokkaido] zurück). Dieser derbe Baum mit kräftigen, weißen (nicht gelben!) Trieben und breiten, unterseits weißen Nadeln ist winterhart, aber selten. Gelegentlich an der Westküste GB's. 22 m. II.

Gemeine Fichte *Picea abies.* Besiedelt ein riesiges Areal, das sich von den Gebirgen Mittel- und Südeuropas und von Skandinavien bis in die Ebenen Nordrußlands erstreckt. In Deutschland der häufigste (42 %) und einer der vitalsten Nadelbäume, der auch weit außerhalb seines natürlichen Verbreitungsgebietes forstlich genutzt wird. Ertragreich, aber auf ungeeigneten Standorten ökologisch bedenklich. Flachwurzler, der Feuchtigkeit liebt, aber sehr standorts- und pH-tolerant ist. Maximalhöhe über 60 m. Liefert den größten Teil der deutschen Weihnachtsbäume. Sein Holz wird für Bauzwecke und für die Zellstoff- und Papierherstellung genutzt. 50 m. III.

Sibirische Fichte *Picea obovata.* Diese nicht von allen Dendrologen als separate Art betrachtete Fichte schließt sich im Osten an das Areal von *Picea abies* an und reicht weit in das kontinentale Sibirien hinein. Der Baum wächst langsam, hat eine kegelförmige Krone und kleinere Zapfen, deren Schuppenspitzen nach unten umbiegen. Bei uns äußerst selten. 18 m. III.

Likiang-Fichte *Picea likiangensis.* Eine Art, die in ihrem sehr heterogenen, von W-China bis nach Tibet reichenden Verbreitungsgebiet viele verschiedene Formen bildet. Die häufigste hat eine graue, schuppige Rinde, kräftige, weit ausladende Äste und eine offene Krone mit graublauer Benadelung und zahlreichen, relativ großen Zapfen. Ihre ungeheure Zahl an Blüten – ♀ scharlachrot, ♂ karminrot – machen den Baum Ende Mai sehr dekorativ. Winterhart aber selten. 20 m. I.

Die Varietät *purpurea* hat braune Rinde, eine sehr dichte Krone und dunkelgrüne, dem Trieb anliegende Nadeln.

Blaufichte *Picea pungens* var. *glauca.* Die blaue Varietät der Stechfichte, einer Art, die in den östlichen Ketten der Rocky Mountains vorkommt, und bei der grüne und blaue Individuen nebeneinander wachsen. Auch blau-weiße Formen sind selektiert worden. Sie gehören heute zu den beliebtesten Gartenkoniferen. Ihre Triebe sind kräftig, von orangebrauner oder purpurroter Farbe und nach dem Nadelfall sehr rauh. Die Schuppen der Gipfelknospen stehen ab wie bei der Borstenfichte. Die Rinde ist rotbraun und rauhschuppig. 22 m. II.

'Hoopsii' heißt eine auffällig silber-blaue, etwas zwergwüchsige Form, die heute viel verwendet wird. I.

Engelmann-Fichte *Picea engelmannii* (zuerst von G. Engelmann, einem Arzt aus St. Louis, beschrieben). Ein Baum mittlerer Höhenlagen der Rocky Mountains von Jasper, Alberta, bis zur mexikanischen Grenze. In Mitteleuropa wie in GB eigenartigerweise ziemlich selten, obwohl ein schlanker, dicht blaugrün benadelter, ansehnlicher Baum. 22 m. III.

Die Form 'Glauca' ist etwas weiter verbreitet. Sie ähnelt der Blaufichte, hat aber weiche, biegsame Nadeln, kleine kupferfarbene Zapfen und eine orangebraune Rinde mit dünnen, papierartigen Schuppen. Zerriebene Nadeln riechen nach Menthol. 20 m. I.

× ½

Schwarzfichte *Picea mariana.* Fast in ganz Kanada zu Hause, geht sie kaum weiter nach Süden als bis zu den großen Seen. Sie hat fast so kurze Nadeln wie die Orientfichte, allerdings laufen sie nicht rund, sondern spitz aus. Die Bäume sind schlank, blaugrau, haben eine zunächst rötlichgraue, später dunkelrote Rinde mit grauen Flocken und kleine, an der Kronenspitze in Bündeln auftretende Zapfen. Typisch sind die zahlreichen, durch Absenker entstehenden Nebenstämme. In Europa winterhart; originell und hübsch für Parks und große Gärten. 18 m. III.

× ½

Rotfichte *Picea rubens* (= rot werdend: bezogen auf die Zapfen). Von SO-Kanada über die Hochlagen der Allegheny-Berge bis nach Tennessee. Eng mit der Schwarzfichte verwandt, wächst sie schneller, ist aber bei uns noch seltener. Die rotbraune, leicht abblätternde Rinde bildet im Alter glatte, abgerundete Schuppen aus. Die dünnen Nadeln sind aufwärts gekrümmt; wie bei *P. mariana* riechen sie beim Zerreiben nach Menthol. – Wenig ansehnlich. 20 m. II.

× ½

Weißfichte *Picea glauca* (= blauweiß bereifte Nadeln). Nimmt ein riesiges Areal quer über Kanada ein. In Europa seit mehr als 300 Jahren vorhanden und völlig winterhart. Dennoch in Gärten, Parks und Wäldern selten. Ein schlanker, anfangs flott, später langsam wachsender Baum mit glatten, weißen oder rosafarbenen Trieben. Zerriebene Nadeln riechen nach Grapefruit oder Johannisbeeren. Alte Bäume besitzen eine rötlichgraue, mit runden Platten versehene Borke. Kennzeichnend sind die in großer Zahl produzierten hell kupferfarbenen, auffallend dünnen Zapfen. 22 m. II.

× 1/3 ♀ 5 ♂ 5

Borstenfichte *Picea asperata* (= rauh, hart: bezogen auf die steifen, spitzigen Nadeln). Diese aus einem sehr heterogenen Areal stammende chinesische Fichte wurde seit 1910 in verschiedenen Formen und unter wechselndem Namen nach Europa gebracht. Die dunkelbraune oder rötlichgraue Rinde reißt unregelmäßig am Stamm und an den unteren, besonders kräftigen, weit ausladenden Ästen auf. Auffällig sind die dicht benadelten, überhängenden oberen Äste, die mit papierartigen hellbraunen, nach außen gerichteten Schuppen versehenen Endknospen und die kräftigen, gefurchten Triebe. Wenig verbreitet. 22 m. III.

× 1/3 ♀ 5

Alcocks Fichte *Picea bicolor* (= zweifarbig. Wohl die einzige Fichte mit rechteckigem Nadelquerschnitt, deren Nadelunterseiten viel weißer sind als die Oberseiten). Diese aus Japan stammende Art ist schon von weitem erkennbar durch die langen, nach oben gebogenen und intensiv benadelten Äste der Kronenbasis. Nicht zu eng stehende Gruppen sind sehenswert, nicht zuletzt – wie bei der Likiang-Fichte – wegen der sehr üppigen Blüte. Junge Bäume haben eine schmutzig graue, schwach rötliche, grobschuppige Rinde. Im Alter nimmt die Rotfärbung zu, und die Schuppen werden glatter. Bei uns recht selten. 18 m. II.

Rinde bei ∅ 35cm

Trieb von oben **Borstenfichte**

Trieb-oberseite

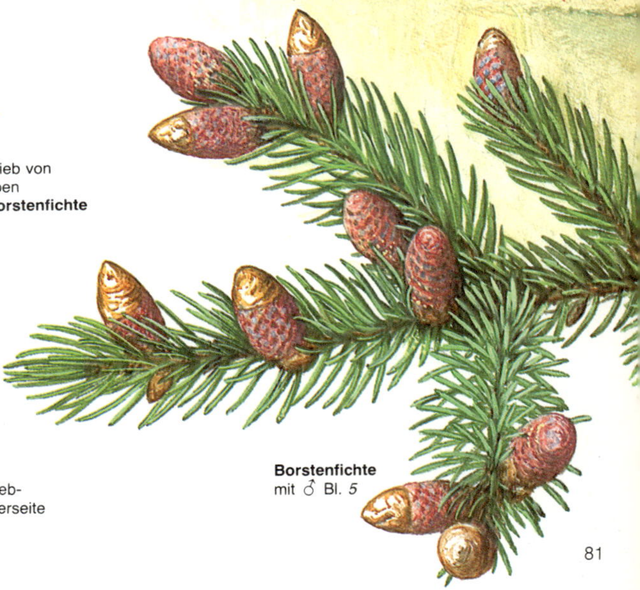

Borstenfichte mit ♂ Bl. *5*

HEMLOCKSTANNEN (Gattung *Tsuga*). Insgesamt neun oder zehn Arten und ein Artbastard. Heimat: östl. und westl. Nordamerika, Himalaya, Japan und China. Hemlockstannen sind eng mit den Fichten verwandt, ihr Holz wird meist von der Papierindustrie genutzt. Vermehrt werden sie durch Samen.

Westliche Hemlockstanne *Tsuga heterophylla* (Blätter unterschiedlicher Größe am selben Trieb). Dieses ist der ◁ Riese unter den Hemlockstannen. In den mittleren Teilen ihres langgestreckten, von Alaska bis Kalifornien reichenden Areals wird sie 70 m hoch. In Westeuropa schnell wachsend, anspruchslos, sehr ansehnlich und daher weit verbreitet, tritt sie in Mitteleuropa hinter der etwas härteren *T. canadensis* zurück. Kalk meidet sie. In früher Jugend braucht sie leichten Schatten, liebt hohe Niederschläge, wächst aber auch auf trockenen, sandigen Substraten. Windexposition führt zu lichten Kronen. Ein ansehnlicher Baum mit eleganter, schmaler Krone und deutlich herabhängendem Gipfeltrieb. 40 m. I.

Kanadische Hemlockstanne *Tsuga canadensis.* Die erste in Europa bekanntgewordene *Tsuga*-Art. Die Gattung erhielt ihren deutschen Namen nach dem Geruch der zerriebenen Nadeln. Er soll dem des giftigen Hemlockkrautes ähneln. In den Appalachen ein blaßgrüner, ansehnlicher Baum von gut 45 m Höhe. Bei uns winterhart, standortstolerant, als Garten- und Parkbaum bewährt. Sie erträgt Schatten, wurzelt flach und meidet warm-trockene Lagen. Als Heckenpflanze geeignet. Kennzeichen: eine Reihe Nadeln liegt – umgedreht – dicht dem Trieb an. 30 m. II.

Carolina-Hemlockstanne

Kanadische Hemlockstanne

Carolina-Hemlockstanne *Tsuga caroliniana.* Ein paar kleine Bestände in den tiefen Tälern der Allegheny Berge (östl. USA) stellen das natürliche Areal dieser Art dar. In Kultur unterscheidet sie sich von *T. canadensis* durch die dichtere, glänzende Benadelung. Sie wächst aber langsam und oft buschig und ist nicht sehr häufig. Die glänzenden braunen Triebe sind in den Furchen behaart, und die zweizeilig angeordneten Blätter stehen vom Trieb ab. 12 m. I.

Chinesische Hemlockstanne *Tsuga chinensis.* Um 1900 in Mittel- und Westchina entdeckt und bald danach in Europa eingeführt. Recht selten, in Mitteleuropa ohne Winterschutz nicht kultivierbar. Kleiner, sehr dicht beasteter Baum, oft buschig. Von den japanischen Tsugen durch hellgrüne Nadeln und gebogene Äste zu unterscheiden. Nadeln wie bei *T. heterophylla,* nur oberseits gelber und unterseits mit zwei grünen anstatt weißen Streifen. Die dunkelbraune Rinde ist grob geschuppt, später rissig.

Südjapanische Hemlockstanne *Tsuga sieboldii* (Philipp von Siebold, ein deutscher Augenarzt, brachte während der Isolierung Japans viele japanische Pflanzen nach Europa). Die Art ist völlig winterhart, braucht aber feuchtes Klima. Sie wird meist buschig oder mehrstämmig und ist wenig verbreitet. Die Benadelung ähnelt *T. diversifolia,* aber die kahlen Triebe sind gewöhnlich blasser, crêmefarben oder weiß glänzend. Die nach vorne gerichteten Nadeln stehen in unregelmäßigen Reihen. 15 m. III.

Nordjapanische Hemlockstanne *Tsuga diversifolia.* Noch seltener als *T. sieboldii* und nur in Arboreten oder Sammlungen vertreten, obwohl sie eine besonders hübsche Benadelung aufweist. Der Trieb ist hellorange oder kastanienbraun. Mit der Lupe sieht man, daß er mit feinen Haaren besetzt ist. Die kurzen, breiten, stumpf endenden Nadeln sind hart, stehen rechtwinklig ab und haben unterseits zwei breite, kreideweiße Streifen. Insgesamt ein dichter, buschiger, kleiner Baum, meist mehrstämmig. 10 m. II.

Himalaya-Hemlock *Tsuga dumosa* (= buschig). Ansehnlich, aber selten, weil sehr empfindlich. In Mitteleuropa nicht frosthart genug, selbst in GB heikel. In der Jugend buschig, mit hängenden Zweigen, später ein breitkroniger, krummschäftiger kleiner Baum. Borke rötlich, deutlich geschuppt und mit flachen Längsrissen. Die rel. steifen Nadeln sind mit 3 cm länger als bei anderen *Tsuga*-Arten. Die hell rötlichbraunen Triebe sind fein behaart.

Berg-Hemlockstanne *Tsuga mertensiana* (von Karl Mertens, einem deutschen Naturforscher, entdeckt). Wächst unweit der Schneegrenze und auf der blanken Lava von Alaska bis Kalifornien. Ein zäher, bei uns völlig winterharter und durchaus ansehnlicher Baum, der aber in Europa fast nur in Sammlungen zu finden ist. Die weichen, blaugrünen Nadeln stehen rings um den Trieb. Bei extrem kurzen Zweigen erinnern sie an die büscheligen Kurztriebnadeln der Zedern. 20 m. I.

Hybrid-Hemlock *Tsuga × jeffreyi.* Ein nur selten kultivierter, buschförmiger Artbastard zwischen *T. mertensiana* und *T. heterophylla.* Benannt nach John Jeffrey, der die Samen gewann, aus denen der Bastard heranwuchs. Junge Exemplare sind rundliche, olivgrüne Büsche. Die Nadeln stehen nicht so dicht, sind dünner und flacher als bei *T. mertensiana.* 12 m. II.

Rinde bei ∅ 20cm

Südjapanische Hemlockstanne

Nordjap. Hemlockstanne

Nordjap. Hemlockstanne

Rinde bei ∅ 20cm

Berg-Hemlockstanne

DOUGLASIEN (Gattung *Pseudotsuga*) (= die falsche Tsuga). Sieben Arten gibt es, vier davon in Chile, zwei im westl. Amerika und eine in Japan. Besonderheit: Zapfen mit herausragenden dreispaltigen Deckschuppen. Von den Fichten durch die weichen Nadeln und die tiefgefurchte Borke, von den Tannen durch die hängenden, als Ganzes abfallenden Zapfen unterschieden. Vermehrung durch Samen.

Douglasie *Pseudotsuga menziesii* (von Archibald Menzies 1793 entdeckt und später durch David Douglas nach Europa gebracht). Als Wald-, Park- und Gartenbaum bewährt. In Europa ganz winterhart. Die an der Pazifikküste beheimatete ‚Grüne Douglasie' ist auch in NW- und W-Europa sehr wüchsig. Sie wird in GB 55 m hoch. Bei uns baut man sie in großem Umfang forstlich an. Das rotbraune Kernholz ist vielseitig verwendbar. Zerriebene Blätter strömen süßen, fruchtigen Geruch aus. 40 m. II.

Blaue Douglasie var. *glauca,* aus den östl. Rocky Mountains. Sie ist kontinentales Klima gewöhnt und daher besser für Osteuropa geeignet. Die blaugrünen Nadeln riechen kaum. Als Solitär ungemein attraktiv. 26 m. I.

Großfr. Douglasie

Rinde bei Ø 40cm

Großfrüchtige Douglasie *Pseudotsuga macrocarpa.* Kommt nur in einem kleinen bergigen Gebiet im N und W von Los Angeles natürlich vor. Für das mitteleuropäische Klima zu frostempfindlich, gedeiht sie nur in Südeuropa und in einigen Gärten Südenglands. Die Rinde wird schon ▷ in der Jugend rissig, die Krone ist offen, die Äste stehen waagerecht ab. Die rel. harten und steifen Nadeln sind fast geruchlos. Die ältesten, nunmehr 33jährigen Bäume haben in GB noch keine Zapfen getragen.

Japanische Douglasie *Pseudotsuga japonica.* Von den asiatischen Douglasien, deren Nadelspitzen nicht rund wie die amerikanischen, sondern gekerbt sind, findet man bei uns allenfalls diese Art. Sie ist zwar in Europa winterhart, ▷ wegen ihres schwachen Wachstums und ihrer geringen Attraktivität aber nur selten zu finden. Die dünnen, geruchlosen Nadeln stehen von den rel. kurzen Trieben nach allen Seiten ab. Oft liegen die Triebe den Zweigen flach auf. Die graurosa Rinde reißt unregelmäßig auf. 12 m. X.

× ½

KIEFERN (Gattung *Pinus*). Sie ist die größte und am weitesten verbreitete Koniferengattung. Mit über 100 Arten kommt sie in den temperierten und subtropischen Gebieten der Nordhemisphäre vor.

ZWEINADLIGE KIEFERN. Von allen anderen Nadelbäumen heben sich die Kiefern durch ihre Nadeln ab, die in Bündeln zu zweit, zu dritt oder zu fünft zusammenstehen. Nördliche Kiefernarten sind fast alle zweinadlig.

Waldkiefer *Pinus sylvestris*. Hat das am weitesten ausgedehnte natürliche Areal aller Kiefernarten. Es erstreckt sich von Spanien bis nach Ostsibirien, erreicht im Norden den Polarkreis und im Süden die Türkei. Deswegen spaltet ‚die Kiefer' in zahlreiche Klimarassen auf, die sich unter anderem in Wuchskraft und Aussehen deutlich unterscheiden. *P. sylvestris* ist winterhart, sehr anspruchslos und standortstolerant. Kalkböden sagen ihr jedoch weniger zu. Typisch ist ihre papierartige, fuchsrote ‚Spiegelrinde' im oberen Stammbereich und die teils plattenartig, teils schuppig aufgerissene Borke älterer Bäume. Farbe und Länge der Nadeln schwanken erheblich. Sie ist wenig dekorativ und daher als Garten- und Parkbaum ohne Bedeutung. Ihr Holz hat einen braunen Farbkern und besitzt als Bauholz große Bedeutung. 35 m. III.

Rotkiefer *Pinus resinosa* (= harzig). Sie ist das amerikanische Pendant zu unserer Waldkiefer, erstreckt sich weit um die Großen Seen und besitzt eine ähnlich rote Rinde, speziell an den Ästen. Sie ist jedoch viel ansehnlicher, hat längere, dünnere Nadeln, welche die Eigenart besitzen, sauber auseinanderzubrechen, wenn man sie stark umbiegt. In Mitteleuropa winterhart, aber trotz raschen Wachstums und attraktiven Aussehens weder forstlich erprobt, noch in Gärten oder Parks zu finden. 20 m. I.

Japanische Rotkiefer *Pinus densiflora* (= mit dicht sitzenden Blüten). Gilt als die ‚Waldkiefer' Südostasiens. Sie wächst in China, Japan und Korea. Ansehnlich sind allenfalls junge, anfangs wüchsige Exemplare mit kegelförmiger Krone, rel. dünnen Trieben, hellgrüner Rinde und locker stehenden, ebenfalls dünnen Nadeln. Sehr bald läßt das Wachstum nach, die Krone flacht ab, der Baum wird astig und unansehnlich. Blüten erscheinen schon in sehr jungen Jahren. Bei uns nicht immer winterhart, ohne Wert. 15 m. III.

Bischofskiefer *Pinus muricata* (= uneben und scharf zugespitzt: bezogen auf die Zapfen). In Südkalifornien, nahe San Luis Obispo, der Stadt des Bischofs St. Louis, entdeckt, findet man sie in kleinen, küstennahen Beständen. Alle Formen gedeihen auch bei extremer Windexposition. Geschlossene Zapfen mit keimfähigen Samen können bis zu 60 Jahren am Baum verbleiben. Bei uns nicht winterhart, in GB aber vielversprechend und wüchsig.

♀ 6
27m
20m
Bischofskiefer
Waldkiefer
Rotkiefer
20m
junger Zapfen
× ½
× ½
× ½
× ¼
Waldk.
Rotk.
jap.
Rotk.
Bischofsk.
Waldk.
bei Ø 30cm
Rotk.
bei Ø 30cm
Jap. Rotk.
bei Ø 30cm
Bischofsk.
bei Ø 50cm

Österreichische Schwarzkiefer *Pinus nigra* var. *austriaca.* Diese vom jugoslawischen Mittelmeergebiet bis in den Wienerwald natürlich vorkommende Varietät der Schwarzkiefer hat sich bei uns besonders auf warmen Kalkstandorten als Waldbaum bewährt. Sie ist außerdem ein zuverlässiger, rel. anspruchsloser und völlig winterharter Parkbaum von großem dekorativem Wert. Auffallend sind die dunkelgrünen, rel. langen Nadeln, die im Alter breite, unregelmäßig beastete Krone und die ausdrucksvolle schwärzlichbraune, tief gefurchte Schuppenborke. Schwarzkiefern sind rel. hart gegen Wind und Abgase. 30 m. II.

Krim-Kiefer *Pinus nigra* var. *caramanica.* Eine in Mitteleuropa kaum anzutreffende, raschwüchsige Form der Schwarzkiefer, die auf der Krim und in Teilen Kleinasiens zu Hause ist.

Korsische Schwarzkiefer *Pinus nigra* var. *maritima.* Ein Baum Süditaliens, Siziliens und Korsikas, sehr regelmäßig mit kurzen, waagerechten Ästen besetzt. Nadeln lang, dünn und grasgrün, an jungen Bäumen gedreht, an den Triebspitzen gelegentlich zu dritt oder viert im Bündel. In Mitteleuropa heikel, weil nicht überall frosthart, im atlantischen NW-Europa ein vielgenutzter, raschwüchsiger Waldbaum. 30 m. II.

Drehkiefer *Pinus contorta* var. *contorta* (= gedreht: bezogen auf die Zweige windexponierter Bäume an der Küste). Ein unansehnlicher, aber vitaler Baum von der Pazifik-Küste Britisch Kolumbiens, Washingtons und Oregons. Meist nur in Sammlungen. In GB und IR mit Erfolg für Mooraufforstungen verwandt. 20 m. III.

Murray-Kiefer *Pinus contorta* var. *latifolia* (= breitblättrig). Ein schlanker, ungemein anpassungsfähiger Baum aus den mittleren und höheren Lagen der Rocky Mountains von Alaska bis Colorado. Längst nicht so dicht benadelt wie die Drehkiefer, aber viel schmalkroniger und geradstämmiger. Wenig geeignet als Garten- und Parkbaum, jedoch in großem Umfang für Aufforstungen in Skandinavien verwandt. Sehr genügsam und völlig frosthart. Rinde feinschuppig, schwarzgrau. 22 m. X.

Banks-Kiefer *Pinus banksiana* (nach Joseph Banks, botanischer Begleiter der Cook'schen Expeditionen). Keine Kiefer geht weiter nach Norden und wenige Arten gedeihen so gut auf armen und sumpfigen Böden. Stets bleibt sie jedoch ein astiger, unansehnlicher und deswegen wenig angepflanzter Baum. Raschwüchsig in der Jugend und schon mit 3–4 Jahren fruktifizierend, bildet sie dünne, unregelmäßig wachsende Äste aus. Die matt orangebraune Rinde ist mit grauen Furchen versehen. Die Zapfen bleiben lange am Baum und können einwachsen. Ihre Enden weisen zur Triebspitze. Sie sind glatt und unterscheiden sich damit von den schwach dornigen, nach unten gerichteten *P. contorta*-Zapfen. Ein sperriger, hierzulande forstlich wie gärtnerisch untauglicher Baum. 20 m. X.

Hakenkiefer *Pinus uncinata* (= mit hakenförmigen Vorsprüngen an den Zapfenschuppen). Dieses ist die aufrechte Form unserer flach und buschig erwachsenden, für die Festlegung von Geröll so wichtigen Latsche (Legföhre). Ebenfalls eine Pflanze der Alpen und der ihr vorgelagerten Moore, bildet sie in den Westalpen und den Pyrenäen geschlossene Bestände und erreicht 20 m Höhe. Wie die Latsche hat sie dichtstehende, dunkelgrüne, leicht einwärts gekrümmte Nadeln. Ganz winterhart, kalkliebend – für Garten und Park wenig geeignet. 18 m. X.

Schlangenhaut-Kiefer *Pinus leucodermis* (= weißhäutig: bezogen auf die silberweiße Rinde älterer Bäume am nat. Standort). Diese Kiefer ist ansehnlich, hat viele gute Eigenschaften und ist dennoch kaum bekannt. Sie stammt aus den Höhenlagen des Balkan, ist dürrefest, völlig winterhart, gedeiht auf Kalk, Moor und Sand, ist also sehr anspruchslos. Ihre hellgraue Rinde reißt in regelmäßige, kleine Platten auf, die im Alter noch heller werden. Die dunkle, rel. dichte, lange Benadelung kontrastiert im Sommer sehr hübsch mit den tiefblauen Zapfen. Junge, stets aufrecht wachsende Bäume haben blaugrau bereifte hellbraune Triebe. 20 m. I. ▷

Japanische Schwarzkiefer *Pinus thunbergii* (Carl Thunberg studierte als einer der ersten Botaniker die jap. Flora). Bei uns winterhart, aber selten. Leicht an den unregelmäßig wachsenden, dünnen Zweigen, den quirlig angeordneten Nadeln und der dunklen Borke zu erkennen. Weitere Kennzeichen: Goldbraune Triebe und lange weiße Knospen mit auffällig gefransten Schuppen. Oft stehen die Zapfen so dicht beisammen, daß ihnen der Platz zur ungehinderten Entwicklung fehlt. 20 m. II. ▷

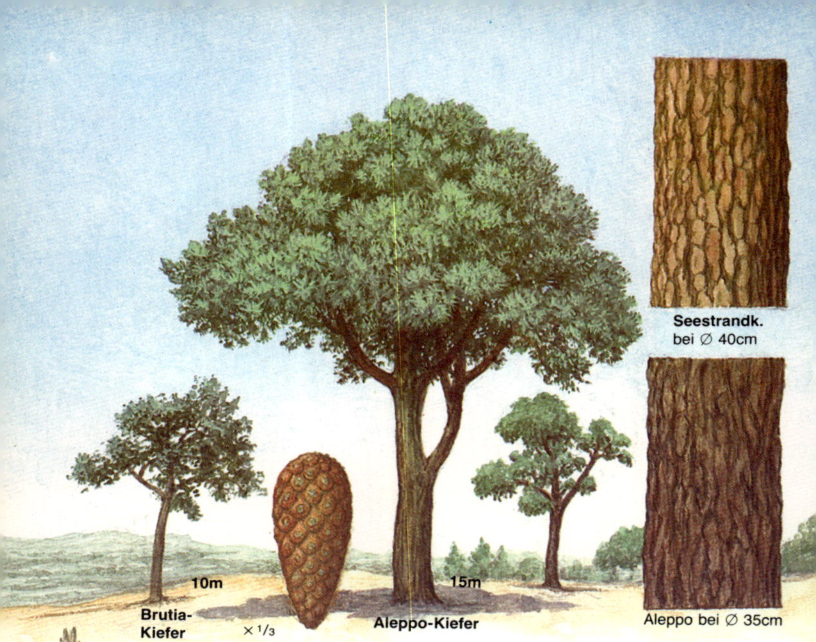

Aleppo-Kiefer *Pinus halepensis* (aus Aleppo, Syrien). Eine der wichtigsten mediterranen Kiefern, angepaßt an trocken-warme Sommer und rel. milde Winter. Zu frostempfindlich für Mitteleuropa, jedoch vereinzelt in GB (z. B. Kew). Typisch sind die zarte, graugrüne Benadelung, die sehr unregelmäßige Krone, die schwarzbraune, fein geschuppte Rinde, die rel. kurzen, oft krummen Stämme und die spitzen, meist zu zweit oder dritt zusammenstehenden, nach unten weisenden Zapfen. Bei Karstaufforstungen bewährt, aber wenig attraktiv.

Brutia-Kiefer *Pinus brutia*. Steht der Aleppokiefer sehr nahe, kommt aber hauptsächlich im östl. Mittelmeerraum vor und wird in Küstennähe für Karstaufforstungen verwandt. Wenig ansehnlich, mit langen, steifen, dunkelgrünen Nadeln und waagrecht abstehenden, mitunter nach oben zeigenden Zapfen. Hierzulande nicht ausdauernd, gelegentlich in GB.

Brutia-Kiefer, Zapfen waagerecht

Aleppo-Kiefer, Zapfen abwärts gekrümmt

Pinie bei Ø 35cm

Pinie *Pinus pinea.* Die charakteristische ‚Schirmkiefer' Spaniens und Italiens. Für Mitteleuropa zu frostempfindlich, hat sie sich in Teilen GB's als winterhart erwiesen. Junge Bäume wachsen kegelförmig und tragen silbrig-blaugrüne Nadeln. Erst später rundet sich die Krone ab, und die Nadeln werden dunkelgrün. Die ansehnlichen, fast runden, glänzend braunen Zapfen enthalten eßbare Samen (span. = piñones; ital. = pinocci), die in gemahlenem Zustand der sog. al-pesto-Sauce zugegeben werden. Auf armen Böden ist die Pinie ein wichtiger Waldbaum.

Seestrandkiefer *Pinus pinaster.* Kennzeichnend sind die besonders starren, langen Nadeln und große, längliche, etwas gebogene Zapfen. *P. pinaster* ist eine rel. anspruchslose, forstlich wichtige Kiefernart des Mittelmeerraumes. Frosthärter als die Pinie, gedeiht sie auch in GB, in Holland und Belgien. Selbst in Südwestdeutschland findet man ältere Bestände. Als Garten- und Parkbaum bei uns wegen frostbedingter Nadelbräunungen untauglich. 15 m. III.

DREINADLIGE KIEFERN sind in ihrer natürlichen Verbreitung auf den Himalaya und China, auf die Kanarischen Inseln und auf Nordamerika begrenzt. In den SO-Staaten der USA dominieren sie, in den SW-Staaten sind sie häufig. Ihr Holz ist hart und schwer. Viele Arten tragen große, holzige Zapfen.

Monterey-Kiefer *Pinus radiata.* Eine besonders bemerkenswerte Art. Zu Hause in einem winzigen Areal an der südkalifornischen Küste, wurde sie in Teilen Afrikas, Australiens und Südamerikas zu einem der am meisten angebauten und am schnellsten wachsenden Forstbäume. In Deutschland friert sie zurück, in GB und IR gehört sie jedoch zum Landschaftsbild: ein eindrucksvoller, oft ‚Insignis Pine' genannter, breitkroniger Baum mit quirlig angeordneten Zapfen, die z. T. viele Jahre in geschlossenem Zustand verharren, manchmal in den Stamm einwachsen und dennoch keimfähige Samen enthalten. Sie werden erst bei Erhitzung durch Bodenfeuer entlassen und sorgen dann für eine rasche Verjüngung. Junge Monterey-Kiefern können Jahrestriebe bis zu 1,8 m Länge bilden.

Höckerkiefer *Pinus attenuata.* Auch diese Kiefernart aus den Vorgebirgen Kaliforniens und Oregons ist auf Vermehrung nach Waldbrand eingestellt und bildet Zapfenquirle um die Leittriebe aus. Etwas weniger frostempfindlich als *P. radiata,* kann sie selbst in Norddeutschland einige Jahre überdauern, bleibt aber heikel. Weil die Nadeln nur drei Jahre am Baum haften, wirkt die Krone etwas spärlich.

Pechkiefer *Pinus rigida.* Eine sperrige, wenig ansehnliche, aber sehr genügsame und in Europa völlig frostharte Art aus den Mittelgebirgen der östlichen USA mit scharf zugespitzten Zapfenschuppen. Sie kann aus dem Stamm austreiben. 20 m. III.

Mexikanische Kiefer *Pinus patula* (= offen: bezogen auf die Krone). Bewährt bei Aufforstungen in den Subtropen, ist diese Art für Mitteleuropa viel zu frostempfindlich. Im S und W GB's findet man einige wenig dekorative, meist vielstämmige Exemplare. Die blaß grünbraunen Triebe sind rötlichweiß bereift. Die Zapfen stehen gebündelt und bleiben viele Jahre am Baum. Schöne Benadelung.

n
xikan. K.
ıde bei
30cm
25m
Monterey-K.
Rinde bei ∅ 50cm
Rinde bei ∅ 40cm
20m
Mexikanische K.
× 1/4
Monterey-K.
▽
♀ 5
♀ 3–4
♀
5
Pechkiefer
△
Höcker-
kiefer
▷

Jeffrey-Kiefer *Pinus jeffreyi* (von John Jeffrey, einem schottischen Pflanzensammler, entdeckt). Sie ersetzt die Gelbkiefer in Höhenlagen über 2000 m und wächst rel. schnell zu einem hübschen, anfangs schmalkronigen, in Mitteleuropa winterharten Baum heran. Von *P. ponderosa* hebt sie sich durch größere Zapfen, blaubereifte Triebe und Nadeln sowie durch schwärzliche Borke ab. Von den abgeworfenen Zapfen verbleiben einige Schuppen am Zweig. 25 m. I.

Jeffrey-K.,
junger Zapfen

× 1/4

Gelbkiefer

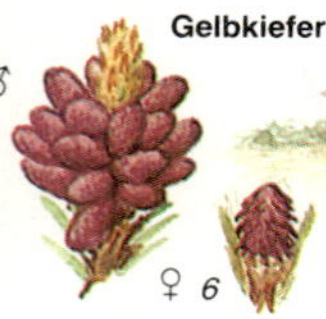

Gelbkiefer *Pinus ponderosa* (= schwer: bezogen auf das Holz). Sie ist südlich von BC über die ganzen Rocky Mountains verbreitet, mit separaten Rassen im Osten und Süden des Areals. Sehr ansehnliche, alte Exemplare gedeihen überall in Mitteleuropa. Als Waldbaum ist *P. ponderosa* bei uns kaum erprobt. Trotz der typischen braunen Plattenborke, der glänzend braunen Triebe und der kleineren Zapfen ist sie leicht mit der Jeffrey-Kiefer zu verwechseln. Die langen, dunkelgrünen Nadeln stehen gehäuft am Ende der meist aufwärts gekrümmten Triebe. Ein anspruchsloser, dekorativer, winterharter Baum. 25 m. I.

Coulter Kiefer *Pinus coulteri* (von Thomas Coulter, einem irischen Botaniker, entdeckt). Sie stammt aus den Bergen Südwestkaliforniens, wo die Sommer warm und trocken sind. Für Mitteleuropa viel zu frostempfindlich, haben sich nur in milden Lagen GB's einige Exemplare gehalten. Nach raschem Jugendwachstum wird der Baum bald breitkronig und entwickelt eine dunkel purpurgraue Borke. Eindrucksvoll aber sind die ungewöhnlich großen, bis zu 2 kg schweren Zapfen mit aufwärts gebogenen, fast 2 cm langen Schuppen.

Tempelkiefer *Pinus bungeana* (nach dem russischen Botaniker A. von Bunge benannt). Eine 1846 aus China eingeführte, nur langsam wachsende Art mit platanenähnlicher, oft bunt gescheckter, im Alter weißlicher Rinde. In milden Lagen Mitteleuropas winterhart. Oft aber buschig, mit tief ansetzenden, aufwärts gebogenen Ästen. Unverwechselbar und von eigenartigem Charakter durch die bunte Rinde. 12 m. l.

FÜNFNADLIGE KIEFERN haben außer der Nadelzahl pro Kurztrieb wenig Gemeinsames. Oft sind die Nadeln zart und unterseits weißlich oder bläulich. Lange, herabhängende Zapfen sind die Regel.

Fuchsschwanz-Kiefer *Pinus balfouriana* (nach Prof. Balfour aus Edinburgh, der sie zuerst beschrieb). Sie schließt sich westlich an das Areal von *P. aristata* an. Nur 2 natürliche Populationen sind bekannt: eine im nördl. Küstengebirge Kaliforniens, die andere in der südlichen Sierra Nevada. In Europa kaum zu finden, bei uns nicht frosthart. Von *P. aristata* durch längere, süßlich nach Harz riechende Nadeln ohne Harzflocken und durch unbegrannte Zapfenschuppen zu trennen.

Grannenkiefer *Pinus aristata* (= Zapfenschuppen laufen grannenähnlich aus). Sie wächst hoch in den Bergen über den Wüsten Colorados, Mexikos und Arizonas und stellt eine der ,,Fuchsschwanzkiefern'' dar, welche die dichtstehenden Nadeln bis zu 12 Jahren an langen, unverzweigten Trieben halten. Typisch ist die Sprenkelung der Nadeln mit kleinen weißen Harzflocken. Zerrieben riechen sie stark nach Terpentin. Die Art ist bei uns selten, bleibt klein, ist aber rel. winterhart. 10 m. II.

Pinus aristata var. *longaeva* ist eine Form der Grannenkiefer aus Kalifornien und Nevada ohne Harzflocken, die in den White und den Inyo Mountains 5000 Jahre alt wird, älter also als jede andere Baumart. Sequoien haben indessen 3500 Jahre nicht überschritten. Der abgebildete Baum könnte 4000 Jahre alt sein.

Montezuma-Kiefer *Pinus montezumae* (Montezuma II. war der letzte Aztekenherrscher). Eine sehr ansehnliche, aber variable Art, die in Mitteleuropa nicht frosthart ist. In GB mit großer, regelmäßig geformter Krone, aufwärts gebogenen, dicken, gefurchten orangebraunen Trieben und geraden, allseits abstehenden blaugrünen Nadeln. ▷

Hartwegs Kiefer var. *hartwegii*. Insgesamt schmaler und mit mattgrünen Nadeln, oft zu dritt oder zu viert an violett bereiften Trieben.

Himalaya-Kiefer *Pinus wallichiana* (nach Nathaniel Wallich, einem in Indien tätigen dänischen Botaniker benannt). Der aus dem Himalaya stammende Baum hat sehr eindrucksvolle, lange, herabhängende, bläuliche Nadeln. Er beginnt ab 20 Jahren unharmonisch zu wirken und fällt im Alter durch weit ausladende starke Äste auf. Hierzulande ein völlig frostharter, sehr beliebter Stadt-, Garten- und Parkbaum. Starker Zapfenbehang ist normal. Die kräftigen, blaugrau bereiften jungen Triebe sind unbehaart. Damit unterscheidet sie sich von *P. strobus*, welche hellbraune bis grüne, und von *P. × holfordiana*, welche behaarte Triebe aufweist. 25 m. II.

Holford-Kiefer *Pinus × holfordiana.* Artbastard zwischen *P. ayacahuite* und *P. wallichiana* mit einer Kombination guter Eigenschaften von beiden Elternarten. Absaaten der Holford-Kiefer tendieren teils zum einen, teils zum anderen Elter. Seit 1908 in GB als Park- und Gartenbaum verwendet. Der eigentliche Bastard hat die orangebraune Rinde der Himalaya-Kiefer und die flaumig behaarten Triebe der Mexikanischen Strobe. Seine Zapfen sind größer als die der Elternarten, breit und stumpf. Schnell wachsend, entwickelt die Holford-Kiefer eine ungemein breite Krone und einen an der Basis leicht gekrümmten Stamm. 25 m. II.

Mexikanische Weymouthskiefer *Pinus ayacahuite.* In Europa kaum angepflanzt und bei uns nicht winterhart. Ein breitkroniger Baum mit waagerechten Ästen und dünnen, bis 15 cm langen Nadeln an flaumig behaarten, blaßgrünen Trieben. Schon früh wird die Borke schuppig, später plattenartig und rotbraun. Die blaßgrünen ♂ Blüten stehen an der Triebbasis, die hellroten, aufrechten und deutlich gestielten ♀♀ an den Triebspitzen. Die ungleich großen, manchmal 40 cm langen orangebraunen Zapfen hängen herab und haben ledrige, im unteren und mittleren Zapfenbereich zurückgeschlagene Schuppen.

Weymouthskiefer (Strobe) *Pinus strobus.* Beheimatet in den weiten Ebenen um die großen Seen bis in die Berge Georgias, war die Strobe noch vor einigen Jahrzehnten in vielen europäischen Gärten und Parks vertreten. Inzwischen hat der Blasenrost sie allerorts – auch als Waldbaum – stark dezimiert. Krankheitsfördernd ist die Nachbarschaft von Stachel- und Johannisbeersträuchern. Charakteristisch für *P. strobus* ist der stockwerkartige Aufbau der Krone, die zarte, blaugrüne Benadelung und die rel. dünnen Triebe mit feiner Behaarung dicht unter den Nadelansätzen. Strobenholz ist leicht, sehr gleichmäßig strukturiert, arbeitet aber stark. 30 m. III.

Fünfnadlige Kiefern

Zuckerkiefer *Pinus lambertiana* (A. Lambert verfaßte eine Monographie über Kiefern). Mit über 90 m ist sie die höchste Kiefernart überhaupt. In Gebirgslagen Kaliforniens daheim, gehört sie zu den besonders schnell wachsenden Bäumen. Kennzeichen: spärlich behaarte Triebe und bis zu 40 cm lange Zapfen. Nördlich der Alpen wegen mangelnder Frosthärte und hoher Empfindlichkeit gegen den Blasenrost kaum anzutreffen.

Rumelische Kiefer *Pinus peuce*. Eine fünfnadlige Kiefer, die zwar stetig wächst, aber nicht sehr hoch wird, die recht standortstolerant ist und – im Gegensatz zu ihren amerikanischen Verwandten – eine gewisse Resistenz gegenüber dem Blasenrost aufweist. Der Baum ist dicht benadelt, hat apfelgrüne Triebe und leicht gebogene Zapfen. Die Borke ist grau bis rötlichbraun und bildet kleine, flache Platten. Ein winterharter, recht ansehnlicher, aber dennoch seltener Parkbaum. 25 m. l.

Westliche Weymouthskiefer *Pinus monticola.* In ihrer Heimat ein wuchskräftiger, stattlicher Waldbaum bis 80 m Höhe, der eine extrem schmale Krone ausbildet, aber stark vom Blasenrost dezimiert wurde. In Europa kommt er wegen dieser Krankheit fast nur in jungen Exemplaren vor. Kennzeichen: Die kupferbraunen Triebe sind dicht mit feinen Haaren besetzt, Zapfen findet man schon an jungen Bäumen. 30 m. II. ▷

Armands Kiefer *Pinus armandii* (von Armand David, einem französischen Missionar, vor etwa 100 Jahren in China entdeckt). Mit Ausnahme der Zapfen ähnelt sie einer etwas ärmlichen Himalaya-Kiefer. Typisch sind die kahlen, mit Harzblasen besetzten grünen Triebe. Manche Nadelbündel sind am Grund gefaltet oder umgebogen und hängen schlaff herab. Weil die Nadeln generell schon im 2. Jahr abfallen, wirkt die Krone spärlich und transparent. Armands Kiefern sind wegen ihrer Resistenz gegen den Blasenrost züchterisch interessant. ▷

Zirbelkiefer *Pinus cembra*. Der wohl markanteste ◁ Baum an der alpinen Waldgrenze. Knorrig und vom Wind zerzaust, gedeihen die am weitesten vorgeschobenen Zirben noch in 2750 m Höhe. In Gärten und Parks ist *P. cembra* ein beliebter, gleichmäßig kegelförmig erwachsender, dicht benadelter, ansehnlicher Baum, der aber im Alter viel an Pracht verliert. Zapfen werden nicht vor dem 40. Jahr gebildet. Sie bleiben 3 Jahre am Baum, sind anfangs grün, dann violett und schließlich zimtbraun, und fallen in geschlossenem Zustand zu Boden. Die Samen (‚Zirbelnüsse') sind eßbar und nahrhaft, besitzen keine Flügel und werden von Vögeln und Eichhörnchen verbreitet. 22 m. II.

♀ 6

Mädchenkiefer *Pinus parviflora* (= mit kleinen Blüten). In ‚japanischen Gärten' aller Länder findet man oft die flachwachsende Zierform der Mädchenkiefer mit bläulich-weißen Nadeln und zahlreichen Zapfen, die oft in Quirlen zu dritt stehen und noch Jahre nach der Samenreife am Baum bleiben. Sie wurde in Japan für den Anbau in kleinen Gärten selektiert und gelangte eher nach Europa als die viel größere und mit rein grünen Nadeln versehene Wildform. Graurote Borke mit gebogenen Schuppen. 18 m. II.

Biegsame Kiefer *Pinus flexilis* (= biegsam: die Triebe lassen sich verdrehen, ohne zu brechen). Die kandelaberförmige Krone dieses Baumes ist ein vertrautes Bild, wenn man die Kammlagen der Rocky Mountains passiert. Auch diese Kiefer ist hochempfindlich gegen den Blasenrost. Alte *P. flexilis* sind daher in Europa selten. Kennzeichen: die jungen blaßgrünen Triebe sind spärlich mit zarten, braunen Haaren besetzt. 18 m. II.

Korea-Kiefer *Pinus koraiensis.* Als wichtiger Waldbaum weit in Ostasien verbreitet, zählt die Korea-Kiefer – zumindest in jungem Alter – bei uns zu den ganz klimaharten, sehr attraktiven Koniferen. Ältere Bäume werden oft gelbnadelig und durchsichtig. Sonst sind die Nadeln bläulich-weiß. Die glänzend grünen Zapfen werden schon im 1. Jahr 15 cm lang. Junge Triebe sind ähnlich rotbraun behaart wie die der Zirbe. 18 m. II.

× ¼

Weiden-Gewächse (Salicaceae). Pappeln und Weiden. Wüchsige Bäume auf feuchten Standorten, oft zweihäusig. Neigen zum Bastardieren. Samen in Wolle.

PAPPELN (Gattung *Populus*). Mit etwa 30 Arten auf der Nordhalbkugel vertreten, meist schnellwachsend und hoch. Aspen, Weiß- und Graupappeln sind mit Samen, die anderen Arten über Stecklinge und Wurzelbrut vermehrbar. Pappeln sind zweihäusig.

◁ **Schwarzpappel** *Populus nigra.* Ein mächtiger Baum der europäischen Flußauen mit tief ansetzender, breiter Krone und gedrungenem, nicht immer geradem Stamm. Rinde schwärzlich. Auf feuchten, nährstoffreichen Böden sehr raschwüchsig. Wird >30 m hoch. ♂ Kätzchen karminrot, ♀♀ grünlich. Blätter fast dreieckig, Blattränder durchscheinend, Blattstiel flach. 30 m. II. In GB und W-Europa: var. *betulifolia* (= birkenblattähnlich) mit kleineren, weich behaarten Blättern.

◁ Pyramidenpappel *P. nigra* 'Italica'. Eine um 1750 in Norditalien durch Mutation entstandene ♂ Form, die sehr beliebt wurde und sich schnell in Europa verbreitete. Als Alleebaum und als Gruppe oft landschaftsbestimmend. Charakteristisch ist die bis zum Boden reichende, extrem spitzwinkelige, intensive Beastung. Blätter wie bei *P. nigra.* Gleichgerichtete Mutationen führten später zu ♀ Bäumen ('Gigantea') mit breiteren Kronen und stärkeren Ästen. 32 m. II.

◁ **Berliner Lorbeerpappel** *Populus × berolinensis* (in Berlin entstanden). Als natürliche Kreuzung zwischen einer asiatischen Balsampappel und der Pyramidenpappel mehrfach aufgetreten. Deswegen wurden ♀ und ♂ Bäume bekannt. Recht klimahart und wüchsig. In Mitteleuropa zur Holzzucht angebaut. Blätter länglich und zugespitzt, Mittelrippe sehr hell. Junge Triebe schwach geflügelt. 27 m. III.

SCHWARZPAPPEL-HYBRIDEN *Populus × canadensis.* Gemeint ist eine Reihe von Bastarden zwischen der nordamerikanischen *P. deltoides* und der europäischen *P. nigra.* Einige davon werden als ‚Wirtschaftspappelsorten' wegen ihrer Schnellwüchsigkeit in mehreren europäischen Ländern angebaut. Ihr rel. weiches und leichtes, wenig druck- und zugfestes Holz verwendet man für Kisten und Schachteln.

P. 'Serotina', die ‚italienische Schwarzpappel', ist eine der ältesten und häufigsten davon: ein mächtiger ♂ Baum mit starken Ästen und frühem Austrieb. 10 m. III. Die Goldpappel, *P.* 'Serotina Aurea', ein Parkbaum mit goldgelben jungen Blättern, wächst langsamer und hat eine besonders dichte Krone. 'Robusta', eine besonders wüchsige Sorte, war lange Zeit als Flurgehölz und als Alleebaum sehr in Mode. Auffallend durch die großen roten ♂ Kätzchen und die beim Austrieb orangeroten Blätter. Die harmonische kegelförmige Krone ist noch bei 30 m hohen Bäumen sehr regelmäßig beastet. Sie macht die 'Robusta' zu dem wohl ansehnlichsten Schwarzpappelbastard. Entstanden ist sie 1895 in Frankreich als Kreuzung zwischen der Pyramidenpappel und der amerikanischen *P. deltoides.* 40 m. I. *P.* 'Eugenei' hat ebenfalls die 'Italica' als Elter, besitzt aber kleinere Blätter und eine schmalere Krone als andere Sorten. *P.* 'Regenerata' (♀) wird heute kaum noch angebaut. Sie dient häufig als Sichtschutz, steht oft in städtischen Anlagen und fällt auf durch einen mit tiefen Rissen und mit Leisten bedeckten Stamm. Im Gegensatz zur 'Serotina' wölben sich ihre Äste bogenförmig aufwärts, und ihre schlanken, etwas hängenden Zweige treiben früh aus. 30 m. III.

P. 'Serotina'

P. 'Robusta'

P. 'Eugenei'

P. 'Regenerata' 4

25m
***P.* 'Robusta'** nach dem Austrieb (April)

30m
***P.* 'Eugenei'**

***P.* 'Serotina'**
Stamm, 40cm und Zweig

Silberpappel 15m

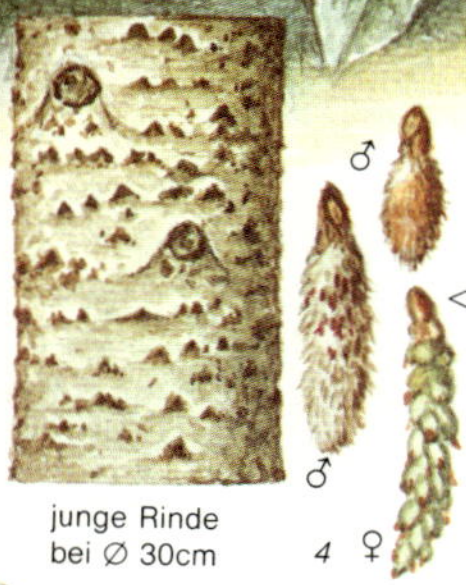

Silberpappel *Populus alba* (= weiß: bezogen auf die Blattunterseite, den jungen Trieb und die Borke). Von S- und Mitteleuropa bis weit nach Asien hinein natürlich vorkommend, ist *P. alba* ein oft mächtiger und raschwüchsiger Baum, der häufig Wurzelbrut bildet, auch auf armen Sandböden gedeiht, aber eigentlich Flußufer und Auwälder bewohnt. Silberpappeln eignen sich zur Dünenbefestigung. Sie sind leicht zu verwechseln mit der noch wüchsigeren Graupappel. Blätter vielgestaltig, nur an den stärksten Trieben fünflappig. Laubfall früh. 30 m. III.

Graupappel *Populus canescens* (= grauweiß). Ein natürlicher Bastard zwischen Silberpappel und Aspe, der sich in vielen Merkmalen intermediär verhält, in der Wuchskraft aber beiden Elternarten überlegen ist. Ein Baum der Flußterrassen und durchaus von forstlichem Interesse; außerdem wegen seiner Windfestigkeit gern in Küstennähe angebaut. Ähnlichkeit mit der Silberpappel besteht in Blattform und -farbe. Ältere Blätter haben jedoch eine graue und keine silbrigweiße Unterseite. ♀ Bäume sind selten, ♂ Bäume nehmen im Februar mit dem Schwellen der Blütenkätzchen einen rötlichen Farbschimmer an. 35 m. II.

Aspe (Zitterpappel) *Populus tremula* (= zitternd: durch die langen, dünnen und abgeflachten Blattstiele bringt schon der schwächste Windhauch die Blätter in Bewegung). Eine in weiten Teilen Europas und Asiens verbreitete genügsame Art, die in Skandinavien und dem Baltikum kräftige, gerade und ansehnliche Bäume ausbildet. In Mitteleuropa sind Aspen oft krumm und minderwertig. Sie entwickeln reichlich Wurzelbrut, und dennoch ist die künstl. Vegetativvermehrung schwierig. Junge Aspen fallen durch ihre glatte, graugrüne Rinde auf, die erst im Alter braun und rissig wird. Die Herbstfärbung ist manchmal kupferrot, meist aber goldgelb. Aspenholz eignet sich gut für Zündhölzer. 22 m. II.

Westliche Balsampappel *Populus trichocarpa* (= behaarte Frucht). Sie stammt von den zum Pazifik abfallenden Hängen der nordamerikanischen Gebirge, wo sie mit 60 m Höhe den größten Laubbaum darstellt. Wegen des raschen Wachstums und der großen Dimensionen ist *P. trichocarpa* eher ein Baum für Plantagen als für den Garten. Charakteristisch ist der penetrant süßliche Balsamgeruch zur Zeit der Blattentfaltung. Die Art erwies sich in kühl-feuchten Lagen als besonders leistungsfähig. Sie ist genügsamer und pH-toleranter als andere Pappelarten. Rückschnitt der aus Stecklingen erzogenen Pflanzen im Herbst des 1. Jahres ist vorteilhaft. Die dunkelgraue Rinde reißt oberflächlich auf. 35 m. II.

Großblatt-Pappel *Populus lasiocarpa* (= wollige Frucht). Die einzige Pappelart, bei der ♀ und ♂ Blüten auf demselben Baum vorkommen können. Die ♀♀ stehen dann am Grunde der ♂ Kätzchen. Die aus China stammende Art findet man nicht eben häufig. Sie gibt meistens einen kleinen, eher dürftigen Baum ab. Allerdings sind auch wüchsige Exemplare bekannt geworden. Die stumpfgraue Borke wird später rauh und rissig. 16 m. II.

WEIDEN (Gattung *Salix*). Eine weitverbreitete, etwa 300 Arten und viele Bastarde umfassende Gattung, oft strauchig, Blätter meist wechselständig, lanzettlich und lang zugespitzt. Außer *S. caprea* und *S. cinerea* durch Stecklinge vermehrbar. Zweihäusig.

◁ **Bruchweide** *Salix fragilis* (= leicht brechend: dünne Zweige mit glattem Bruch an der Basis). Eine häufige, bis 15 m hohe Baumweide, mit einer schon in der Jugend breitgewölbten Krone und dunkelbrauner, von kreuzförmigen Leisten belegten Borke. Vornehmlich an Bachläufen. Im Alter tief beastet. Bis zum Erscheinen der Blätter und Blüten im Frühjahr färben sich die Triebe mehr und mehr rotbraun. Oft stehen entlang von Bachläufen Bruchweiden des gleichen Geschlechts, entstanden nach Bewurzelung der abgebrochenen Zweige eines umgestürzten Baumes. Im Sommer sind die großen, glänzenden und wohlgeformten Blätter kennzeichnend für *S. fragilis*. 22 m. III.

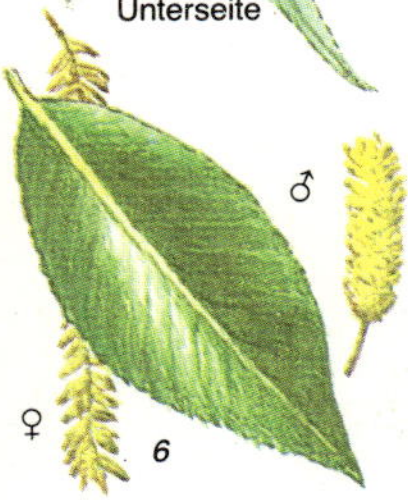

◁ **Lorbeerweide** *Salix pentandra* (= mit 5 Staubblättern). Eine in Europa weit verbreitete Art, viel häufiger in Flußniederungen und Auen als in Gärten und Parks anzutreffen. Dennoch recht dekorativ wegen der glänzend olivgrünen Triebe und der glänzend dunkelgrünen, unterseits bläulichweißen Blätter. Abweichend von vielen anderen Weidenarten erscheinen die hellgelben ♂ Kätzchen erst nach voller Entfaltung der Blätter. Der Baum wird als Solitär breitkronig, aber schlank und rel. hoch (12 m) im Bestand. I.

◁ **Salweide** *Salix caprea*. Die Weide auf armen, relativ trokkenen Standorten. Mehr Strauch als Baum, gehört sie bei uns zur Vegetation der Waldlichtungen. Wenn baumförmig, dann breitkronig, krummschaftig und selten höher als 6 m. Beliebt ist *S. caprea* wegen der ‚Palmkätzchen'. Das sind die bis 5 cm langen, zunächst silbrig behaarten, lange vor der Blattentfaltung leuchtend gelb aufblühenden ♂ Blütenstände. Salweiden haben rel. breite, etwas gewellte, mit gekrümmter Spitze auslaufende Blätter. Sie besiedeln fast den gesamten Norden Eurasiens. III.

◁ **Aschweide** *Salix cinerea* (weiche graue Haare an den Trieben). Eine vorwiegend strauchige Art, die in der Verbreitung und im Erscheinungsbild der Salweide nahekommt. Bei großer Ähnlichkeit in den ♂ Kätzchen hebt sich die Aschweide von *S. caprea* durch schmalere Blätter, deutliche Nebenblätter am Blattstiel und durch dichte, graue Behaarung der Triebe ab. 5 m. III.

◁ **Reifweide** *Salix daphnoides*. Wiederum eine Baumweide (maximal 10 m hoch), die Europa und weite Teile Asiens besiedelt. Meistens an Bachufern. Kennzeichen: Lange, schmale, zugespitzte Blätter. Die rel. dicken Triebe sind im 1. Jahr deutlich blauweiß bereift, später wird die Zweigrinde dunkelrot. II.

20m
Bruchweide
12m
Salweide
♂
Blütenkätzchen,
sich öffnend
1–4
Reifweide
Zweig im Winter
Aschweide
Salweide,
1j. Trieb

Silberweide *Salix alba*. Eine in ganz Europa und in weiten Teilen Asiens beheimatete Art, die zu einem mächtigen Baum mit weit ausladender Krone, dickem Stamm und tiefrissiger Borke werden kann. Bevorzugt Auwälder und Bachränder. Charakteristisch sind die lanzettlichen, anfangs dicht silberweiß behaarten, unterseits blaugrünen Blätter. *S. alba* und ihre Formen lassen sich leicht durch Bewurzelung 30 cm langer Stecklinge in feuchtem Substrat vermehren, nur eine oder zwei Knospen sollten herausschauen. 25 m. III.

S. a. var. 'Argentea', eine nicht so wüchsige Zierform mit silbergrünen Blättern. Häufig in Parks.

Trauerweide *S. a.* var. 'Tristis'. Die hierzulande am häufigsten vertretene Hängeweide mit lang herabhängenden, dünnen, auffällig gelben Trieben. Bis 20 m hoch und sehr breit. Einige weitere Hängeweiden sind wesentlich seltener. 20 m. II.

Kricket-Weide *S. a.* var. 'Coerulea'. Eine besonders schnell und gerade wachsende Form, typisch für GB und dort für Kricketschläger verwendet.

S. a. 'Britzensis'. Baumweide über 20 m hoch. Oft zur Einfassung von Park- und Gartenteichen verwendet. Dekorativ wegen der leuchtend orangeroten Farbe der jungen Triebe.

Korkenzieherweide *Salix matsudana* 'Tortuosa'. Eine höchst eigenwillige Defektform der chinesischen Baumweide: winterhart, schnell wachsend und als Gartenbaum beliebt. Unverwechselbar wegen der korkenzieherartig verdrehten und miteinander verschlungenen Äste. Die hellgrünen, ebenfalls gedrehten Blätter erscheinen sehr früh und fallen erst im zeitigen Winter ab. Ein standortstoleranter, bis 10 m hoher Zierbaum. I. ▷

● **Walnuß-Gewächse** (Juglandaceae). Flügelnüsse, Walnüsse und Hickorynüsse. Die beiden ersten Gruppen besitzen ein deutlich gegliedertes Mark.

FLÜGELNÜSSE (Gattung *Pterocarya*). Ansehnliche und wüchsige Bäume mit Wurzelbrut. Knospen ohne Schuppen, nur aus zwei gefalteten, eng zusammengepreßten, mit kurzen, braunen Haaren bedeckten Blättern bestehend. Fünf Arten in China, eine in Japan und eine in den Gebirgen südlich des Kaspischen Meeres.

Rinde bei Ø 50cm

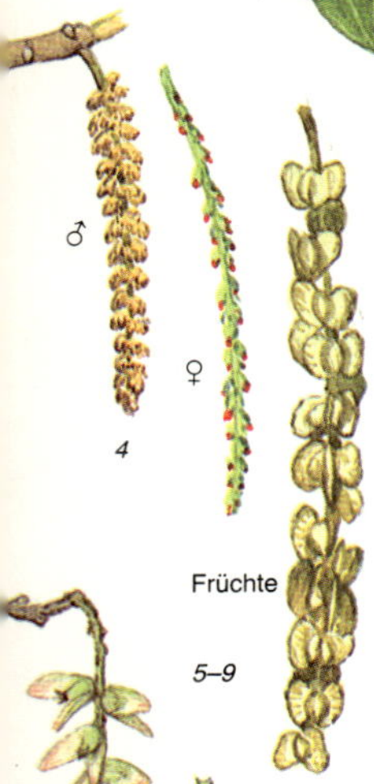

Kaukasische Flügelnuß *Pterocarya fraxinifolia* (= eschenähnliche Blätter). Ein geschätzter, bis 25 m hoher, gern am Wasser angebauter Parkbaum mit ungewöhnlich intensiver ◁ Wurzelbrutbildung. Oft durch Rasenmähen ausgelöst, entwickeln sich geradezu Dickichte von Schößlingen, die sehr hoch werden können und dann den Hauptstamm verdekken. Auf diese Weise entstehen recht dekorative Gruppen gleich geformter Bäume. Noch schöner sind jedoch separat erwachsene stattliche Einzelstämme. Die Blätter zeigen eine kräftig gelbe Herbstverfärbung. Die Seitenknospen in den Winkeln zwischen den Trieben sind oft 2 cm lang gestielt. 22 m. II.

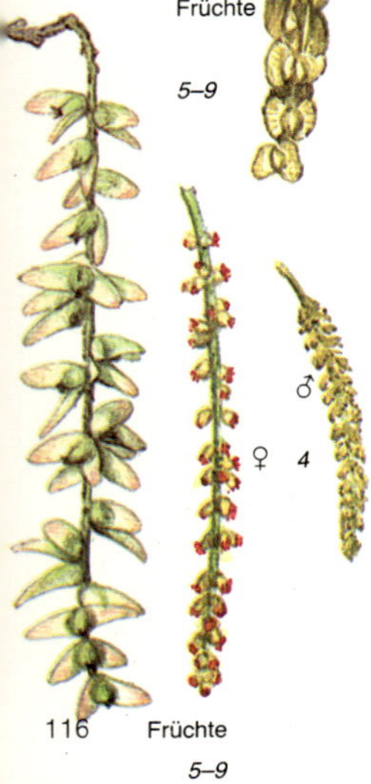

Chinesische Flügelnuß *Pterocarya stenoptera* (= mit schmalen Flügeln). Viel seltener als ihre kaukasische Schwester und der Bastard zwischen diesen beiden Arten, ◁ auch weniger zur Wurzelbrut neigend. Einige auf *P. fraxinifolia* gepfropfte Exemplare bilden allerdings reichlich Wurzelschößlinge. Bei gleicher Höhe ist die Krone schmaler, die Blätter sind kleiner, die Zahl der Fiederblätter geringer als bei den anderen Flügelnüssen. Überdies ist die Blattspindel zwischen den Fiederblättern breit geflügelt und zudem gezähnt: ein zuverlässiges Artmerkmal. Die rosafarbenen Früchte kontrastieren hübsch zum satten Blattgrün. 18 m. I.

20m

Hybrid-Flügelnuß *Pterocarya × rhederiana* (nach Alfred Rheder, bedeutender Botaniker am Arnold-Arboretum). Ein recht selten anzutreffender, aber ungemein wüchsiger Bastard zwischen der kaukasischen und der chinesischen Flügelnuß. Mit 20 Jahren kann er bis zu 60 cm starke Stämme bilden und damit viel leistungsfähiger sein als beide Elternarten – ein gutes Beispiel für Bastardwüchsigkeit. Die Art entstand 1879 im Arnold-Arboretum bei Boston; sie bildet leicht Wurzelbrut. Kräftige Pflanzen lassen sich aber auch aus Stecklingen erziehen, die im Juni geschnitten werden und im Herbst schon 30 cm gewachsen sind.

Chinesische Flügelnuß

Rinde bei ∅ 50cm

WALNÜSSE (Gattung *Juglans*). Mit 15 Arten aus N- und S-Amerika und von N- bis SO-Asien, alle mit eßbaren Nüssen und hochwertigem Holz. Wie bei den Flügelnüssen ist das hohle Mark der Zweige deutlich durch Querwände gekammert. Walnüsse werden aus Früchten gezogen, ausgenommen spezielle Speisesorten, die man pfropft.

Walnuß *Juglans regia.* Wahrscheinlich von SO-Europa bis nach China heimisch. Schon im Altertum weit darüber hinaus verbreitet und von den Römern nach Mitteleuropa und GB gebracht. Bei uns durch sehr strenge Winter gefährdet, deswegen auf rel. milde Lagen beschränkt. Die spät austreibenden, sehr aromatisch riechenden Blätter sind anfangs rotbraun und verlieren diese Farbe erst allmählich. Nußbaumholz schwindet wenig und ist deswegen begehrt für die Herstellung von Gewehrschäften. Weil es außerdem schön gezeichnet und gut zu polieren ist, stellt es eine ideale Fournierware für die Möbelindustrie dar. Geradgewachsene Stämme sind u. U. Tausende von DM wert. 30 m. II.

Schwarznuß *Juglans nigra* (= schwarz: bezogen auf die Borke). Diese aus dem östl. Nordamerika stammende Art ist noch wertvoller und ansehnlicher als *J. regia.* Sie hat lange, gerade Schäfte, domförmige Kronen und herabhängende hellgrüne Blätter. Optimale Entwicklung nur auf besten Böden im warmen Klima. Bei uns zwar winterhart, aber weniger eindrucksvoll. Früchte und Samen ähnlich wie bei *J. regia.* Die grüne Fruchtschale enthält einen dauerhaften Farbstoff, zerrieben riecht sie fruchtigsüß. Aus frischen Nüssen erzogene Sämlinge werden im 1. Jahr 60–80 cm hoch und sollen im Herbst zurückgeschnitten werden. 28 m. I.

Butternuß *Juglans cinerea* (= grau: bezogen auf die Borke). Ein raschwüchsiger, winterharter, ebenfalls aus dem NO der USA stammender Baum. Bei uns fast nur in Sammlungen. Von der Schwarznuß auf den ersten Blick zu unterscheiden durch die helle, walnußähnliche Rinde, durch größere Blätter und weiter auseinanderrückende, von der Blattbasis zur Spitze an Länge zunehmende Fiederblätter. Die Blattspindel ist dicht behaart. Bis zu 12 eßbare Früchte an einem langen Kätzchen. 25 m. II.

Mandschurische Walnuß *Juglans mandschurica.* Winterhart, aber selten angebaut. Ein breitkroniger, kräftig beasteter Baum mit hellgrauer, tiefrissiger Borke und bis zu 70 cm langen Blättern. Triebe und Blattstiele mit klebrigen, rotbraunen Haaren besetzt. Die Fiederblätter laufen spitz aus. 12 m. III.

Japanische Walnuß *Juglans ailantifolia* (= Blätter ähnlich wie beim Götterbaum). Winterhart und ansehnlich, aber dennoch selten. Meist nur in Arboreten. Auffällig sind die sehr großen, bis 1 m langen Blätter, die abrupt zugespitzten Fiederblätter und die an einem aufrechten Fruchtstand inserierten, mit leuchtend roten Narben versehenen ♀ Blüten. Auch bei dieser Art sind Triebe, Blattstiele und Früchte mit klebrigen, braunen Haaren bedeckt. 16 m. II.

Walnüsse

Walnuß
Schwarznuß
Butternuß
Mandschurische W.
Japanische W.
Walnuß
Zweig mit Knospe
Walnuß bei ∅ 50cm
Zweig mit Knospe
Schwarznuß bei ∅ 45cm

HICKORY-NÜSSE Gattung *Carya* (caryon = Nuß, griech.). Von 20 Hickory-Arten stammen 19 aus Nordamerika und eine aus SW-China. Sie heben sich von Walnuß- und Flügelnußarten durch ein ungefächertes Mark und durch dreigeteilte ♂ Kätzchen ab.

◁ **Bitternuß** *Carya cordiformis* (= herzförmig: bezogen auf die Fruchtbasis). Die Art gedeiht von Texas bis SO-Kanada und ist recht winterhart; dennoch bestehen hohe Wärmeansprüche. Hierzulande ist sie rel. selten. Von den meisten anderen *Carya*-Arten hebt sie sich durch die schlanken, hellgelb gesprenkelten Knospen und durch mehr als 7 Fiederblätter ab. Die Endfieder läuft erst an der Basis des tieferen Fiederpaares aus. 20 m. I: ein hübscher Baum mit schöner Herbstfärbung.

Nuß

◁ **Shagbark-Hickory** *Carya ovata* (= eiförmig: bezogen auf die Nuß). Eine besonders breitkronige Hickoryart mit starken, tief ansetzenden waagerechten Ästen, ebenso rauhborkig wie der Stamm. Die Blätter fühlen sich ledrig und ölig an. *C. ovata* ist die einzige großblättrige Hickory mit fünf Fiedern pro Blatt. Oft ist der Trieb unterhalb der Knospenschuppen von einem Ring hellbrauner Haare umgeben. Zur besseren Pfahlwurzel-Entwicklung sollten die Pflanzen schon im 1. Jahr ins Freiland kommen. 18 m. II.

◁ **Ferkelnuß** *Carya glabra* (= kahl: die am wenigsten behaarte Hickory-Art). Unverdientermaßen wird sie selbst in Sammlungen kaum angepflanzt. Gemessen an anderen *Carya*-Arten sind ihre Blätter eschenähnlich klein. Dekorativ wirkt sie durch die goldgelbe Herbstverfärbung. Winterhart. 18 m. I.

◁ **Königsnuß** *Carya laciniosa* (= mit Falten oder Laschen, bezogen auf die Borke). Ein elegant wirkender, rel. seltener Baum mit schmaler Krone und langen, schlanken, aufwärts gerichteten Ästen. Heimat: NO-Amerika. Die meist 7fiedrigen Blätter können bis 75 cm lang werden. Sie ähneln denen von *C. tomentosa*. Unterscheiden lassen sie sich von der Spottnuß durch die weiche Behaarung der Blattspindel und durch die schwach gestielte Endfieder. Die Rinde junger Bäume fällt durch losgelöste, leicht aufwärts gebogene, lange, schmale Streifen auf. Mit dem Alter wird sie rauh wie bei *C. ovata*. 18 m. II.

◁ **Spottnuß** *Carya tomentosa* (= dicht behaart: bezogen auf die Blätter). In Europa nur gelegentlich zu beobachten. Abweichend von anderen großblättrigen *Carya*-Arten bildet die Spottnuß eine glatte Rinde aus. Die Blätter sind hart und dunkelgrün, die Blattadern treten unterseits deutlich hervor, die Spindel ist dicht behaart. Herrliche goldgelbe Herbstfärbung. Zerriebene Blätter riechen nach Farbe oder frisch gemähtem Gras. Das endständige Fiederblatt ist lang und dünn gestielt. 22 m. II.

Nuß

◁ **Pekannuß** *Carya illinoensis* (aus dem Staate Illinois). Die einzige Hickory-Art mit mehr als 9, nämlich 11–15 schlanken, lang zugespitzten, oft sichelförmig nach unten weisenden Fiederblättern. Knospe: schlank und gelb, wie bei *C. cordiformis*; Rinde grau und schuppig. Die sehr wohlschmeckenden Früchte werden im S der USA kommerziell genutzt. Bei uns nicht winterhart. II.

Hickory-Nüsse

Birken-Gewächse (Betulaceae). Birken, Erlen.

BIRKEN (Gattung *Betula*). 40 Arten, quer über die Nordhalbkugel verteilt und weiter nach N reichend als andere Bäume. Meist von mittlerer Größe, haben sie ein zähes, rel. hartes Holz, das selten Bauholzdimensionen erreicht. Birken werden durch die sehr leichten Samen – es sind winzige geflügelte Nüsse – weit verbreitet. Zur Keimung ist Mineralboden vorteilhaft. Anzucht aus Samen – schnelles Jugendwachstum.

Schwedische Birke

Sandbirke *Betula pendula* (= mit überhängenden Zweigspitzen). Sie ist die Birke der leichten Sandböden, der Heide und der Ödflächen. Eine Pionierholzart, die als erste zur Stelle ist: lichtbedürftig, anspruchslos, raschwüchsig in der Jugend. Die Art fruktifiziert Jahr für Jahr überaus reichlich – eine Nahrungsquelle für Singvögel. *B. pendula* ist ein dekorativer Baum für Garten und Park; das flache Wurzelsystem trocknet den Boden aber oberflächlich aus. Lästig sind auch die stets herabfallenden trockenen Zweige, Knospenschuppen, Blütenkätzchen und Teile der Fruchtstände. 25 m. I.

Schwedische Birke *B. p.* 'Dalecarlica' (1767 in Dalekarlien, Schweden, gefunden). Ein exzellenter Straßenbaum mit glattem, weißem Stamm und dünnen, tief eingeschnittenen, schnell verrottenden Blättern. 22 m. I.

'Fastigiata', Krone zunächst schmal, im Alter jedoch offen.

'Tristis', mit deutlich überhängenden Ästen. Selten.

'Youngii', eine in 2 m Höhe gepfropfte, kleinblättrige, recht unregelmäßig wachsende Schirmform. X.

Moorbirke *Betula pubescens* (= fein behaart: bezogen auf Blattstiele und Triebe). Eher auf feuchten und anmoorigen Standorten zu finden. Sehr klimahart. Krone starr, Zweige nicht überhängend. Borke grau-weiß, waagerecht gebändert, ohne die für *B. verrucosa* typischen tiefen, schwarzen Rauten. Die weichen Haare an den Trieben sind bei jungen Bäumen und einjährigen Trieben am deutlichsten. 23 m. II.

Setschuan-Birke *Betula platyphylla* var. *szechuanica*. Ein aus W-China stammender kleiner Baum mit dicken, ledrigen, rel. großen, unterseits drüsigen Blättern. Die kreideweiße Borke läßt beim Reiben staubige, weiße Spuren auf der Hand zurück. Winterhart, aber keineswegs häufig. 12 m. II.

Papierbirke *Betula papyrifera* (Papier tragend: bezogen auf die Borke). Von Labrador bis Alaska quer über den nordamerikanischen Kontinent vorkommend und in viele Formen aufgespalten, fällt sie durch die blendend weiße, allenfalls von grauen Flecken unterbrochene Rinde auf, die bei uns gelegentlich orangefarben, rosa, selbst bräunlich und rot wird. In Europa kaum angepflanzt. Die Blätter haben nur 5–10 Blattadernpaare und behaarte Stiele. Die Triebe sind warzig. Den Indianern war die Rinde der Papierbirke für den Bau der Kanus wichtig (‚Canoe-bark Birch'). 20 m. II.

Birken

20m
Sandbirken
Zweig der Sandbirke
Zweig der Moorbirke
Alte Sandbirke
Sandb.
bei ∅ 35cm
Moorb.
bei ∅ 35cm
Setschuan-B.
bei ∅ 35cm
Papierb.
bei ∅ 35cm

Erman-Birke *Betula ermanii.* Besiedelt ein weites Areal in O-Asien. Für unser Klima scheint aber nur die 1890 eingeführte jap. Herkunft geeignet zu sein. Alte Bäume findet man fast nur in Sammlungen. Ihre stumpf rosafarbene Rinde löst sich rollenartig ab und hängt in dünnen Streifen herunter. Die Rinde junger Bäume ist hingegen weiß; ebenso die der Äste, wenn die Rosafärbung des Stammes einsetzt. Kennzeichen: zahlreiche, im Winter am Baum verbleibende Fruchtstände, keilförmig auslaufende Blattbasen und parallel verlaufende Blattadern. *B. ermanii* bastardiert leicht mit der Sandbirke, so daß bei uns geerntetes Saatgut selten artenrein ist. 20 m. I.

var. *septentrionalis*

Rote China-Birke *Betula albosinensis.* Eine recht seltene, aus Zentral- und W-China stammende Art. Die vornehmlich kultivierte Varietät *septentrionalis* fällt durch große, dunkelgrüne, weitständige Blätter auf, deren Adern unterseits seidig behaart sind. Haare stehen auch in den Achseln der Blattadern. Die äußere Borkenschicht löst sich in Streifen ab, die sodann einrollen. Sichtbar werden dadurch tiefer liegende, glatte, rötliche und zudem violett oder weiß bereifte oder aber dunkelrote und dann unbereifte Rindenpartien. Junge Bäume besitzen dagegen eine glänzend mahagonifarbene Rinde mit horizontalen Lentizellenreihen. Meistens durch Pfropfung auf *B. verrucosa* vermehrt. ↑8 m. I.: wegen der farbenprächtigen Rinde.

Himalayabirke *Betula utilis* (= nützlich). Von Natur aus von W-China über Nepal bis nach Kaschmir vorkommend und damit ins Areal von *B. jacquemontii* hineinreichend. In Mitteleuropa winterhart, aber selten. Rindenfarbe sehr variabel: meist weiß, aber auch braun und dann schwärzlich marmoriert (vgl. Abb.). Die derben, schwach gelappten und meist rot gestielten Blätter haben 10–14 parallel verlaufende Aderpaare und verfärben sich im Herbst goldgelb. Junge Triebe und Blattstiele sind spärlich mit weichen Haaren bedeckt. 16 m. I.

Weißrindige Himalayabirke *Betula jacquemontii* (nach Victor Jacquemont, einem franz. Botaniker, der lange in Indien tätig war). Die Heimat dieser recht dekorativen Art reicht von Kaschmir bis Nepal. Übergänge zu *B. utilis* sind unverkennbar. Wegen der glänzenden, glatten, reinweißen Rinde gern in Parks und Gärten kultiviert. Streng genommen stammen die reinweißen Formen aus dem östl. Teil des Areals. Dort hat die Art 9 Blattadernpaare, anders als in Kaschmir (7–9 Paare), wo die Behaarung der Blätter viel spärlicher und die Rinde eher von orange-cremiger Farbe ist. 16 m. I.

Erman-B.
bei ∅ 35cm

Rote China-Birke
bei ∅ 35cm

Himalayab.
bei ∅ 35 cm

Weißr. Himalayabirke
bei ∅ 35cm

Gelbbirke *Betula lutea* (= gelbbraun: bezogen auf die Borke). Im O Nordamerikas weit verbreitet, in Europa aber kaum kultiviert. Hinsichtlich der breiten Krone, der waagerecht angeordneten Äste und der weitständigen Blätter ähnelt sie der Zuckerbirke, ebenso in dem strengen, aromatischen Geruch (nach ‚root beer') beim Ablösen der Rinde von jungen Zweigen. Abweichend ist die Struktur und Farbe der Rinde. Die mit 12–15 parallel verlaufenden Aderpaaren versehenen Blätter verfärben sich im Herbst für wenige Tage goldgelb. Die zahlreichen Fruchtstände befinden sich oberhalb der Blätter. 15 m. II.

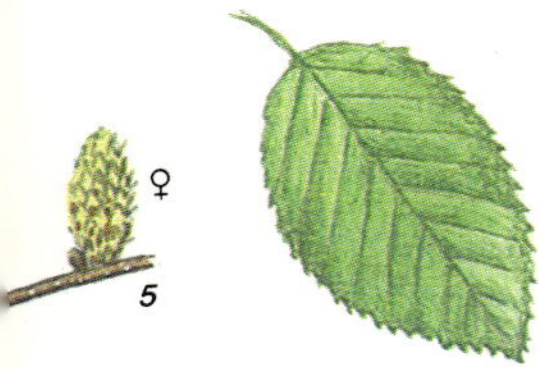

Zuckerbirke *Betula lenta* (= biegsam: bezogen auf die Zweige). Sie steht der Gelbbirke nahe, läßt sich aber von ihr durch die Borke und durch die kleineren, regelmäßiger gezähnten, mit weniger Adern versehenen Blätter trennen. Ihre kegelförmigen, gelbbraunen Knospen sind scharf zugespitzt, und die jungen Triebe haben im Sommer eine glänzend dunkel-schokoladenbraune Rinde, die beim Ablösen einen unverkennbar aromatischen Geruch entläßt. Gleiches gilt für *B. lutea.* 15 m. II.

Schwarzbirke *Betula nigra* (= schwarz: bezogen auf die Borke alter Bäume). Zu finden in Flußtälern, in den Vorgebirgen und in anmoorigen oder feuchten Partien der östlichen USA. Kein eindrucksvoller Baum. Deswegen trotz Klimahärte und Genügsamkeit bei uns selten. Wärmebedürfnis stärker als Ansprüche an Bodenfeuchtigkeit. Charakteristisch: die silbrigweiße, zumindest auf den Adern behaarte Blattunterseite. Die Borke ist anfangs cremig braun mit dunkel gefleckten Furchen, wird schließlich schwarzrot und löst sich mit zahlreichen dünnen, in Streifen herabhängenden Teilen ab. 15 m. II.

Transkaukasische Birke *Betula medwediewii* (Medwedieff: russ. Botaniker). Der kleine, im S des Kaspischen Meeres beheimatete Baum wird gelegentlich wegen seiner eigenartigen Gestalt und seiner wunderschönen Herbstfärbung gehalten. Er verzweigt sich vom Stammfuß an und wird zu einem aufrechten, breiten, buschigen, dicht belaubten Baum mit zahlreichen, auffallend kurzen Zweigen. Die dunkelgrünen, erlenartigen Blätter verfärben sich im Herbst goldgelb. Sie tragen dauerhafte Nebenblätter. Die haselähnliche graubraune Rinde löst sich in Schuppen ab. 6 m. I.

Maximowicz-Birke *Betula maximowicziana* (Carl Maximowicz: russ. Botaniker). Dieser ansehnliche, schnellwüchsige und winterharte, aus Japan stammende Baum ist unverständlicherweise in Europa kaum verbreitet. Seine lindenähnlichen, herzförmigen Blätter sind breiter als die jeder anderen Birkenart (bis 14 × 11 cm). Arttypisch sind auch die in Gruppen zu 2–5 angeordneten ♀ Blütenkätzchen. Die starken, im Winkel von etwa 45° ansetzenden Äste machen die Krone breit und offen. Junge Blätter an jungen Bäumen sind anfangs mit weichen, rotbraunen Haaren besetzt. Die Rinde ist zunächst dunkelbraun, später weiß mit rosa- und orangefarbener Tönung. 22 m. I.

Gelbbirke
bei ∅ 35cm

Zuckerbirke
bei ∅ 35cm

Schwarzbirke
bei ∅ 35 cm

Maximow.-B.
bei ∅ 35cm

ERLEN (Gattung *Alnus*). Etwa 30, auf kalten, nassen Standorten vorkommende Baum- und Straucharten mit Wurzelknöllchen, in denen – ähnlich wie bei Leguminosen – spezielle Bakterien Luftstickstoff binden. So gedeihen Erlen auch auf armen Standorten. Erlenholz widersteht dem Wechsel von Nässe und Trockenheit, u. a. wird es für Schleusentore verwandt. Für Schießpulver liefert es die ideale Holzkohle. Vermehrung durch Samen.

◁ **Schwarzerle** *Alnus glutinosa* (= klebrig: bezogen auf Blätter und junge Triebe). In fast ganz Europa zu Hause, besiedelt die Art vornehmlich Auwälder, Bach- und Flußufer, insgesamt also feuchte Standorte. Ihr dichtes Wurzelwerk schützt Flußufer vor Erosion. ♂ Blütenkätzchen verleihen der Krone im Januar einen rötlichen, von Februar bis April einen gelben Schimmer. Wie bei allen *Alnus*-Arten zeigen die Blätter keinerlei Herbstfärbung. Sie fallen im Oktober dunkelgrün zu Boden. 30 m. II.

◁ **Grauerle** *Alnus incana* (= grauhaarig, grau). Alles andere als ein Garten- oder Parkbaum, besiedelt die Grauerle von Natur aus die Flußschotter europäischer Gebirge. Anfangs raschwüchsig, erreicht sie kaum stattliche Dimensionen. Anspruchslos, selbst auf armen Sanden gedeihend. Kennzeichen: graue Rinde, intensive graue Behaarung von Trieben und jungen Blättern, deutlich zugespitzte Blätter mit nicht gewelltem Rand (Gegensatz zu *A. rubra*). 18 m. II.

◁ **Roterle** *Alnus rubra* (= rot: bezogen auf das Holz). Ein Laubbaum des amerikanischen Westens, von Alaska bis Kalifornien. In Europa kaum angepflanzt, obwohl anfangs sehr raschwüchsig. Die Blätter können 20 cm lang werden und sind leicht an dem deutlich eingerollten äußersten Blattrand zu erkennen. 20 m. II.

◁ **Italienische Erle** *Alnus cordata* (= herzförmig: bezogen auf das Blatt). In vieler Hinsicht ist sie vielleicht die schönste der hier aufgeführten Erlenarten: groß und wohlgeformt, ausgestattet mit zahlreichen, besonders langen Blütenkätzchen, mit sehr großen Fruchtzapfen und besonders eleganten, glänzenden Blättern. Bei uns wird sie trotzdem wenig angepflanzt. *A. cordata* braucht nährstoffreichen, aber keineswegs feuchten Boden und wächst schnell. Auf der Blattunterseite ist die Mittelrippe mit kleinen Büscheln orangefarbener Haare besetzt. 15 m. I.

◁ **Grünerle** *Alnus viridis* (= grün). Eine Erle der alpinen Hochlagen, wo sie hauptsächlich auf Urgestein wächst und an feuchten Hängen und Bachufern vorkommt. Eher Strauch als Baum, wird sie im Flachland kaum angebaut. Eine der wenigen Erlen mit ungestielten Knospen. Weitere Kennzeichen: lange ♂ Kätzchen und ca. 2 cm lange Zapfen, die in Gruppen zu 5–8 vorkommen, schwarz werden und bis zum Frühjahr am Baum verbleiben. 3,5 m. III.

Erlen

♀
Fruchtstand
2–4
♂
im Winter
Schwarzerle
Schwarzerle 18m
im Januar
♀
Fruchtstand
♂
im Winter
3–4
Grauerle
Rinde bei ∅ 45cm
♀
Fruchtstand
4
im Winter Roterle
♂
♀
♂
2–3
Fruchtstand
im Winter
Ital. Erle
♀
Fruchtstand
im Winter
♂
5
Grünerle
15m
Roterle
20m
Ital. Erle

Hainbuchen-Gewächse (Carpinaceae).

HAINBUCHEN (Gattung *Carpinus*). Mit 45 mittelgroßen und kleinen Baumarten der nördl. Hemisphäre, verwandt mit Birken und Erlen. ♂ Kätzchen bleiben während des Winters in der Knospe. Die scharf gezähnten Blätter haben hervortretende Adern. Vermehrung durch Samen.

Hainbuche *Carpinus betulus* (= wie eine Birke). Eine Charakterart feuchter europäischer Laubwälder, die auch auf schweren Böden gedeiht und in GB ebenfalls heimisch ist. Gut für Hecken, denn sie hält die braunen Blätter bis in den Winter hinein. Schöne Herbstfärbung. Hainbuchenholz ist besonders hart und fest. Es eignet sich gut für Drechslerarbeiten und wurde u. a. für Radnaben verwendet. Noch heute nutzt man es für Klavierhämmer und Hackblöcke. Typisch ist der unregelmäßige, ‚spannrückige' Stammquerschnitt. 20 m. II.

'Fastigiata'. Eine sehr dicht beastete, gleichmäßig gewachsene Zierform, die auch im Winter dekorativ wirkt. Schmalkronig und bis 2 m astfrei, eignet sie sich gut zum Ausfüllen von Lücken in Parks und Gärten, aber auch als Straßenbaum. Junge Bäume sind ganz schmalkronig. 15 m. I.

Japanische Hainbuche *Carpinus japonica*. Ein sehr seltener, meist nur in Sammlungen vorkommender kleiner Baum, dessen etwa 10 cm lange Blätter 20 und mehr Adernpaare aufweisen, die am Rand nach oben umbiegen und mit grannenähnlichen Haaren auslaufen. Die rel. großen Früchte haben 2 cm lange Hüllblätter mit 4–5 tief eingeschnittenen Buchten. 10 m. II.

Orientalische Hainbuche *Carpinus orientalis.* Aus SO-Europa und Kleinasien stammend, bleibt sie in Mitteleuropa klein und buschig und wird hier nur selten kultiviert. Charakteristisch sind die kleinen, etwas gefalteten Blätter und die seidig behaarten, dünnen Äste. Die Blätter behalten die ziehharmonikaartige Fältelung aus der Knospenlage noch rel. lange bei. Die nicht gelappten Hüllblätter der Früchte sind von gleicher Farbe wie die Blätter. 5 m. II.

HOPFENBUCHEN (Gattung *Ostrya*) (= griech. für einen Baum mit sehr hartem Holz). 7 Arten, alle auf der Nordhalbkugel. ♂ Kätzchen schon im Winter ausgebildet.

Europäische Hopfenbuche *Ostrya carpinifolia* (= mit hainbuchenartigem Blatt). Ein in Südeuropa heimischer, von SO-Frankreich bis zum Kaukasus vorkommender, allenfalls mittelgroßer Baum, bei uns winterhart, aber selten. Freistehende Bäume sind tief beastet und breitkronig, im Bestand wird jedoch ein astfreier Schaft ausgebildet. Im Sommer heben sich die hellen, rel. großen, herabhängenden Fruchtstände deutlich vom dunkelgrünen Laub ab. Die Blätter sind der Hainbuche sehr ähnlich. Unterschied: bei *Ostrya* verzweigen sich die Blattadern kurz vor dem Blattrand. 15 m. II.

Rinde bei Ø 35cm

Hasel-Gewächse (Corylaceae).

HASELNÜSSE (Gattung *Corylus*). 4 baum- und 11 strauchförmige Arten in der nördl. Hemisphäre. Die schon im Winter vorhandenen ♂ Kätzchen blühen sehr früh; an den knospenförmigen ♀ Blüten fallen nur die bunten Narben auf. Vermehrung durch Samen oder durch Absenker.

◁ **Haselnuß** *Corylus avellana* (= nach Avella, einem Berg bei Neapel). Nicht als Baum anzusprechen, weil immer mehrstämmig. In ganz Europa an Waldrändern, in Hecken und an lichten Stellen anzutreffen. Optimum: feuchte, nährstoffreiche, eher basische Standorte. Die ♂ Kätzchen, schon während des Winters voll entwickelt, öffnen sich lange vor dem Blattaustrieb. Gleichzeitig erscheinen die unscheinbaren, knospenförmigen ♀♀, nur erkennbar durch die leuchtend roten Narbenäste. Morphologische Kennzeichen: große, rauhe, plötzlich zugespitzte Blätter und eine glänzend graubraune, sich schuppig ablösende Rinde. 6 m. III.

'Contorta', Korkenzieherhasel. Eigenwillige Form mit stark gedrehten Trieben.

◁ **Baumhasel** *Corylus colurna*. Zweifellos ein echter Baum, ohne jede Anklänge an einen Strauch. Von Anbeginn gerade, einstämmig und wüchsig (bis 1,3 m lange Triebe), entwickelt er im Freistand eine kegelförmige Krone mit waagerechter Beastung. Insgesamt ein wohlgefirmter, dicht beblätterter und vitaler Baum, der auch im Stadtklima gedeiht und deshalb als Straßenbaum sehr geschätzt wird. Die Borke ist eichenähnlich: rauh und rissig. Früchte mit tief geschlitzten Hüllblättern, stets zu mehreren. Heimat der Baumhasel: Kleinasien. 20 m. I.

Buchen-Gewächse (Fagaceae). Buchen, Eßkastanien und Eichen. Hohe Bäume mit Nußfrüchten, die teilweise oder völlig von einem becherartigen Gebilde umgeben sind. ♂ und ♀ Blüten am selben Baum. Blätter wechselständig.

SCHEINBUCHEN (Gattung *Nothofagus*) (= falsche Buche; richtiger wahrscheinlich *Notofagus* = südl. Buche). Etwa 40 Arten, teils in S-Amerika, teils in Australasien. Die meisten sind immergrün, 7 laubabwerfend, 6 davon aus Südamerika.

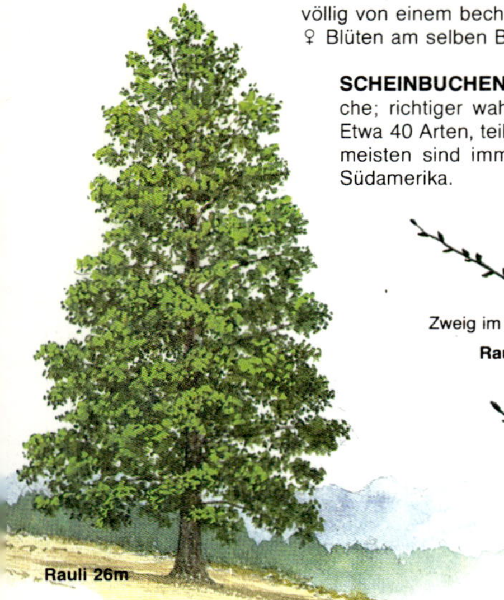

Rauli 26m

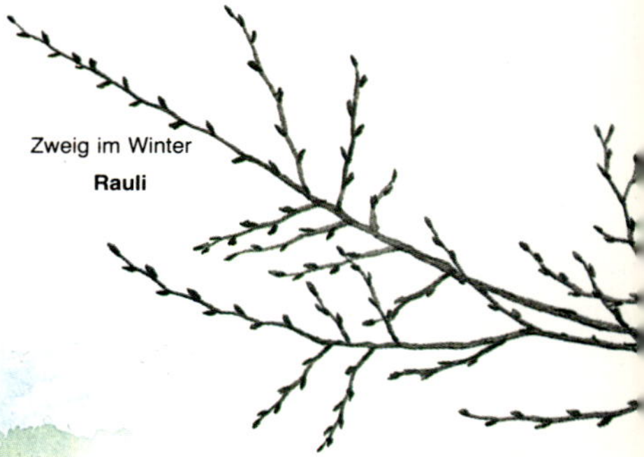

Zweig im Winter

Rauli

Rauli *Nothofagus procera.* Aus Chile. Eine auch für Europa vielversprechende, schnellwüchsige Art mit hübscher, herbstbunter Belaubung. Das erste Saatgut kam 1910 nach GB. Dort erreicht die Art in forstlichen Versuchsanbauten Jahrestriebe von 2 m Länge und beträchtliche Stammstärken. Die kräftigen Triebe sind warzig. Die Knospen öffnen sich früh im Jahr. 18 m. I. ▷

Frucht

Rinde bei ∅ 35 cm

Robelbuche, Zweig im Winter

Robelbuche *Nothofagus obliqua* (= schief: bezogen auf das Blatt). Diese Art ist bei uns häufiger vertreten als *N. procera.* Sie hat dünne Äste und ziemlich zerbrechliche, weidenähnlich herabhängende Zweige. Sie wächst fast genauso schnell, treibt später aus und fällt durch schöne, tief orangerötliche Herbstverfärbung auf. Die Zahl der Blattadern ist bei *Nothofagus* arttypisch: *obliqua* = 7–11 Paare, *procera* = 15–22, *antarctica* = 4. 12 m. II. ▷

Frucht

Rinde bei ∅ 35 cm

Frucht

Antarktische Scheinbuche *Nothofagus antarctica.* Diese 1830 nach Europa gelangte Art kommt von Chile bis zum Kap Horn vor. Sie ist weitgehend winterhart, verträgt aber keine Windexposition und wird zu einem zierlichen, kleinen, oft mehrstämmigen Baum. Die Rinde junger Bäume ist kirschbaumähnlich; später wird sie von einer stumpfgrauen, schuppigen Borke mit tiefen, orangefarbenen Rissen abgelöst. Die mit 4 Aderpaaren versehenen, stets gekräuselten Blätter sind anfangs glänzend hellgrün, dunkeln dann nach und werden im Herbst gelb bis braun. Hierzulande bleibt *N. antarctica* meist buschförmig.

Frucht

Chilenische Scheinbuche *Nothofagus dombeyi* (nach J. Dombey, einem franz. Botaniker, der in Chile arbeitete). Sie ist eine der immergrünen *Nothofagus*-Arten. In der Jugend empfindlich, wird sie später härter und wuchskräftiger. Bei uns ungeeignet, gedeiht sie aber in milden Lagen GB's und IR's. Die zunächst glatte, fast schwarze Rinde wird später schuppig, löst sich in dunkelbraunen Streifen ab und erhält dunkelrote Flecken.

Neuseeländische Silberbuche *Nothofagus menziesii* (nach A. Menzies, einem in Vancouver tätigen Botaniker). Ein aus Neuseeland stammender Baum mittlerer Größe, der in Mitteleuropa nicht winterhart ist, im S und W GB's aber vereinzelt vorkommt. Junge Bäume bilden in der Heimat eine silbrigweiße, in GB eine kirschbaumähnliche Rinde aus. Die Blätter junger Bäume sind von blaugrauer Farbe. Unter den Achseln der basalen Blattadern befinden sich kleine behaarte Vertiefungen.

Rote Scheinbuche *Nothofagus fusca* (= schwärzlichbraun). Ein immergrüner Baum aus Neuseeland, viel zu frostempfindlich, um in Mitteleuropa angebaut werden zu können. In GB kommen jedoch einige wüchsige Exemplare vor. Die sehr zarten, papierartigen Blätter werden vor dem Abfallen gelb, orange und rot.

Schwarze Scheinbuche *Nothofagus solandri* (Daniel Solander nahm an den Cook'schen Expeditionen teil). Der aus Neuseeland stammende Baum hat extrem kleine Blätter. Sie stehen an Kurztrieben. Diese wiederum sind an der Oberseite normaler Zweige aufgereiht. Ältere Bäume tragen ungemein viele kleine, rote männl. Blüten.

N. s. var. *cliffortioides* (G. Clifford begründete eine berühmte Sammlung in Holland). Diese Varietät hebt sich allein durch die eigenartig gebuckelten, kleinen Blätter von der Art ab.

Antarktische Sch. 12m
Chilenische Scheinbuche
20m
Neuseel. Silberbuche
bei ∅ 35cm
var. *cliffortioides*
bei ∅ 35cm
♀ 5–6
junge
Blätter
N.s. var.
cliffortioides
15m

BUCHEN (Gattung *Fagus*). Auf der Nordhalbkugel mit 10 Arten vertreten: 2 in Europa, 1 in N-Amerika und 7 in O-Asien. Ähnlichkeit in Statur, Beblätterung und Rinde. ♂ Blüten in lang gestielten, kugeligen Ständen. Früchte: 1–2 Nüsse in verholztem Becher.

Rotbuche *Fagus sylvatica* (= des Waldes). Der wichtigste Laubbaum Mitteleuropas. Eine Baumart mit atlantischen ◁ Klimaansprüchen, die auf kalkhaltigem und saurem Substrat gleichermaßen gut gedeiht. Rotbuchen entwickeln mächtige Kronen, die reichlich Schatten werfen. Die Art verträgt aber auch Schatten und ist deswegen in Mischbeständen von großer Konkurrenzkraft. Ihre fettreichen Samen, die ‚Bucheckern', sind zwar eßbar, werden aber in größeren Mengen unbekömmlich. Buchenholz ist hart und schwer – ein ideales Brennholz. Weil es stark quillt und schwindet, läßt es sich für Holzkonstruktionen kaum verwenden. Häufig wird Sperrholz daraus hergestellt. 40 m. III.

'Dawyck' 23m

'Pendula' 15m

Blutbuche 25m

Formen der Rotbuche:

'Dawyck-Buche' oder 'Fastigiata' ist eine bewährte, in GB selektierte, schmale Pyramidenform, die auch in mitteleuropäischen Parks häufig anzutreffen ist. Im Winter dadurch von der Pyramidenpappel zu unterscheiden, daß sich die äußeren Zweige bei älteren Exemplaren mitunter abwärts neigen. 25 m. I.

Trauerbuche 'Pendula'. In 1 oder 2 m gepfropft, bildet sie senkrechte Äste und herabhängende Zweige. Manchmal bewurzeln sich die Triebspitzen, wenn sie den Boden erreichen und bilden so neue, separate Bäume. Auf diese Weise entstehen kleine Gruppen. 28 m. II.

Blutbuche 'Purpurea'. Eine Sammelbezeichnung sowohl für gepfropfte Formen mit dunkelroten Blättern als auch für Sämlinge aller Rotschattierungen, die nach farbigem Austrieb allmählich wieder vergrünen. 30 m.

Schlitzblättrige Buche 'Asplenifolia', eine weit verbreitete Mutation, bei der zwischen den unterschiedlich tief geschlitzten auch normale, ganzrandige Blätter vorkommen. Im Winter an den sehr dicht stehenden Zweigen zu erkennen. 25 m. II.

Austrieb

Blutbuche

'Asplenifolia'

Orientbuche *Fagus orientalis*. Ein wüchsiger, weitgehend winterharter Baum aus Kleinasien und dem Kaukasus, der bei uns selten vorkommt. Die Blätter sind etwas größer und weitständiger als bei der Rotbuche, und sie haben meist >7 Aderpaare (Rotbuche: <7). Der Fruchtbecher ist mit blattartigen, und nicht mit stachligen Fortsätzen bedeckt. 20 m.

▷

Knospe

Fruchtbecher

Chinesische Buche *Fagus engleriana* (nach Adolf Engler, einem bedeutenden deutschen Botaniker). Ein eleganter, schmalkroniger, bei uns seltener Baum, manchmal mit doppeltem Stamm, dessen Blätter eine goldgelbe Herbstfärbung zeigen. 12 m. I.

▷

KASTANIEN (Gattung *Castanea*). Mit 10 Arten in den südl. Teilen der nördlichen temperierten Zonen verbreitet. 2 Sträucher und 8 hohe Bäume, alle mit ähnlichen Blättern.

Eßkastanie *Castanea sativa* (= angebaut). Heimisch in Südeuropa und Westasien, wurde sie wahrscheinlich von den Römern nach Mitteleuropa und GB gebracht. Dort ist sie weitgehend winterhart, wächst zu einem mächtigen Baum heran, fruktifiziert aber nur in milden Lagen reichlich. Rasche Entwicklung auf wohldrainierten, unverfestigten Böden. Die silbrige Rinde junger Bäume bildet anfangs streng vertikale Risse, die später zunehmend spiralig um den Stamm verlaufen. ♀ Blüten stehen am Grunde kleiner Kätzchen, abseits der größeren männlichen. Auch die kleinen Kätzchen sind ♂, sie blühen aber nur ausnahmsweise und dann um Wochen später. In warmen Sommern reifen die eßbaren Früchte auch hierzulande aus. Das ansehnliche Kernholz dient in Südeuropa zur Herstellung von Weinfässern. Bei uns beliebt als knorriger Parkbaum, im SW sogar Bestandteil von Laubwäldern. 25 m. III.

Zierformen der Eßkastanie:

'Laciniata' tritt zufällig auf und kann 15 m hoch werden. Einzelne Äste schlagen in die normale Blattform zurück und bilden danach erneut tief eingeschnittene und gelappte Blätter. II.

Panaschierte Eßkastanien 'Albomarginata' und 'Aureomarginata'. Diese Formen sind vermutlich unbeständig, denn ausgewachsene Bäume sind rar, junge hingegen häufig. II.

'Laciniata' **'Albomarginata'**

GOLDKASTANIEN (Gattung *Chrysolepis*). Eine kleine Gruppe von zwei Sträuchern und einem Baum aus dem W der USA. Sie stellen das Bindeglied zwischen Kastanien und Eichen dar.

15m Goldkastanie

Beblätterter Zweig mit Fruchtbecher

Goldkastanie *Chrysolepis chrysophylla* (= mit goldenen Blättern). Eine immergrüne Art mit harten, steifen Blättern und mit Trieben, die – wie die Blattunterseiten – mit winzigen goldgelben Schuppen bedeckt sind. Heimisch in den tieferen Gebirgslagen Oregons und Kaliforniens, ist die Goldkastanie in Mitteleuropa nicht winterhart. Selbst in GB wird sie öfter zu einem hohen Busch als zu einem wohlgeformten Baum mittlerer Größe, der erst spät im Sommer blüht. Die ♂ Blüten befinden sich sowohl an langen, herabhängenden als an kleinen, aufrechten Kätzchen nahe der Triebspitze. Letztere tragen an der Basis die ♀ Blüten und öffnen sich erst einige Wochen später, in manchen Jahren überhaupt nicht.

Unterseite

Rinde bei ∅ 25cm

EICHEN (Gattung *Quercus*). Mit wenigstens 500 Arten eine der umfangreichsten Baumgattungen der Nordhemisphäre. 125 Arten wachsen allein in Mexiko, 86 natürlich entstandene Bastarde in den USA. Etwa die Hälfte ist immergrün. Das sicherste Erkennungszeichen – die Eicheln – sind auch das zuverlässigste Verbreitungsmittel.

Stieleiche *Quercus robur* (= rauh, stark). Fast ganz Europa besiedelnd, ist die Stieleiche eine Holzart der grundwassernahen Standorte, deren Wurzelsystem auch verfestigte Böden durchdringt. Das Holz ist hart und dauerhaft. Die fast ungestielten, aber deutlich geöhrten Blätter sind oft von Gallen besetzt. Ernsthafte Schäden entstehen dadurch nicht. Ihr deutscher Name bezieht sich auf die lang gestielten ♀ Blüten und Früchte. Stieleichen können über 1000 Jahre alt werden. 42 m. III.

Pyramideneiche *Q. r.* var. 'Fastigiata'. Eine recht häufige, durch Pfropfung vermehrte Säulenform, die in S-Deutschland erstmals auftrat. Auch aus Eicheln nachgezogen, dann aber variabel in der Form. 26 m. I.

Traubeneiche *Quercus petraea* (= von den Steinen. Gemeint ist die Eiche auf dem Berg, im Gegensatz zu *Q. robur,* der ‚Taleiche'). Mit sitzenden (ungestielten) Früchten, jedoch mit deutlich gestielten, harmonisch geformten Blättern. Auch Beastung, Stamm- und Kronenform sind weniger rauh als bei *Q. robur.* Traubeneichen brauchen Wärme und gut durchlüftete Böden. Ihr Holz ist rel. mild und besonders wertvoll. Unter günstigen Bewirtschaftungs-, Standorts- und Klimabedingungen liefert es sehr teure Fournierware (Spessart-Eichen). 38 m. I.

Flaumeiche *Quercus pubescens* (= mit kurzen, weichen Haaren). Die ‚Weiße Eiche' Südfrankreichs, bei uns im Kaiserstuhl anzutreffen, auch in Südtirol. Heimat: Südeuropa und Kleinasien. Ein nicht sehr attraktiver, der Stieleiche ▷ ähnlicher, mittelgroßer, oft krummschaftiger Baum, angepaßt an warme, trockene Sommer. Kennzeichen: weiß und flaumig behaarte Blattunterseiten, Blattstiele und junge Triebe. Eicheln fast ungestielt. 15 m. III.

Zerreiche *Quercus cerris.* Ein raschwüchsiger, aus Südeuropa stammender Baum, der bei uns winterhart ist, aber weder als Park- noch als Forstbaum nennenswerte Bedeutung erlangte. Zerreichen bilden gerade, lange Schäfte aus, ▷ aber das Holz reißt und bricht leicht und ist daher ohne Wert. End- und Seitenknospen sind von langen, schmalen Schuppen umgeben, ein Merkmal, das sonst nur noch bei *Q. castaneifolia* auftritt. Nach Rückschnitt entwickeln sich besonders große, tief gebuchtete Blätter. 35 m. III. Für den Anbau in Städten geeignet, da unempfindlich gegen Standortsextreme und Luftverunreinigungen.

Kastanienblättrige Eiche *Quercus castaneifolia* (= Blätter wie die Eßkastanie). Diese aus dem Kaukasus ◁ stammende Eiche gehört in GB zu den schönsten und raschwüchsigsten Holzarten überhaupt. Bei uns wird sie kaum höher als 20 m. Kennzeichen: Auch die Seitenknospen werden von fädigen, fransenartigen Schuppen umgeben (ebenso *Q. cerris*). Die Blätter können bis 20 cm lang werden. Im Gegensatz zu *Q. acutissima* und *Q. libani* laufen die Adern nicht in grannenartige Fortsätze aus. 20 m. l.

Mirbecks Eiche *Quercus canariensis* (= von den Kanarischen Inseln, obwohl sie dort nicht heimisch ist). In Mitteleuropa zu empfindlich, in GB jedoch wüchsig und ansehnlich. Besonderheit: *Q. canariensis* ist semi-immergrün, d. h. etwa die Hälfte der Blätter wird im Herbst ◁ gelb und fällt ab. Der Rest behält die dunkelgrüne Farbe bei und bleibt während des Winters am Baum. Die Blätter sind hart und manchmal deutlich gewölbt, die jungen Triebe mit orangefarbenen Wollhaaren bedeckt, die aber bald abfallen. Heimat: S-Spanien und N-Afrika.

Lucombe-Eiche 25m

Turners Eiche 20m

Rinde bei ∅ 50cm

♂ 6

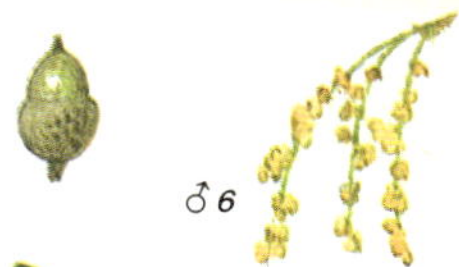

♂ 6

Turners Eiche *Quercus × turneri* (= angezogen von S. Turner, einem Baumschulisten aus Essex). Ein Bastard zwischen unserer Stieleiche und der mediterranen Steineiche, der schon vor 1780 entstand und nur durch Pfropfung vermehrt wird. Er ist annähernd immergrün, denn die Blätter werden erst einige Wochen vor dem neuen Austrieb abgeworfen. Von *Q. ilex* wurde die dichte, weiße Behaarung der Triebe und der 7 cm langen Blütenstandsachsen vererbt. Vor 60 Jahren werden offenbar keine Eicheln angesetzt. In Mitteleuropa ist die sehr ähnliche *Q. × turneri* 'Pseudoturneri' viel häufiger vertreten. Auch sie braucht aber in D Winterschutz. ▷

Lucombe-Eiche *Quercus × hispanica* 'Lucombeana'. Dort, wo sich die natürlichen Areale der Zerreiche und der Korkeiche überlappen, entstanden natürliche Bastarde zwischen diesen beiden Arten. Auch die Lucombe-Eiche entsprang dieser Artkombination. Aufgefunden wurde sie aber 1763 und 1830 in Lucombes Baumschule in Exeter. Es handelt sich um einen hohen, großblättrigen, immergrünen Parkbaum. Die Stärke und die Farbe der Borke variiert. Bei uns rel. winterhart, aber kaum zu finden. ▷

Pyrenäeneiche *Quercus pyrenaica*. Ein Baum aus Spanien und Marokko von mittlerer Größe mit offener Krone und lang herabhängenden jungen Trieben. Kennzeichen: die rauhe Rinde und die der Zerreiche ähnlichen, tief eingeschnittenen, langen, filzig grau behaarten Blätter. Von allen Eichen blüht sie am spätesten und am auffälligsten, denn die ♂ Kätzchen sind ungemein zahlreich, sehr lang und leuchtend gelb. 11 m. II.

Ungarische Eiche *Quercus frainetto* (ein Irrtum: ‚farnetto' heißt der korrekte ital. Name). Ein großartiger Baum: schnellwüchsig, ausgestattet mit einer domförmigen Krone und mit großen, stark eingeschnittenen Blättern. Am Rande der Krone heben sich die zackigen Blätter deutlich gegen den Himmel ab. Die hellgraue Rinde ist in kleine, glatte Felder aufgeteilt. Die ältesten Exemplare sind meist Pfropfungen auf *Q. robur*. 32 m. I. Vielleicht die schönste aller Eichen.

Persische Eiche *Quercus macranthera* (= mit langen Staubblättern). Eine Eiche des Kaukasus und Nordpersiens. Bei uns winterhart und ansehnlich, aber ziemlich selten. Ähnlich wie bei *Q. canariensis* sind die Blätter hart und oft gewölbt, aber sie behalten die weichen Haare auf der Unterseite, und sie werden im Herbst abgeworfen. Auch Triebe und Blattstiele sind dicht und dauerhaft behaart. Die dunkelgraue, manchmal rötliche Rinde löst sich in groben Schuppen ab. 25 m. I.

Kaisereiche *Quercus dentata* (= gezähnt: bezogen auf den Blattrand). Daheim in Japan ein unscheinbarer, eher buschiger, kleiner Baum. Bei uns gelegentlich zurückfrierend, aber bemerkenswert wegen seiner ungewöhnlich großen, bis 40 cm langen Blätter, von denen viele während des Winters braun am Baum bleiben. Die sehr kräftigen Triebe sind dicht mit zarten Haaren bedeckt, ebenso die Blattstiele. Rinde: dunkelgrau, dick, stark verkorkt und tief gefurcht. Fruchtbecher: ungestielt und mit fransenartigen Schuppen besetzt. 12 m. III. Nur wegen der großen Blätter interessant.

♂ 6
Ungarische Eiche
26m
Ungarische Eiche
18m
Pyrenäeneiche
Rinde bei ∅ 40cm
▷
♂ 6
Ungarische Eiche
♂ 6
Persische Eiche
Kaiser-eiche

20m
Zweifarbige Eiche

Zweifarbige Eiche *Quercus bicolor* (= zweifarbig: bezogen auf den Kontrast zwischen Blattober- und Blattunterseite). Eine der amerikanischen ‚Weißeichen', die sich insgesamt in Europa nicht recht bewährt haben, denn sie benötigen lange, gleichmäßig warme Sommer. Bei uns nur ◁ in Sammlungen anzutreffen. Dort ein Baum mittlerer Größe mit runder Krone. Gleich nach dem Austrieb sind die Blätter glänzend hellgrün auf der Ober- und samtartig weiß auf der Unterseite. Anders als in Amerika verliert sich in Europa die weiße Färbung der Unterseite während des Sommers. Herbstfärbung gelb bis orangefarben. 20 m. II.

◁ **Großfrüchtige Eiche** *Quercus macrocarpa* (= große Frucht). Auch diese Art gehört zu den Eichen des amerikanischen Nordostens. Sie kommt von den Südstaaten bis nach Quebec vor, wird aber in Mitteleuropa längst nicht so groß wie daheim. Die gut 3 cm langen Eicheln werden zur Hälfte vom Fruchtbecher umgeben, der am Rand von einem Saum langer, fransenartiger Schuppen besetzt ist. Diese Eigenart gibt dem Baum in GB den Namen ‚bur oak' = Kletten-Eiche. 20 m. II.

Wassereiche *Quercus nigra* (= schwarz: vermutlich auf die Borke bezogen, die aber am nat. Standort eher grau ist). Eng mit der Weideneiche verwandt, ist *Q. nigra* in ihrer Heimat, dem SO der USA, eine schnellwüchsige Art, die gern als Straßenbaum verwendet wird. Bei uns nicht ganz winterhart und deshalb selten. Die Blätter sind im obersten Drittel am breitesten, sonst aber in Form und Lappung sehr variabel. Etwa bis zum Jahresende bleiben sie grün am Baum. 15 m. III.

Black-Jack-Eiche *Quercus marilandica*. Ein zwar winterharter, aber recht langsam wachsender, kleiner Baum mit ansehnlicher, charakteristischer Belaubung. Heimat: östl. USA von New York bis Texas, wo er auf großer Fläche in Strauchform trockene, flachgründige, felsige Standorte besiedelt. Die bis 17 cm langen und genauso breiten, oberseits glänzend hellgrünen Blätter sind unterseits rostrot behaart. Auch die olivgrünen Triebe sind mit krausen, hellbraunen Haaren besetzt. Die fast runden Eicheln stehen einzeln oder zu zweit an kräftigen, 5 mm langen Stielen. 10 m. II.

Weißeiche *Quercus alba* (= weiß: bezogen auf die Borke alter Bäume). Sie kommt als wichtiger Waldbaum von S-Kanada bis zum Golf von Mexiko natürlich vor und besiedelt somit ein Gebiet mit wärmeren Sommern als in GB und Mitteleuropa. Bei uns winterhart, aber rar. Die Blätter an der Peripherie der Krone sind gleichmäßig und tief gezähnt, die im Kroneninnern laufen keilförmig nach unten aus und ähneln denen unserer Stieleiche. *Q. alba* hat mit ihrer leuchtend orange- bis tiefroten Herbstverfärbung einen wesentlichen Anteil am ‚Indian Summer'. 16 m. II.

Rinde bei Ø 40cm

◁ **Roteiche** *Quercus rubra* (= rot: bezogen auf die Herbstverfärbung). Dieses ist wohl die beliebteste, häufigste, wüchsigste und gewiß auch die anspruchsloseste der amerikanischen Eichen in Mitteleuropa und GB. Auch forstlich ist sie von großem Interesse. Die Eicheln dieser Roteichen-Gruppe bleiben im 1. Jahr sehr klein und reifen erst im 2. Jahr. Die tief eingeschnittenen, im Extrem 30 cm langen Blätter haben sehr spitze, mitunter grannenartig auslaufende Zähne. Bei jungen Bäumen ist die Lappung weniger intensiv. Stets ist die Blattunterseite mattgrün. Alte Bäume verfärben sich im Herbst gelb, orange und braun, bei jüngeren dominiert das Rot. 32 m. II.

◁ **Scharlacheiche** *Quercus coccinea.* Weniger häufig als *Q. rubra,* ist die Art wegen der exotischen Blattform und der prächtigen Herbstfärbung doch in manchen unserer Parks und Gärten zu finden. Die Blätter sind kleiner, aber tiefer und regelmäßiger gelappt als bei der Roteiche. Sie glänzen auf der Ober- und Unterseite. Die scharlachrote **Herbstfärbung** kann astweise einsetzen. Die Scharlacheichenkrone ist offen und wenig harmonisch. Heimat: O der USA, von Maine bis Georgia. Sie bevorzugt feuchte Standorte. 20 m. I.

◁ **Sumpfeiche** *Quercus palustris.* Wiederum eine Roteiche des nordamerikanischen Ostens mit wunderschöner Herbstfärbung und tief eingeschnittenen Blättern. Sie benötigt feuchte Standorte. Junge Bäume haben lange, astfreie Schäfte, die allerdings mantelartig von Wasserreisern umgeben werden. Auf der Blattunterseite stehen in den Winkeln der Blattadern hellbraune Haarbüschel. 20 m. I.

Roteiche
bei ∅ 40cm

Scharlacheiche
bei ∅ 40cm

Sumpfeiche
bei ∅ 40cm

Färber-Eiche
bei ∅ 40cm

◁ **Färber-Eiche** *Quercus velutina* (= samtartig: bezogen auf die jungen Triebe). Viel seltener als die 3 zuvor genannten Roteichen. Kennzeichnend sind die orangefarbenen Risse in der dunkelgrauen, etwas zerklüfteten Rinde sowie die samtartig behaarten Triebe, Blattstiele und jungen Blätter. Das ausgewachsene Blatt ist bis 25 cm lang, derb, etwas gekräuselt oder aufgewölbt und oft mißgestaltet, weil sich die Mittelrippe teilt und so anstelle der Spitzenzähnung 2 Seitenlappen entstehen. Raschwüchsig und breitkronig. 20 m. II.

Herbst,
Blatt mit
geteilter Mittelrippe

30m
Roteiche, Herbst
22m
Scharlacheiche
Scharlacheiche
Herbst
Sumpfeiche 22m
Eichel
♂ 6
Roteiche
♂ 6
Scharlacheiche
♂ 6
Sumpfeiche
♂ 6–7
Färber-Eiche

Rinde bei Ø 40cm

Steineiche *Quercus ilex*. Eine immergrüne Eiche des westl. Mittelmeerraumes. In Deutschland nicht winterhart, wohl aber in GB, wo man sie u. a. aufgrund ihrer reich verzweigten, buschigen Krone zum Windschutz anpflanzt. Steineichenblätter sind dornig gezähnt, bei alten Bäumen aber auch ganzrandig. Immer aber sind sie Ilex-artig und derb. Junge Triebe, Blattstiele und Blattunterseiten tragen einen dichten Haarfilz. Die fast schwarze Rinde reißt in viele kleine, viereckige Platten auf. Im Frühsommer bieten die schlanken, goldgelben ♂ Blütenkätzchen zwischen den eben entfalteten silbrig behaarten Blättern einen hübschen Anblick, der für kurze Zeit den etwas eintönigen Charakter der Art vergessen läßt. Anfangs eher ein Strauch, entwikkelt sich *Q. ilex* später zu einem durchaus stattlichen Baum.

Kalifornische Steineiche *Quercus agrifolia* (wörtlich = ‚feldblättrig‘. Gemeint ist vermutlich ‚aquifolia‘ = wie Ilex). Eine ebenfalls immergrüne, *Q. ilex* ähnliche Art, die aus sommertrockenen Gebieten Kaliforniens stammt und für Mitteleuropa viel zu frostempfindlich ist. Auch in GB und IR selten, dennoch in warmen Lagen wüchsig. Die glatte, schwarz-braun gestreifte Rinde sowie die mit Ausnahme der Aderwinkel unbehaarte Blattunterseite sind die wichtigsten Unterschiede zu *Q. ilex*.

Korkeiche *Quercus suber* (= Kork). Ein nicht eben attraktiver mediterraner Baum, der zwar im SW GB's, nicht aber in Mitteleuropa winterhart ist. Von schlechter Form, langsamem Wuchs und nichtssagender Belaubung, ist allein die Rinde von Interesse. Sie liefert Kork. In Spanien, Portugal und Nordafrika wird alle 8–10 Jahre eine mehrere cm starke Korkschicht abgelöst, die bei pfleglicher Entnahme wieder nachwächst. Entkorkte Stämme färben sich dunkelrot.

Chinesische Korkeiche *Quercus variabilis* (= wechselnd: wahrscheinlich auf die Blattgröße bezogen). Der wichtigste Korklieferant Ostasiens. Vielleicht weniger leistungsfähig als *Q. suber,* dafür aber viel ansehnlicher, schon wegen der großen, unterseits silbrigweißen Blätter. Die Art wächst langsam, aber die Rinde wird schon frühzeitig rauh und rötlichbraun, und sie bekommt tiefe, wellige Risse. Typisch: die Eichel ist fast gänzlich von einem mit langen, krausen Schuppen besetzten Fruchtbecher umschlossen. ▷

Pontische Eiche *Quercus pontica* (= zur Steppe gehörend). Ein aus Armenien und dem Kaukasus stammender kleiner, oft buschiger Baum, der wegen seiner Belaubung Aufmerksamkeit verdient. Im Winter wirkt er ärmlich, im Sommer ansehnlich und im Herbst prächtig. Die kräftigen, unbehaarten Triebe tragen eine stattliche Endknospe, deren Schuppen am Rand von braunen Haaren eingefaßt sind. Blätter: bis 18 cm lang, rel. dick, hakenförmig gezähnt und unterseits blaßgrün. ♂ Kätzchen stehen zu 1–3 und werden bis 20 cm lang. Die ♀♀ befinden sich zu 4–5 an einem 3 cm langen Stiel. Sie wachsen zu stattlichen (3–4 cm), sich beiderseits verjüngenden, tief mahagonifarbenen Eicheln heran. 8 m. I. ▷

◁ **Weideneiche** *Quercus phellos* (griech.: Kork). Ein Baum der östl. USA, angepaßt an lange, heiße Sommer und nirgends in die Region kalter Winter hineinreichend. Dennoch bei uns winterhart, aber nur selten anzutreffen. Charakteristisch ist die sehr dichte, schon in der Jugend intensiv verzweigte Krone. Die ♀ Blüten stehen in Achseln der inneren Blätter junger Triebe. Die Eicheln bleiben im 1. Jahr winzig klein und werden erst im 2. Sommer reif. 25 m. II.

◁ **Schindeleiche** *Quercus imbricaria* (= überlappend: bezogen auf die Verwendung des Holzes für Schindeln). Wiederum ein aus dem O Nordamerikas stammender, in Mitteleuropa seltener, aber winterharter Baum. Die gegenüber *Q. phellos* bis dreimal so großen, oberseits glänzenden Blätter haben 1,5 cm lange Stiele und sind unterseits weich behaart. Sie entfalten sich rel. spät, sind zu dieser Zeit zartgelb und nehmen erst im Hochsommer die normale Farbe an. 20 m. I.

◁ **Spitzblättrige Eiche** *Quercus acuta* (mit plötzlich zugespitzten Blattenden). Ein seltener, wegen ähnlicher Blätter und strauchigem Wuchs leicht als Rhododendron anzusehender kleiner Baum. Bei uns nicht winterhart. Die glatte, allenfalls runzelige, dunkelgraue Rinde ist hell gefleckt. Die jungen, orangefarben behaarten Triebe verkahlen später wieder. ♀ Blüten stehen in aufrechten, 5 cm langen Ähren. Sie entwickeln sich zu rel. großen, orangebraunen Eicheln. Blätter: ganzrandig, manchmal im obersten Drittel mit kleinen, scharfen, entfernt stehenden Zähnen.

◁ **Bambusblättrige Eiche** *Quercus myrsinifolia* (Blätter myrthenähnlich). Ein kleiner, immergrüner, in Ostasien beheimateter Baum, der bei uns erfriert und selbst in GB selten ist. Wegen seiner schlanken, aufstrebenden Äste und der sehr ansehnlichen, nach unten weisenden Blätter mit bläulicher Unterseite gehört er zu den dekorativsten immergrünen Eichen. ♀ Blüten und Eicheln sitzen an einer dünnen, aufrechten Ähre.

Rinde bei ∅ 30cm

1jährige Eichel

Japanische Kastanieneiche *Quercus acutissima* (= sehr scharf zugespitzt: bezogen auf Blätter und Blattzähnung). Diese sommergrüne Eiche besiedelt ein riesiges Areal vom Himalaya bis nach Japan und Korea. Sie besitzt eine grob gefurchte, dunkelgraue Rinde, horizontal abstehende Äste, anfangs behaarte, später kahle, blaßgrüne Triebe und lang zugespitzte, hellgrüne Knospen. Die 20 cm langen Blätter sind unterseits in den Winkeln der Blattadern behaart, und die Eicheln werden fast völlig von den langen, gedrehten Schuppen des Fruchtbechers verdeckt. 12 m. l.

Libanon-Eiche *Quercus libani*. In Syrien und Kleinasien verbreitet, ist dieser hübsche, sommergrüne Baum auch in Mitteleuropa winterhart. Er entwickelt einen geraden Stamm und eine offene Krone. Die dunkelgraue, etwas korkige Rinde fällt durch orangefarbene Risse auf. Die Eicheln stehen an kurzen, kräftigen Stielen und entwickeln sich in unserem Klima nicht alljährlich. *Q. libani* neigt zur Bastardierung mit *Q. cerris*. Von der recht ähnlichen Jap. Kastanieneiche unterscheidet sie sich durch olivbraune Triebe, orangebraune Knospen und kürzere, aber immer noch dornige Blattzähnung. 10 m. l.

Ulmen-Gewächse (Ulmaceae). Eine Familie mit 18 Baumarten, entweder nördl. des Himalaya oder östl. der Rocky Mountains. Meistens erscheinen die Blüten vor den Blättern, wodurch die Krone eine rötliche Farbe annimmt. Einige Arten blühen auch im Herbst. Charakteristisch: die Ungleichheit der Blattbasis. Angezogen aus Samen, Stecklingen und Wurzelbrut.

Bl. *3*

5

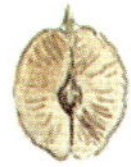

Frucht *7*

◁ **Bergulme** *Ulmus glabra* (= glatt: bezogen auf die Rinde junger Bäume, die bei anderen Ulmenarten schon früh aufreißt). Von Natur aus in GB, Nord- und Mitteleuropa sowie W-Asien vertreten. Ein stattlicher, aber anspruchsvoller Baum der Bergschluchtwälder, auch als Park- und Straßenbaum bewährt. Die großen Blätter und die kräftigen, rotbraunen Triebe sind auffallend rauh behaart. Der Samen liegt im Zentrum des Flugapparates. Das kräftig gefärbte, ringporige Holz erzielt hohe Preise. *U. glabra* ist hoch anfällig gegen das Ulmensterben. 38 m. III.

Lauben-Ulme *U. g.* f. 'Camperdown'. Als Sämling bei einem engl. Schloß dieses Namens aufgefunden. Seitdem hochstämmig auf *U. glabra* veredelt. Heute eine weitverbreitete Hängeform mit halbkugeliger Krone, bis zum Boden reichenden Ästen und 20 cm langen Blättern.

U. g. f. 'Lutescens'. Mit gelben Blättern und breiter, buschiger Krone. Weniger häufig.

U. g. f. 'Horizontalis'. Hoher Baum mit geraden, nur an der Spitze überhängenden Ästen.

'Camperdown'

'Lutescens'

'Horizontalis'

Bergulme **'Camperdown'**

Das **Ulmensterben,** eine durch den Pilz *Ceratocystis ulmi* ausgelöste Krankheit, wird durch Ulmensplintkäfer verbreitet, wenn sie – aus einem befallenen Baum kommend – eine gesunde Ulme zum Reifefraß anfliegen. Von 1920–1945 in Europa verbreitet, aber seit 1960 durch eine wesentlich virulentere, aus Amerika stammende Form ersetzt, die erhebliche Verluste hervorruft.

Bergu. bei ∅ 30cm

Engl. U. bei ∅ 30cm

27m
Engl. Ulme

Bl. *2–3*

Früchte *5*

'Louis van Houte'

Englische Ulme *Ulmus procera* (= stattlich). In Widerspruch zum deutschen Namen wohl nicht in England heimisch, sondern in der Frühzeit aus S-Europa eingeführt. Grund: ihre Eignung für Grenzmarkierungen durch Absenker und die Nutzung der Blätter als Viehfutter. Nur selten kommt es zur Ausbildung keimfähiger Samen, so daß die prächtigen Bäume in den weiten Tälern GB's auf wenige Eltern zurückgehen. Die Folge: geringe morphologische Variation und schwache Abwehrkraft gegen das Ulmensterben. Von anderen Ulmenarten hebt sie sich durch die rauhe Blattoberfläche (Ausnahme: *U. glabra*) und durch die unverkennbare, kegelförmige Krone ab. 30 m. II. ▷

Früchte *5*

Amerikanische Ulme *Ulmus americana.* Eng mit der Flatterulme verwandt. Ihr natürliches Areal liegt im O Nordamerikas. Heute ist sie als Park- und Straßenbaum über den ganzen Kontinent verbreitet, in Europa aber nur spärlich vertreten. Die breit gefächerte Krone setzt schon in 3 m Höhe an und bildet kräftige, bogenförmige Äste, deren Zweige etwas überhängen. Die Blätter sind oberseits rauh, aber glänzend. Hochempfindlich gegen das Ulmensterben. 25 m. III. ▷

Bl. *4*

Flatterulme *Ulmus laevis.* In Mittel- und Südeuropa sowie Teilen Kleinasiens beheimatet, ist *U. laevis* bei uns ein wüchsiger und ansehnlicher, aber nicht sehr häufiger Baum des Auwaldes. Etwas wärmebedürftiger und anspruchsloser als die anderen europ. Ulmen, wird er gern als Straßenbaum kultiviert. Kennzeichen: Blüten und Früchte lang gestielt, Flügelränder mit Haaren besetzt. Stark durch das Ulmensterben gefährdet. 30 m. II. ▷

Bl. *3*

Früchte *6*

Feldulme 30m

Rinde bei ∅ 40cm

Feldulme *Ulmus carpinifolia* (= hainbuchenähnliche Blätter). Die häufigste europäische Ulme: ein sehr anspruchsvoller, kräftiger Baum des Flachlandes, speziell der Flußtäler, mit wertvollem Holz, das einen sattbraunen Farbkern ausbildet. Kennzeichen: Korkleisten an Zweigen und dünnen Ästen, brettartige Wurzelanläufe sowie reichlich Stockausschläge und Wurzelbrut. Die rel. kleinen, ledrigen, oberseits glatten Blätter sind in den Blattaderwinkeln der Unterseite behaart. Früchte liegen nicht im Mittelpunkt der Flügel. Hoch anfällig gegen das Ulmensterben. 32 m. l.

◁ Jersey-Ulme *U. c.* f. 'Sarniensis' (aus Guernsey, einstmals Sarnia genannt). Eine von den Kanalinseln stammende Form der Feldulme mit schöner, kegelförmiger Krone und frei von starken Ästen. Deswegen ein allerorts beliebter Allee- und Parkbaum. 36 m. l.

◁ Cornwall-Ulme *U. c.* var. *cornubiensis*. Ein in SW-England in Kultur genommener, bei uns rel. seltener Parkbaum.

Bl. *4*

Früchte *6*

Holländische Ulme *Ulmus × hollandica.* Hervorgegangen aus einem der Hybriden zwischen Berg- und Feldulme. Ein ▷ sehr wuchskräftiger Baum mit etwas krummem Stamm, offener, ziemlich flacher Krone und kräftigen, steil aufwärts gerichteten Ästen. Bildet gern Ausläufer. Diese können Trieblängen von 2 m erreichen. Rinde mit glatten, kleinen Schuppen. Hochanfällig gegen das Ulmensterben. 32 m. III.

Huntington-Ulme *U. × h.* 'Vegata' (= kräftig). Ebenfalls ein Bastard zwischen Berg- und Feldulme, 1760 in Huntington entstanden. Die Äste gehen strahlenförmig vom ▷ Stamm ab und bilden eine schöne, domförmige Krone. Blüten und Früchte fallen durch besondere Größe auf. 32 m. I.

Früchte *6*

Chinesische Ulme *Ulmus parvifolia* (= kleinblättrig). Ein seltener, mittelgroßer Baum, der erst im Oktober blüht und die grünen Blätter bis zum Jahresende hält. Die Rindenfarbe ▷ wechselt von braun zu blauweiß, wobei aber die Schuppen stets orangefarben bleiben. Heute ein gesuchter Baum, weil ansehnlich und resistent gegen das Ulmensterben. 15 m. I.

Sibirische Ulme *Ulmus pumila* (= zwergig). Ansehnlich und vorzüglich angepaßt an heiße Sommer und extrem kalte Winter. In Europa viel seltener als in Amerika, wo sie ▷ von Kanada bis Neumexiko gern als Schattenspender angebaut wird. Schnellwüchsig und mit breiter, offener Krone, mit erst grauer, dann brauner Rinde. Von *U. parvifolia* unterschieden durch größere, weniger regelmäßig gezähnte, nahezu symmetrische Blätter und durch die Blütezeit. 20 m. III.

ZELKOVEN (Gattung *Zelkova*). Fünf mit den Ulmen verwandte Arten, die entweder auf Zypern, im Kaukasus oder in China und Japan daheim sind: eine davon groß, eine mittelgroß, die anderen klein. 2 Arten sind zu selten, um hier erwähnt zu werden. Auch Zelkoven sind anfällig gegen das Ulmensterben, werden aber kaum vom Ulmensplintkäfer beflogen. Angezogen aus Samen und Wurzelbrut.

Frucht

◁ **Kaukasus-Zelkove** *Zelkova carpinifolia* (= hainbuchenähnliche Blätter). Der ansehnliche, bei uns ganz winterharte Baum ist in Mitteleuropa wie in GB eine Seltenheit. Auffällig ist die ungewöhnlich dichte, wohl aus 100 senkrechten Ästen zusammengesetzte, eiförmige Krone. Er bildet reichlich Wurzelbrut und ist als Heckenpflanze geeignet. Junge Bäume sind schlank und wachsen langsam. Rel. spät kommt es zur Entwicklung eines kräftigen Stammes. Herbstfärbung gelb, orange und rotbraun. Ein schöner Baum für städtische Parks. 23 m. I.

◁ *Z. c.* 'Verschaffeltii'. Eine nach A. Verschaffelt, einem belgischen Baumschulisten, benannte Zierform unsicheren Ursprungs. Recht selten, langsam wachsend, flachkronig, manchmal eher buschig. Wenn überhaupt fruktifizierend, dann mit 5 mm großen, kugeligen Früchten, die durch tiefe Einschnitte in 2 Hälften geteilt sind. Winterhart. 8 m. III.

Japanische Zelkove oder Keakibaum *Zelkova serrata* (= gezähnt: bezogen auf den Blattrand). Diese recht seltene Art ist nach guten Erfahrungen in den USA nun auch in Europa als Baum für städtische Parks in Mode. Die deutlich gestielten, an den Trieben aufgereihten Blätter hängen zierlich herab und nehmen im Herbst eine gelbe oder rötliche Farbe an. Ältere Zweige tragen kurz gestielte Blätter – ähnlich wie *Z. carpinifolia* – mit allmählich auslaufender Spitze. Nur durch Samen zu vermehren. 20 m. I.

Chinesische Zelkove *Zelkova sinica.* Ein recht ansehnlicher, winterharter, kleiner Baum, der aber nur in Sammlungen vorkommt und durch das nicht gezähnte untere Blattdrittel zu erkennen ist. Oft färben sich die Blätter an den Adern und auf der gesamten Unterseite karmesinrot. Die nur 2 mm großen, dunkelgrünen Früchte entspringen den Blattbasen. 12 m. I.

ZÜRGELBÄUME (Gattung *Celtis*). Etwa 70 mit den Ulmen verwandte Arten von den Tropen nordwärts verbreitet. Typisch sind die an der Basis dreiadrigen Blätter und die fleischigen, wie Beeren aussehenden Steinfrüchte.

Nordamerikanischer Zürgelbaum *Celtis occidentalis.* Das nat. Areal dieser Art reicht von SO-Kanada bis NW-Texas. Schon 1636 nach GB eingeführt, aber dort wie in Mitteleuropa trotz Frosthärte kaum angebaut. Wenig ansprechend ist die mit Knollen und geflügelten Leisten besetzte Rinde. Die derben, unregelmäßig gezähnten Blätter sind nahe der Basis, manchmal auch entlang einer Seite, ganzrandig. 15 m. III.

Südlicher Zürgelbaum *Celtis australis.* Heimat: SW-Asien bis S-Frankreich, wo seine mächtigen, silbergrauen, buchenähnlichen Stämme die städtischen Parks und Alleen kennzeichnen. Nördlich der Alpen ist *C. australis* zu frostempfindlich. In GB wird er nur zu einem hohen Busch. Die lang ausgezogenen, leicht gedrehten Blattspitzen und die glatte Rinde unterscheiden diese Art von *C. occidentalis.* Weitere Merkmale sind die durchsichtige, offene Krone und die rauhe Behaarung der Blattoberfläche.

Maulbeer-Gewächse (Moraceae). Eine etwa 1000 Arten umfassende, meist tropische Familie. Von den 12 Arten der Gattung *Morus*, den eigentlichen Maulbeerbäumen, gedeihen in Mitteleuropa nur zwei. ♀ und ♂ Blütenkätzchen stehen getrennt am selben Baum. Die Blätter sind breit, gegenständig und manchmal unregelmäßig eingeschnitten.

Schwarzer Maulbeerbaum *Morus nigra* (= schwarz: bezogen auf die reife Frucht). Wahrscheinlich im Gebiet des Schwarzen Meeres zu Hause, wird diese Art von alters her auch außerhalb ihres Areals kultiviert. In Mitteleuropa ist sie an milde Lagen gebunden. Sämlinge entwickeln sich sehr langsam, deswegen erfolgt die Anzucht oft durch die winterliche Bewurzelung rel. großer Zweigstecklinge. Diese treiben sehr intensiv aus und erscheinen viel älter als sie sind. Das Alter ausgewachsener Maulbeerbäume wird meist erheblich überschätzt. Die blaßgelbe Herbstverfärbung setzt rel. spät ein. 13 m. I.

Weißer Maulbeerbaum *Morus alba* (= weiß: bezogen auf die blaß rosafarbene reife Frucht). Das ist der klassische Futterbaum für Seidenspinner-Raupen. Er stammt aus China und ist seit ca. 400 Jahren auch in Europa zu finden. Etwas frosthärter als *M. nigra*, gedeiht er sogar im kontinentalen Mitteldeutschland. Alt wird er nicht, weil Fäule schon früh zu Astabbrüchen führt. Von *M. nigra* durch sehr weiche, in der Form variierende Blätter mit glänzender Oberseite unterschieden. Vermehrung wie beim Schwarzen Maulbeerbaum. 15 m. II.

Osagedorn *Maclura pomifera* (= Äpfel tragend: bezogen auf die große, runde Frucht). Ein wärmeliebender, in Mitteleuropa frostempfindlicher, kleiner Baum aus dem SO der USA. Als Sämling und Steckling vermehrbar. Stets müssen Bäume verschiedenen Geschlechts nebeneinander wachsen, damit es zur Bildung der rel. großen, orangenartigen, aber nicht eßbaren Sammelfrucht kommt. Im Winter leicht an dem zickzack-artigen Verlauf der Triebe und an je einem Dorn pro Triebwinkel zu erkennen. Die unscheinbaren weibl. Blüten stehen zu 30 an gestielten Köpfchen.

Feige *Ficus carica* (evtl. nach Caria in Kleinasien benannt, wo es im Altertum eine umfangreiche Feigenkultur gab). Diese gegen Frühfröste und Winterkälte empfindliche Charakterart des Mittelmeerraumes stammt aus dem subtropischen Westasien und wächst eher strauch- als baumförmig. Sie ist in GB und in warmen Regionen Mitteleuropas ungefährdet. Aber auch dort bildet sie nur selten Früchte aus. Angebaut werden allein die ♀ Bäume. Die Blüten sitzen im Inneren eines krugförmigen Gebildes, das sich nach der Bestäubung zu einem fleischigen Fruchtstand, der Feige, entwickelt. Die kräftigen Triebe sind gerippt und segmentiert. *F. carica* wird aus Samen und durch Pfropfung vermehrt.

Maulbeeren, Osagedorn
Feige

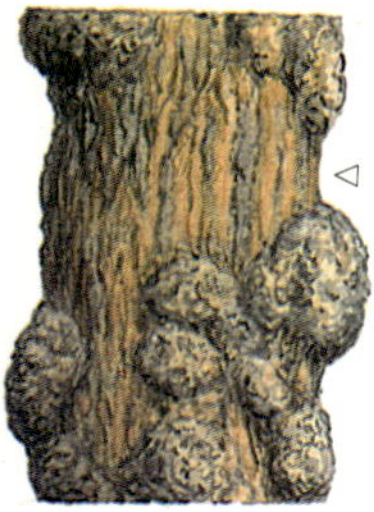

Rinde bei ∅ 30cm

Frucht

10m Schwarzer Maulbeerbaum

Rinde bei ∅ 30cm

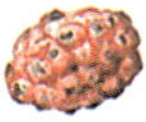

Frucht

Weißer Maulbeerbaum

Rinde bei ∅ 30cm

15m Osagedorn

Sammelfrucht

Rinde bei ∅ 15cm

Fruchtstand

Feige

Magnolien-Gewächse (Magnoliaceae) (nach Pierre Magnol, einem franz. Botaniker). Mit etwa 220 Baum- und Straucharten in N- und S-Amerika sowie in SO-Asien vertreten. Die Blüten sind groß und gelten als primitiv. Vermehrt durch Samen, Ableger und Pfropfung. Die Gattung *Magnolia* hat 35 Arten.

Bl. *7–10*

Fruchtstand

△

Unterseite

◁ **Immergrüne Magnolie** *Magnolia grandiflora* (= großblütig). Eine in GB und IR populäre Art, von der besonders die Formen 'Exmouth' und 'Goliath' kultiviert werden. Vegetativ vermehrte Bäume blühen bald nach dem Pflanzen, Sämlinge erst nach 25 Jahren. 'Exmouth' hat kleinere Blätter als die Wildform, 'Goliath' etwas breitere und stärker abgerundete. Beide Formen weisen nicht die arttypische rostbraune Behaarung der Blattunterseite auf. Die süßlich duftenden Blüten erscheinen vom Juli bis zum Spätherbst. Heimat: SO der USA. Für Mitteleuropa zu frostempfindlich.

◁ **Dalavay-Magnolie** *Magnolia dalavayi* (entdeckt von Pierre Dalavay, einem französischen, in China lebenden Jesuitenpater und Botaniker). Eine aus SW-China stammende, in Mitteleuropa erfrierende Art. Auch sie gedeiht gut in wärmeren Regionen GB's und IR's, wird dort zu einem breiten, mittelhohen Baum mit starken, tief ansetzenden Ästen und dicker, korkiger, gelblichweißer Schuppenborke. Die jungen Blätter sind leicht kupferbraun getönt. Die dichte, graue Behaarung an den Blattstielen löst sich in Streifen ab. Gut auf Kalkböden.

▽

Unterseite

Bl. *6–9*

Rinde bei Ø 30cm

Japanische Großblatt-Magnolie *Magnolia hypoleuca* (= unterseits weiß: bezogen auf die Blätter). Fast nur in Sammlungen zu finden, aber weitgehend winterhart bei uns. Schnellwüchsig in der Jugend, neigt sie später zu Verletzungen und Stammbrüchen. Gelegentlich entsteht aus den Trieben eines umgestürzten Stammes eine Gruppe neuer Bäume. Die Rinde ist glatt und hellgrau, die Zweige stehen in Quirlen, gleiches gilt für die meist endständigen Blätter. Der frische, fruchtige Geruch der Blüten ist noch in 20 m Entfernung wahrnehmbar. 18 m. I.

Jap. Großblatt-Magn.

Großblatt-Magnolie *Magnolia macrophylla* (griech.: großblättrig). Ein kleiner, spärlicher Baum aus dem SO der USA, der hierzulande winterhart ist und durch seine 60–70 cm langen, am Grunde geöhrten, unterseits silbrig behaarten Blätter auffällt. Kein anderer Baum unseres Klimas hat größere ungeteilte Blattorgane. Äste und junge Triebe sind blaugrau bereift, die Rinde hat dunkelgraue Schuppen, und die kräftigen, 5–12 cm langen Blattstiele werden von zarten, hellgrauen Haaren bedeckt. In ihrer Heimat erreichen die Blüten 30 cm Durchmesser, hier nur die Hälfte. Die 6 Blütenblätter sind fleischig und dick. 13 m. I.

Gurken-Magnolie *Magnolia acuminata* (= spitz zulaufend: bezogen auf die Blätter). Beheimatet im O Nordamerikas von Florida bis S-Kanada. Der deutsche Name bezieht sich auf Form und Farbe der Frucht im unreifen Zustand. Er ist aber wenig glücklich gewählt, denn die reifen Früchte werden eiförmig und färben sich rosa. *M. acuminata* ist bei uns eine der höchsten Magnolien. Auch die Rinde ist ungewöhnlich: dunkelbraun, mit schmalen rötlichen Leisten und tiefen Rissen. Wie andere amerikanische Magnolien blüht sie erst nach der Blattentfaltung. Die Blüten sind grünlich und denkbar unauffällig. Die Krone bleibt selbst im Alter harmonisch und kegelförmig. 25 m. II.

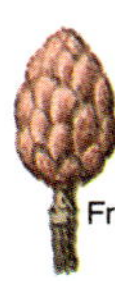

Tulpen-Magnolie *Magnolia × soulangiana* (um 1820 nahe Paris von M. Soulange-Bodin angezogen). Vermutlich ein Artbastard zwischen *M. denudata* und *M. liliiflora.* Obwohl eher ein breiter, aufrechter Busch als ein Baum, hat sich die Art in vielen Gärten und Anlagen durchgesetzt. Sie blüht, wie alle asiatischen Magnolien, vor der Blattentfaltung. Im August kommt es oft zu einer zweiten, allerdings schwachen Blüte.

'Lennei' ist die wohl beliebteste und auffallendste von den Sämlingsformen der Tulpen-Magnolie. Sie hat größere, dunklere, intensiv geaderte Blätter und blüht später. Sowohl die Blühdauer der Einzelblüte wie die Blühperiode des Baumes sind bemerkenswert lang, so daß den ganzen Sommer über immer einige Blüten zu sehen sind. Welken die äußeren Blütenblätter, so biegen sie sich nach außen um und zeigen ihre weiße Innenseite. 6 m. I.

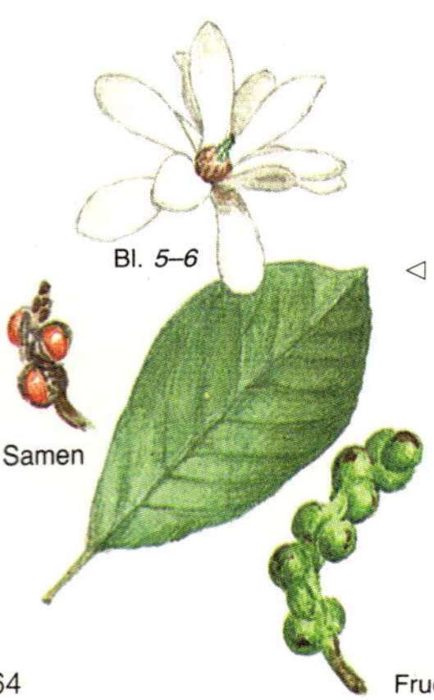

Kobushi-Magnolie *Magnolia kobus,* var. *borealis* (= nördlich). Hier geht es um einen dickstämmigen, breitkronigen Baum mit waagerechten Ästen und keineswegs um einen Strauch. Relativ häufig vertreten, aber für kleine Gärten wenig attraktiv, weil die Blüte in den ersten 40 Jahren recht spärlich ausfällt. Die Rinde ist dunkelgrau und glatt, die dunkelgrünen Blätter glänzen unterseits. 12 m. III.

Bl. *4*

Weidenblättrige Magnolie *Magnolia salicifolia* (= weidenblättrig). Ein rel. seltener, aus Japan stammender und bei uns ganz winterharter Baum, der wegen seines zierlichen Wuchses und der zahlreichen, sehr früh erscheinenden reinweißen Blüten größere Aufmerksamkeit verdiente. Sehr bald bildet sich eine offene, domförmige Krone mit ungewöhnlich dünnen Zweigen. Die Blätter variieren in der Größe, sind aber stets schmal und verjüngen sich zur Basis hin. Beim Zerreiben riechen sie nach Anis. 14 m. I.

Veitchs Magnolie *Magnolia × veitchii* (1907 in den Veitch'schen Baumschulen, Exeter, angezogen). Ein Artbastard zwischen *M. campbellii* und *M. denudata*, hergestellt mit dem Ziel, nicht erst 25 Jahre auf die attraktiven Blüten der *M. c.* warten zu müssen. 4 der 5 Bastardsämlinge blühten weiß, der fünfte wurde zur Veitchii, einem in GB recht wüchsigen und verschwenderisch blühenden Baum mit grauer Rinde. II. ▷

Bl. *4–5*

Veitchs Magnolie

Bl. *2–4*

Campbells M.

Campbells Magnolie *Magnolia campbellii* (Dr. A. Campbell war Begleiter des Botanikers Hocker auf einer Reise durch Sikkim, 1849). Ein Baum des Himalaya von Nepal bis Assam, von vielen als die Königin der Magnolien angesehen. In Mitteleuropa leider nur in extrem milden Lagen kultivierbar. Selbst in GB nur im Süden. Der kräftige, elefantengraue glatte Stamm trägt eine weite, waagerecht beastete Krone. Sobald sich die Blüten öffnen, sind sie frostgefährdet. ▷

TULPENBÄUME (Gattung *Liriodendron*) (griech.: Lilie und Baum). Die weiter unten beschriebenen einzigen beiden Arten dieser Gattung stellen überlebende Elemente der voreiszeitlichen Flora Chinas und N-Amerikas dar. Sie werden durch Samen vermehrt.

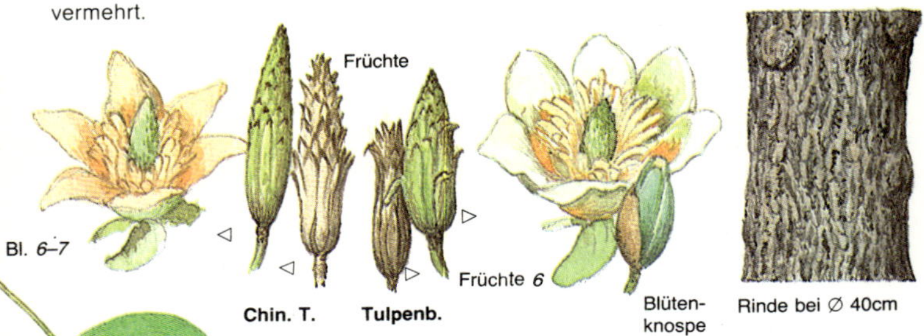

Tulpenbaum *Liriodendron tulipifera* (= Tulpen tragend). Ein kräftiger Baum des amerikanischen NO, von den Neuengland-Staaten bis nach Arkansas reichend und vielleicht der höchste Laubbaum in diesem Gebiet. In Mitteleuropa winterhart, erreicht er auch hier auf warmen, nährstoffreichen Standorten sehr gute Leistungen. Die hübschen, aber wenig auffallenden Blüten erscheinen nicht vor dem 25. Jahr. Besonders ansehnlich ist die Belaubung; sie wird im Herbst goldgelb. Das ganz weiße und weiche Holz ist leicht zu bearbeiten und eignet sich gut zum Tischlern. 35 m. I.

Chinesischer Tulpenbaum *Liriodendron chinense.* Ein ziemlich seltener, aber schöner und winterharter Baum, fast ebenso raschwüchsig wie *L. tulipifera.* Beim Austreiben sind die Blätter orange bis rot gefärbt, aber nur der Blattstiel bleibt rot. Sie werden bis zu 25 cm groß, sind tief eingeschnitten und unterseits silbergrau. 25 m. I.

● **Tetracentron-Gewächse** (Tetracentraceae) (= vierstachelig: bezogen auf die Frucht). Nur eine einzige, den Magnolien nahestehende Art mit sehr primitivem, dem Nadelholz ähnlichen Holzaufbau: Tracheiden anstelle von Tracheen und Holzfasern. Vermehrung durch Samen.

Tetracentron *Tetracentron sinense.* Ein eigenartiger, in Mitteleuropa meist winterharter chinesischer Baum, dem man nur selten begegnet. Die Besonderheit liegt in der Blattstellung, denn jedes einzelne Blatt entspringt einem Kurztrieb. Es ist derb, genau wie die kleinen, sehr regelmäßigen und scharfen Zähne des Blattrandes. Auch die Blütenkätzchen stehen an Kurztrieben. Die grünen Früchte werden im Herbst braun und bleiben bis in den Winter am Baum. Tetracentron ist meist mehrstämmig und hat eine recht spärliche, dünne Beastung. Die Blätter zeigen keine Herbstfärbung, sondern fallen dunkelgrün ab. 12 m. II.

Tulpenbaum 30m

Katsurabaum 20m

● **Katsura-Gewächse** (Cercidiphyllaceae) (= Blätter wie Cercis, der Judasbaum). Mit nur einer, den Magnolien eng verwandten Art und wie Tetracentron mit primitivem, koniferenähnlichem Holzaufbau. Dennoch abweichend, weil zweihäusig.

Katsurabaum *Cercidiphyllum japonicum.* In Japan und China beheimatet und in Mitteleuropa ganz winterhart, ist diese Art häufig in Parkanlagen zu finden. Sie läßt sich leicht aus Samen anziehen und ist schon zur Pflanzzeit, am Ende des 1. Jahres, eine große und ansehnliche Pflanze. Spätfröste schädigen oft die ziemlich früh austreibenden rötlichen Blätter, sie gefährden den Baum aber nicht. Katsurabäume tendieren zur Mehrstämmigkeit; sie sind ansehnlich, aber dürreempfindlich und brauchen feuchte Böden. 24 m. l. ▷

Rinde bei ∅ 30cm

Früchte

♀ *5*

♂ *5*

gegenständige Blätter

Winterrinden-Gewächse (Winteraceae) (W. Winter, Kapitän unter Sir Francis Drake, entdeckte, daß die Indianer Feuerlands die Rinde als Medizin und zum Würzen benutzten). Wenige immergrüne, mit den Magnolien verwandte aromatische Arten aus dem Süden.

Bl. *6*

Winterrindenbaum *Drimys winteri* (drimys = griech. scharf: bezogen auf den Geschmack der Rinde). Kommt in seiner typischen Form aus S-Chile und Argentinien, bildet aber Varietäten, die bis nach Mexiko reichen. Für Mitteleuropa zu frostempfindlich, wohl aber mit einigen Exemplaren in IR und S-England vertreten. Ein mittelgroßer Baum mit offener, säulenförmiger, weit herabreichender Krone. Die Zweigspitzen hängen etwas über. Knospen hellrot, Blätter weich, unterseits silbrigblau. Vermehrung durch Samen und Stecklinge.

Protea-Gewächse (Proteacea). Eine umfangreiche und recht verschiedenartige Gruppe von Bäumen und Sträuchern der südl. Hemisphäre. Viele davon mit großen, leuchtend gelben oder scharlachroten Blüten.

Chilenischer Feuerbusch *Embothrium coccineum.* Ein hübscher, bunter, kleiner Baum, der in Deutschland ausnahmslos erfriert, aber in GB und IR überlebt. Die Art variiert in der Blattlänge. So ist *'E. longifolium'*, eine in IR besonders wüchsige und blühfreudige immergrüne Form, mit Blättern bis 22 cm Länge ausgestattet. 'Norquinco' hat kleinere Blätter, ist halb-immergrün, ebenfalls dicht mit Blüten besetzt und kommt vorwiegend in England vor, und die reine, wieder immergrüne *'coccineum'* hat mittelgroße Blätter und gedeiht im W und NW von GB. Die Blüten aller 3 Formen sind gleichermaßen attraktiv und gegen Wind empfindlich. Durch Samen und Wurzelbrut vermehrbar.

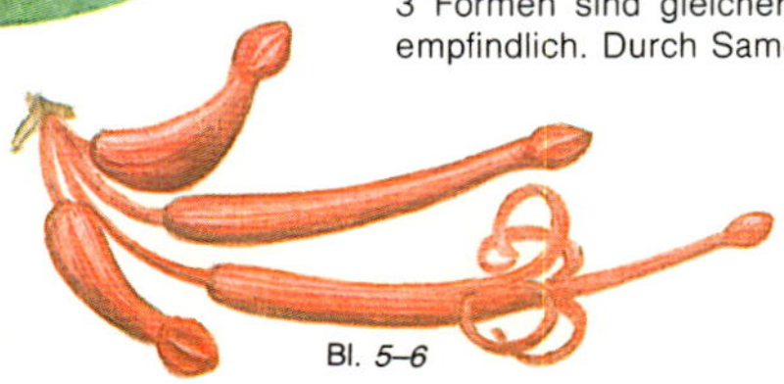

Bl. *5–6*

Frucht

Lorbeer-Gewächse (Lauraceae). Eine sehr umfangreiche Familie mit ca. 1000 immergrünen, sehr aromatischen tropischen Bäumen und Sträuchern; nur wenige davon sind bei uns winterhart.

Lorbeer *Laurus nobilis* (= edel: wohl von der Verwendung als Siegerkranz im alten Rom abgeleitet). Ein aus dem Mittelmeergebiet stammender Baum mittlerer Größe, der hierzulande erfriert. In GB entweder strauchig und oft vor der Küchentür angepflanzt, um die Blätter zum Würzen von Speisen zur Hand zu haben; an windgeschützten Orten aber auch baumförmig, manchmal mehrstämmig. Lang andauernde, eiskalte Winde bräunen die Blätter. Vermehrung durch Stecklinge.

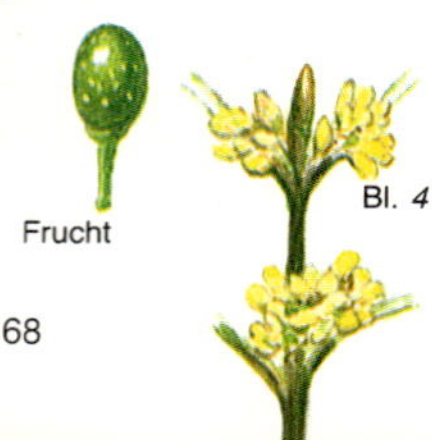

Rinde bei Ø 30cm **Winterrinden-baum**

Lorbeer 11m Rinde bei Ø 30cm **17m Kalif. Lorbeer** Bl. *5*

Frucht

Kalifornischer Lorbeer *Umbellularia californica*. In Kalifornien und dem südlichen Oregon zu Hause, wo man ihn ‚Oregon Myrtle' nennt und glaubt, er könne nur in Oregon und Jerusalem wachsen. Für Mitteleuropa viel zu frostempfindlich, erreicht er in GB gelegentlich 16 m Höhe. Zerriebene Blätter riechen viel intensiver als die des europäischen Lorbeers. Vorsicht, tiefes Einatmen kann einige Stunden später zu starken Kopfschmerzen führen.

Sassafras *Sassafras albidum* (= weißlich: bezogen auf die Blattunterseite). Im NO der USA ein häufiger Baum, der sich durch Wurzelbrut vermehrt und dichte, schirmförmige Kronen bildet, die sich im Herbst leuchtend orange und feuerrot verfärben. Obwohl frosthart, ist er in Mitteleuropa und GB selten anzutreffen. Im Winter erkennt man Sassafras an den dünnen, grünen Trieben und der unebenen, grauen Rinde. Die abgezogene Rinde und die zerriebenen Blätter riechen und schmecken angenehm nach Vanille und Orangen. Typisch ist weiterhin die wechselhafte Blattform. Alte Bäume tragen aber meistens ungelappte, elliptische Blätter. 15 m. II.

Fruch

♂ *6*

Zaubernuß-Gewächse (Hamamelidaceae). Benannt nach den auch in Mitteleuropa beliebten Hamamelis-Sträuchern. Daneben aber auch Baumarten in beiden Hemisphären.

Orientalischer Amberbaum *Liquidambar orientalis* (zusammengesetzt aus ‚liquid' und ‚amber' = flüssiges Harz). Dieser aus Kleinasien kommende Baum wird in Südeuropa häufig angebaut und kann dort 30 m, bei uns allenfalls 10 m hoch werden. Den relativ kleinen, unbehaarten Blättern fehlt die scharfe Zähnung; unterseits glänzen sie etwas. 8 m. III.

Chinesischer Amberbaum *Liquidambar formosana* (zuerst auf Formosa gefunden). Ein recht seltener, winterharter und schöner Baum mit schuppiger, grauer Rinde und kegelförmiger Krone. Die Blätter sind anfangs glänzend rotbraun, werden im Sommer schwärzlich und verfärben sich im Herbst orange, karmesinrot und purpurn. Die in Europa angebauten *L. formosana* gehören meist der var. *monticola* mit dreilappigen Blättern an. Die Lappen sind dreieckig und haben einen fein und scharf gezähnten Rand. 15 m. I.

Amberbaum *Liquidambar styraciflua* (= zusammengesetzt aus ‚Styrax' und ‚fließend'). Ein wirtschaftlich wichtiger Baum des amerikanischen Nordostens. Sein Areal reicht von New York bis Nicaragua. Er wird als Wald- und Parkbaum genutzt; sein Holz liefert Fourniere für die Möbelindustrie. Die recht dekorativen Blätter sind ahornähnlich, aber wechselständig und sie strömen beim Zerreiben einen angenehm süßlich-harzigen Geruch aus. Die unauffälligen Blüten werden in Mitteleuropa kaum ausgebildet. Für den Anbau sind milde Lagen erforderlich. 20 m. I.

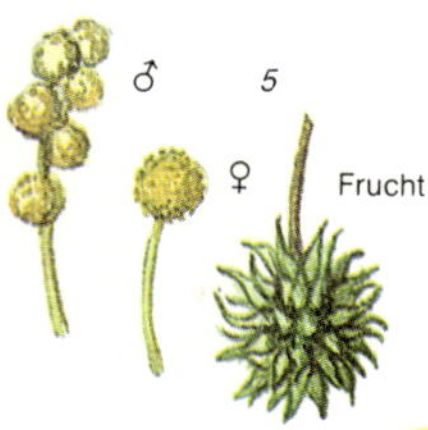

Amberbaum 25m

Rinde bei Ø 50cm

Orient. A. bei Ø 15cm

Parrotie *Parrotia persica.* Trotz Winterhärte bei uns oft nur als Strauch vertreten. Wenn baumförmig, dann meist mehrstämmig und mit weit ausladenden, tief ansetzenden Ästen. Typisch ist die marmorierte Rinde. Die Blüten öffnen sich schon im Januar. Die tiefrote Herbstfärbung beginnt bei den Gipfeltrieben. Wenn der Rest der Krone gelb wird, sind die peripheren Blätter schon abgestoßen. 13 m. II.

Rinde bei ∅ 30cm

Herbst

Parrotie

● **Guttapercha-Gewächse** (Eucommiaceae). Nur mit einer einzigen Art, deren getrockneter Milchsaft in China für medizinische Zwecke verwendet wird. Ähnlichkeit besteht mit Ulmen und Zaubernüssen. Tief zerklüftete, korkige Rinde.

Guttapercha-Baum *Eucommia ulmoides* (= ulmenähnlich: bezogen auf Blüten und Früchte). Recht selten, fast nur in Sammlungen. Die Art ist schwer zu erkennen, weil morphologische Besonderheiten fehlen. Die schmalen, lang zugespitzten Blätter glänzen. Trennt man ein Blatt in der Mitte quer durch und zieht die beiden Hälften vorsichtig auseinander, dann werden sie durch den an der Luft erstarrenden Milchsaft zusammengehalten. Nur Hartriegelarten verhalten sich ähnlich. 14 m. II.

Rinde bei ∅ 30cm

Guttapercha-Baum

Platanen-Gewächse (Platanaceae). Die Familie besteht nur aus 8 Platanenarten, die alle mit Ausnahme der Morgenländischen Platane aus den USA oder Mexiko stammen. Die nächsten Verwandten sind die Zaubernüsse. Die Basis des Blattstiels umgreift die Seitenknospen. ♂ und ♀ Blüten stehen am selben Baum, aber an verschiedenen Kätzchen.

25m

Rinde bei Ø 40cm

Fruchtstände

◁ **Morgenländische Platane** *Platanus orientalis.* Heimisch auf Kreta und in den Gebirgen des Balkan, wurde die Art schon im Altertum bis nach Kaschmir verpflanzt. Die weite, meist flache Krone macht *P. orientalis* als Straßenbaum wenig geeignet. Weil sie außerdem Wärme liebt, ist sie in Mitteleuropa recht selten zu finden. Beim Austrieb sind die Blätter mit blaß orangebraunen Haaren bedeckt, die aber bald danach abgestoßen werden. Herbstverfärbung: hellbraun mit bronzeroter Tönung. Alte Stämme oft mit ausgeprägten Maserknollen. Manchmal liegen die unteren Äste dem Boden auf. 30 m. II.

Gewöhnliche Platane *Platanus* x *acerifolia* (= ahornähnliche Blätter). Ein Bastard zwischen *P. orientalis* und *P. occidentalis*, der um 1650 in S-Europa entstand. Bis 1900 gab es mancherlei Konfusionen hinsichtlich der Trennung von Bastard und Elternarten. Noch heute nennen die Amerikaner ihre Platanen ‚Sycamore', die Schotten aber sagen zu der gleichen Art ‚Plane'. *P.* x *acerifolia* ist in ganz Europa ein beliebter Park- und Straßenbaum. Er ist wüchsig, bildet sehr starke Stämme und kann als ungewöhnlich tolerant gegen Wind und gegen Immissionen gelten. In GB, insbesondere in London, wird als Straßenbaum gern die Form 'Pyramidalis' kultiviert, deren Stamm oft knollig verdickt ist. Die dreilappigen Blätter sind frisch grün und glänzen. Früchte stehen einzeln oder zu zweit am Stiel, ähnlich wie bei der amerikanischen Art. ▷

Fruchtstand

Rinde bei ∅ 40cm

● **Rosen-Gewächse** (Rosaceae).Eine sehr große Familie mit etwa 2000 teils krautigen, teils verholzten Arten, einschließlich der wichtigsten Obstbäume. Die sehr einfach gestalteten Zwitterblüten haben meist 5 Kelch- und 5 Blütenblätter. Keiner der Baumarten wird hoch, viele sind eher strauchartig und meist recht standortstolerant. Vermehrung durch Samen oder Pfropfung.

6m

Bl. *5*

Frucht

◁ **Mispel** *Mespilus germanica.* Diese einzige Art der Gattung *Mespilus* unterscheidet sich von den nahe verwandten Weißdornen durch große, einzeln stehende Blüten. Heimisch in Südeuropa und Kleinasien, steht sie dort seit altersher in Kultur. Den Zeitpunkt ihrer Einführung nach Europa kann man nicht genau feststellen. Bei uns ein winterharter, kleiner, meist in Gärten gehaltener Baum, selten verwildert. Die graubraune, rissige Rinde löst sich in langen vertikalen Platten ab. Nur überreife Früchte sind wohlschmeckend. 6 m. II.

WEIßDORNE (Gattung *Crataegus*). Eine sehr komplexe, auf der Nordhalbkugel weit verbreitete Gruppe. Einige Arten können auch ohne Bestäubung Samen bilden, wodurch kleinste Verschiedenheiten erhalten bleiben. Noch 1910 hat man in den USA 1100 verschiedene *Crataegus*-Arten unterschieden; heute werden nur noch 35 als echte Art akzeptiert, die anderen sind Lokalformen minderer Bedeutung. In Städten als dekoratives Element geschätzt. Weißdornholz ist sehr elastisch.

◁ **Eingriffliger Weißdorn** *Crataegus monogyna* (= nur mit einem Griffel und damit einem Samen pro Blüte). In ganz Europa eine häufige, kalkliebende Komponente der Feldgehölze, oft an der Grenze zwischen Baum und Strauch – langsam wachsend und langlebig. Die Anzucht aus Samen ist möglich, Stecklingsvermehrung gelingt aber leichter und schneller. Herbstfärbung von orange über dunkelrot bis purpurrot. Das rötliche Holz ist fest und eignet sich gut zum Drechseln. Die orangebraune Rinde reißt rechteckig auf. 14 m. II.

Bl. *5*

Eingr. Weißdorn

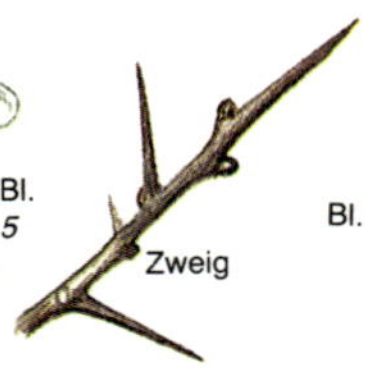

Bl. *5*

Zweigr. Weißdor

◁ **Zweigriffliger Weißdorn** *Crataegus oxyacantha* (= stark dornig). Wiederum ein einheimischer Strauch oder kleiner Baum, an Waldrändern vorkommend und auch schwere Böden besiedelnd. Die Blüte hat 2 oder 3 Griffel und die Frucht demzufolge 2 oder 3 Samen. Bastardierung mit *C. monogyna* kommt vor, was leicht an intermediären Blattformen nachzuweisen ist. In Gärten und Parks ist er als Rotdorn, 'Pauls Scarlet', weit verbreitet. Eine Form mit gefüllten roten Blüten und astfreiem Stamm, dessen Rinde sich nicht von *C. monogyna* unterscheidet. 5 m. II.

Hahnensporn-Weißdorn *Crataegus crus-galli* (= Hahnensporn: bezogen auf die langen, gebogenen Dornen). In mitteleurop. Gärten durchaus zu finden, wenn auch oft mit *C.* x *prunifolia* verwechselt. Von allen *Crataegus*-Bastarden leicht durch die vielen schlanken, gebogenen Dornen, aber auch durch die unbehaarten Blüten- und Fruchtstiele zu unterscheiden. Heimat: Nordamerika. 6 m. III. ▷

Pflaumenblättriger Weißdorn *Crataegus* x *prunifolia*. Ein kleiner Baum von ungeklärter Herkunft, wahrscheinlich aber ein Bastard. Hierzulande in Parks und Sammlungen, in GB außerdem ein Straßenbaum. Er ist robust, sehr dornig und fast unzerstörbar, dabei dekorativ, was Blüte, Blätter und Frucht angeht. Ansehnlich auch die von gelb über orange und kupferfarben bis dunkelrot reichende Herbstfärbung. Entweder wird er als Busch oder als Baum mit 1–2 m langem, astfreiem Stamm angezogen. Die Triebe und die vereinzelten, aber kräftigen, 2 cm langen Dorne sind glänzend tief rotbraun. 8 m. I. ▷

Triebe von Weißdornen

Lavalles Weißdorn *Crataegus* x *lavallei* (M. Lavallée vom Segrez-Arboretum zog als erster diese 1880 von Carrière beschriebene Art an. Oft auch Carrières Weißdorn, *C.* x *carrierei*, genannt). In GB, besonders im W Londons, gern als Straßenbaum kultiviert. Bei uns winterhart und ansehnlich, aber rel. selten. Im Winter leicht an der blaßgrauen, grobschuppigen Rinde und an den waagerechten, oberseits intensiv und kurz verzweigten Ästen erkennbar. Die rel. schmalen, glänzenden Blätter werden gegen Ende des Sommers dunkelgrün, später dunkelrot. 7 m. II. ▷

ZWERGMISPELN (Gattung *Cotoneaster*) (‚cotoneum' = Quitte; ‚aster' = ähnlich sehen). Mit etwa 70 Sträuchern und einer Holzart vertreten, die sich von den Weißdornen durch die ganzrandigen Blätter und das Fehlen von Dornen abheben.

◁ **Baum-Zwergmispel** *Cotoneaster frigidus*. Ein frostempfindlicher, stattlicher Strauch oder mittelgroßer Baum, der sich in Mitteleuropa nicht hält, aber im Westen GB's 17 m Höhe erreicht. Der Stamm beugt sich oft herab und bildet dann mehrere Meter lange Schößlinge. Die Blütezeit fällt in den Hochsommer, die Früchte bleiben bis in den Herbst hinein am Baum und werden gern von Vögeln aufgenommen. *C. frigidus* ist die Elternart vieler Bastarde, einige davon sind Sträucher mit hübschen Früchten, so z. B. 'Cornubia' und x 'Watereri'.

Zwergmispel

Bl. *5*

Felsenbirne

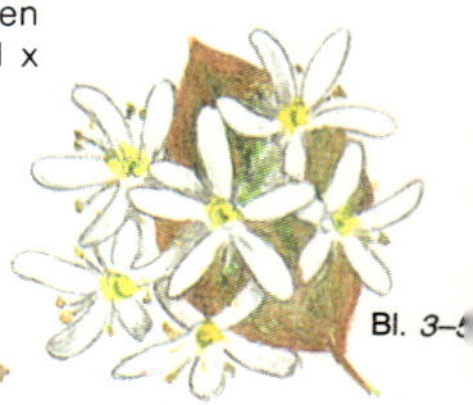
Bl. *3–*

FELSENBIRNEN (Gattung *Amelanchier*) umfassen 25 weißblütige Sträucher oder buschige Bäume.

◁ **Kahle Felsenbirne** *Amelanchier laevis* (= glatt: bezogen auf die Rinde). Ein breiter, ziemlich unwüchsiger, kleiner Baum aus dem Osten N-Amerikas von unregelmäßiger Gestalt, der recht häufig in Gärten und Parkanlagen zu finden ist. Die Blüten erscheinen je nach Frühjahrsbeginn zwischen Februar und Mai und die kupferfarbenen Blätter werden im Herbst leuchtend rot. 10 m. II.

'Beissneri'
Rinde bei 20 cm

EBERESCHEN UND MEHLBEEREN (Gattung *Sorbus*). Etwas mehr als 80 Arten, von denen die Ebereschen fiederteilige, die Mehlbeeren aber einfache Blätter ausbilden. Bastarde kommen vor.

Bl. *5*

Eberesche (Vogelbeere) *Sorbus aucuparia* (zusammengesetzt aus ‚avis' = Vogel und ‚capire' = fangen: aus den Trieben wurde Vogelleim hergestellt.). Ein in ganz Europa beheimateter, sehr genügsamer und weit nach N vordringender Waldbaum, der auch in Gebirgslagen über 1000 m vorkommt. Die recht ansehnliche Herbstfärbung reicht von hellgelb über orange bis rot. Ebereschen werden selten älter als 100 Jahre. Ihr Holz ist wenig dauerhaft und kaum im Handel.

'Beissneri', eine in Böhmen entstandene Form mit tief eingeschnittenen Fiederblättern und hübscher, bläulich bereifter, bei Nässe glänzender Rinde wird neuerdings häufiger angebaut. 18 m. I.

Bl. *5*

Speierling *Sorbus domestica*. Ein aus Südeuropa und W-Asien stammender, einst in S-Deutschland verbreiteter, bei uns aussterbender Baum, der früher in vielen Obstgärten stand. Sein Kennzeichen: die von zahlreichen schmalen Rissen durchzogene dunkelbraune, mit grauen Rippen belegte Rinde. Von der Eberesche durch die glatten, rundlichen grünen Knospen zu trennen. Die Blätter hängen etwas herab und die Äste setzen waagerecht an. Ein Teil der Bäume bildet apfelförmige, ein anderer Teil birnenförmige Früchte aus. Weil sie sich samenecht vermehren, kann man die gewünschte Form direkt nachziehen. Das Holz des Speierling ist hart, weiß und fest. 20 m. I.

◁ **Japanische Eberesche** *Sorbus commixta* (= verwickelt: evtl. auf die systematische Situation bezogen). Noch heute ist der bot. Status unklar, weil Verwechslungen mit *S. matsumura*, einer anderen japanischen Art, vorkommen, während die Form 'Embley' (siehe unten) oft als *‚Sorbus discolor'* verkauft wird. Bei uns ist die japanische Eberesche eine Seltenheit, in GB findet sie neuerdings als Straßenbaum Verwendung. Sie fällt durch lang zugespitzte, glänzend dunkelrote Knospen und 20–30 cm lange, glatte Blätter auf. Reife Früchte sind scharlachrot. Die glatte, silbergraue Rinde ist braun gesprenkelt; die zunächst spitze, aufrechte Krone flacht allmählich ab. 15 m. l.

◁ **Chinesische oder Scharlach-Eberesche** *Sorbus commixta* 'Embley'. Hier geht es um die aus China oder Korea stammende Form der japanischen Eberesche. Ein zierlicher Baum mit schlanken, sich aufwölbenden Ästen, dicht besetzt von kleinen Blättern mit schmalen Fiedern. Sie hat die gleichen roten Knospen wie die typische Form der jap. Eberesche und ähnliche, in relativ großen Ständen angeordnete Früchte. Noch bevor das Blatt im Herbst scharlachrot wird, haben sich die Blattränder tief purpurrot verfärbt. In GB ein sehr beliebter Park- und Straßenbaum, der durch die zierliche Belaubung unverkennbar ist. 16 m. l.

◁ **Sargents Eberesche** *Sorbus sargentiana* (Charles Sargent inspirierte und organisierte als Direktor des Arnold-Arboretums umfangreiche Sammelreisen nach Japan und China). Dieser sehr aparte kleine Baum mit kräftigen, langen, erst waagerecht, dann aufwärts gerichteten Ästen hat große, klebrige, rote Knospen. Die ungewöhnlich großen Blätter (35 x 25 cm) erscheinen rel. spät und werden im Herbst feuerrot. Bis zu 200 kleine Früchte stehen in einem Fruchtstand. Die meisten in Kultur befindlichen Bäume sind durch Pfropfung entstanden, weil asiatische Ebereschen häufig untereinander bastardieren. Heimat: W-China. 9 m. l.

Rinde bei ∅ 30cm

Hupeh-Eberesche

Bl. *5*

Unterseite

Hupeh-Eberesche *Sorbus hupehensis* (aus der chin. Provinz Hupeh). Bei uns viel seltener als in GB, wo sie – durch Samen oder Pfropfung vermehrt – zu einem kräftigen, gegen mechanische Schäden widerstandsfähigen Baum mittlerer Größe heranwächst, den man gern in öffentliche Anlagen bringt. Der Grauton der großen Blätter ist arttypisch, ebenso die zunächst rosafarbenen, im Herbst dunkelroten Blattstiele. Die Rinde ist grau und schuppig, die Krone erst kegelförmig, später domartig. Es gibt eine Form mit hell rosafarbenen Früchten, die nach dem Laubfall am Baum bleiben und von weitem wie Blüten aussehen. 15 m. l.

'Joseph Rock'

Herbst

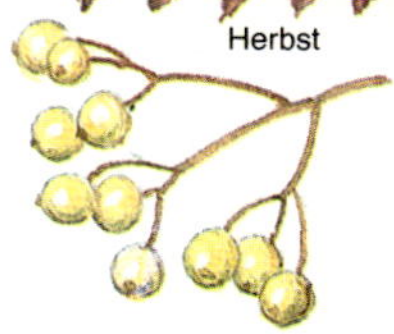

Eberesche 'Joseph Rock' (benannt nach einem amerik. Botaniker, der viele Pflanzen aus China einführte). Eine durch Pfropfung vermehrte Form, die *Sorbus serotina* nahesteht und deren Herkunft unklar ist. Sie hat viele Vorteile und gewinnt dadurch mehr und mehr an Beliebtheit, vorerst jedoch nur in GB. Kennzeichen: schmale aufrechte Krone, kleine Blätter, brillante, vielfarbige Herbstfärbung und zitronengelbe Früchte. Eine Besonderheit unter den Ebereschen. 12 m. l.

Herbst

Sargents E.

Ebereschen

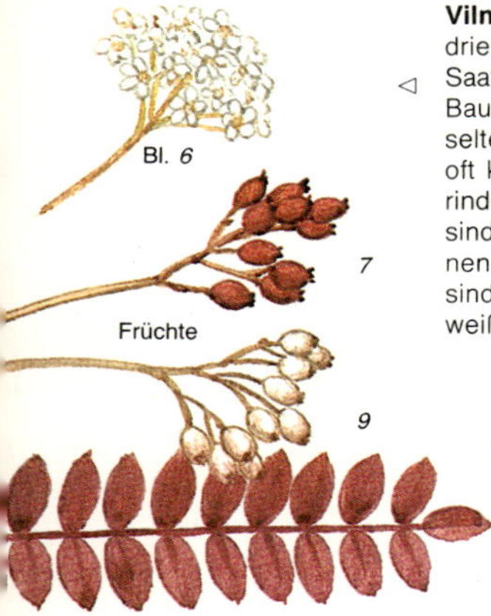

Vilmorins Eberesche *Sorbus vilmoriniana* (Vilmorin-Andrieux, ein französischer Baumschulist, führte um 1900 Saatgut vieler chinesischer Baumarten ein). Dieser kleine Baum kommt in GB in vielen Gärten vor, bei uns ist er selten. Die flache Krone, die etwas aufgewölbten Äste, der oft krumme, schlanke Stamm und die braune Schuppenrinde sind markante Kennzeichen. Die eiförmigen Knospen sind dunkelbraun und kurz behaart. Die anfangs fahl braunen Blätter werden im Spätherbst tiefrot. Zu dieser Zeit sind die wenigen, von den Vögeln verschonten Beeren fast weiß. 8 m. I.

Vilmorins Eberesche

Kaschmir-Eberesche

Kaschmir-Eberesche *Sorbus cashmiriana.* Ein etwas ungewöhnlicher, im Herbst recht ansehnlicher, kleiner und kurzlebiger Baum, der bei uns winterhart ist, aber selten vorkommt. Die Blüten sind zart rosa, die Knospen dunkel rotbraun, mit langer, gebogener Spitze. Die Blätter werden Anfang Oktober blaßgelb bis braun und die großen, weißen Früchte bleiben auch nach dem Blattfall am Baum. Manche Exemplare wurden auf normale Ebereschen gepfropft. Bei ihnen muß die aus der Stammbasis durchtreibende Unterlage zurückgeschnitten werden. 7 m. II.

Elsbeere *Sorbus torminalis* (wirkt gegen Koliken). Ein in fast ganz Europa heimischer, in Deutschland aber selten gewordener Waldbaum von guter Holzqualität. Elsbeeren bilden im Bestand lange, gerade Schäfte, werden aber kaum angebaut. Die weißen Blüten entwickeln sich zu relativ großen, bräunlich gefleckten Früchten. Die Knospen sind rundlich und glänzend grün, die dunkelbraune Rinde hat Längsrisse und hellgraue Schuppen. Elsbeeren stellen hohe Ansprüche an den Boden. 26 m. I.

Thüringische Mehlbeere *Sorbus × thuringiana*. Ein natürlich entstandener, nur wenig verbreiteter Bastard zwischen *S. aria* und *S. aucuparia*. Weil unempfindlich gegen das Stadtklima, wird er in GB gelegentlich als Straßen- und Parkbaum genutzt. Die Form 'Fastigiata' mit schlanker, ovaler Krone hat einen kräftigen Stamm mit dunkelgrauer, glatter, gelegentlich von schuppigen Stellen unterbrochener Rinde. Die Zahl der Fiederblätter nahe der Blattbasis schwankt zwischen 1 und 3. Die Knospen sind dunkelbraun, die Triebe rosagrau. Herbstfärbung erst gelb, dann braun. 14 m. II.

Schwedische Mehlbeere *Sorbus intermedia* (= dazwischenliegend: gemeint ist die Blattform: halb Mehlbeere, halb Eberesche). Als Straßen- und Parkbaum auch in Deutschland vertreten. Er blüht intensiver als andere Mehlbeeren und sieht in voller Blüte einem Weißdorn ähnlich. Während des Sommers etwas fade, später werden die scharlachroten Früchte – sofern sie von den Vögeln verschont bleiben – zum Blickfang. Die Krone ist ziemlich groß, breit und unregelmäßig, die Rinde stumpf rötlichgrau und glatt, nur stellenweise schuppig. Knospen anfangs grün, dann dunkel rotbraun und mit kurzen, grauen Haaren bedeckt; Triebe zunächst rötlichgrau mit langen, seidigen, bald abfallenden Haaren. 15 m. II.

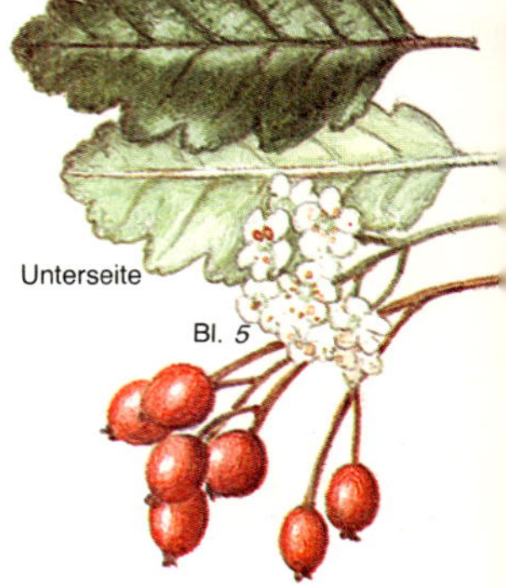

Mehlbeere *Sorbus aria.* Ein kleiner, allenfalls mittelgroßer Baum, in weiten Teilen Europas zu Hause. Bei uns vor allem in den Kalkalpen, dort in hohen Lagen strauchig. Auch als Baum forstlich nicht nutzbar. Die bräunliche, auf die Blattoberfläche beschränkte Herbstfärbung bleibt im Flachland fast aus. Zur Zeit des Austriebs erscheint die ganze Krone silbrigweiß, denn von den aufwärts gebogenen Blättern ist nur die weiße Unterseite sichtbar. 15 m. I. Als Garten- und Parkbäume haben einige Zierformen von *S. aria* Bedeutung.

'Majestica'. Wegen der besonders attraktiven Belaubung in Parks und Gärten weit verbreitet. Die Blätter sind auffallend dick und ziemlich groß (15 × 9 cm), die Zweige kräftig und aufwärts gerichtet. 16 m. I.

'Lutescens'. Gut geeignet für kleine Gärten, auch als Straßenbaum beliebt. Kennzeichnend sind die zierliche, ovale Krone, die rel. kleinen Blätter und die dunkelrote Rinde.

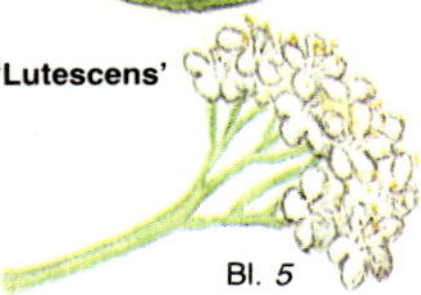

Wilfrid-Fox-Mehlbeere *Sorbus aria × S. cuspidata.* Ein Artbastard, um 1920 entstanden und von Dr. Fox, Surrey, einem *Sorbus*-Spezialisten, aufgefunden und angezogen. Der Baum wird durch Pfropfung vermehrt. Er ist in GB als Ziergehölz zunehmend beliebt. Junge Bäume haben kräftige, aufstrebende Äste mit zahlreichen kurzen Seitenzweigen. Die Triebe sind glatt und braun-weiß gesprenkelt, die 14–16 cm langen Blätter variieren in der Breite und die purpurgraue Rinde ist fleckenweise leicht geschuppt. 15 m. I.

Breitblättrige Mehlbeere *Sorbus × latifolia.* Ein (umstrittener) Bastard zwischen *Sorbus aria* und *S. torminalis,* von dem mehrere, morphologisch voneinander abweichende Formen existieren. In GB verbreitet, in Mitteleuropa meist nur in Sammlungen. Am häufigsten ist die relativ großblättrige (20 × 12 cm) Form 'Fontainebleau', deren alte Stämme oft brechen und Stockausschläge bilden. Die dunkelgraue Rinde löst sich in groben Schuppen ab. Die reifen Früchte sind gelblichbraun. 15 m. II.

Rinde bei Ø 30cm

Himalaya-Mehlbeere *Sorbus cuspidata* (= mit scharfer, steifer Spitze: bezogen auf das Blatt?). In GB ein ansehnlicher, wuchskräftiger Baum mittlerer Größe mit dunkelgrauer, glatter Rinde, kräftigen, aufwärts gerichteten Ästen und einer kegelförmigen Krone, die im Alter breiter wird. Die grünen, eiförmigen Knospen stehen an dunkelroten, unterseits olivgrünen Trieben. Die Blüten duften wie Weißdorn. In Mitteleuropa ist diese Art nur in sehr geschützten Lagen kultivierbar, in Deutschland fehlt sie.

Mitchell-Eberesche *Sorbus aria* × *S. cuspidata*. Der Bastardstatus dieses recht ansehnlichen Baumes ist zweifelhaft. Bis vor kurzem noch als Form der Himalaya-Mehlbeere angesehen, wird er in GB recht häufig angepflanzt. Es besteht Ähnlichkeit mit *S. cuspidata* in der Krone, im Wachstum und der Blüte. Abweichend sind die rundlichen, etwas größeren, grob und ungleich gezähnten Blätter. 20 m. l.

Folgners Mehlbeere *Sorbus folgneri*. Eine elegante, winterharte, kleinblättrige Art aus Zentralchina, meist auf große Gärten und Parks beschränkt. Sie hat dünne, sich aufwölbende Äste und dunkelrote Triebe. Die dunkel rotbraunen Knospen sind schmal kegelförmig, die tief purpurgraue Rinde bildet dunkle Risse und löst sich an den Rändern ab. Die Unterseite der Blätter ist silbrig, wenn auch von wechselnder Intensität. Herbstfärbung tritt kaum vor November ein, sie verläuft von gelb über scharlachrot zu tiefrot. 15 m. l.

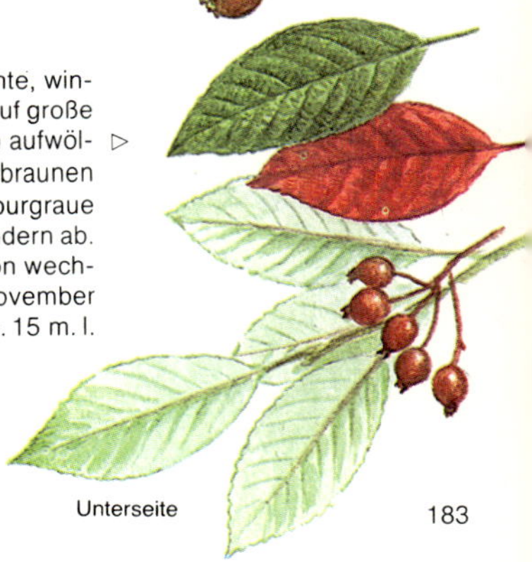
Unterseite

ÄPFEL (Gattung *Malus*). Auf der Nordhalbkugel etwa 25 echte Arten sowie ungezählte Bastarde und Kultivare bei den Zier- und Obstsorten. Alle sind überaus robust und wachsen auf fast jedem Boden. Mühelos durch Samen zu vermehren. Formen, Kultivare und Sorten müssen jedoch gepfropft werden, um echt zu bleiben.

Bl. *5*

△

7m Japanischer Apfel

6m Purpurapfel

Bl. *4–5*

◁ **Japanischer Apfel** *Malus floribunda* (= reich an Blüten). Als Wildform unbekannt. Wohl eine aus der Kombination zweier jap. Arten entstandene Gartenform mit dichter, intensiv verzweigter, flacher Krone auf kräftigem Stamm. Die dunkelbraune Rinde hat zahlreiche flache Risse. Ein sehr beliebter kleiner Park- und Gartenbaum, und einer der ersten, die im Frühjahr austreiben. Die anfangs roten, später weißen Blüten erscheinen in so großer Zahl, daß sie die jungen Blätter verdecken. Die Anzahl der gelben oder roten kleinen Früchte kann von Jahr zu Jahr schwanken. Die grünen Triebe und die 3 cm langen, gefurchten Blattstiele sind dicht mit kurzen Haaren bedeckt. 8 m. I.

Bl. *5*

◁ **Purpurapfel** *Malus × purpurea*. Hierbei handelt es sich um einen Bastard zwischen *M. floribunda* und einer sibirischen Art. Dieser Baum ist – von den Wurzeln über das Holz bis zu den Blättern – tief purpurrot. Die Blüten sind nur kurzzeitig attraktiv, sie verblassen bald, und der Baum bleibt für den Rest des Jahres unansehnlich. Die unschön abgewinkelten Äste tragen eine dünne Schicht schmutzig rotgrünlicher Blätter. 'Lemoinei' ist eine recht häufige Form: raschwüchsiger und mit größeren, tiefroten Blüten. 'Profusion' hingegen hat recht ansehnliche rötliche Blätter und zahlreiche Kurztriebe, die mit tief purpurroten Blüten besetzt sind. 10 m. III.

Holzapfel *Malus sylvestris*. Ein kleiner, in Europa und Vorderasien beheimateter Waldbaum mit offener, domförmiger Krone. Die Triebe werden schnell dunkelbraun und sind manchmal lang bedornt. Charakteristisch ist die dunkelbraune, tief in kleine Rechtecke aufgerissene Rinde. ▷ Das Holz ist dicht, schwer und gut polierbar; es eignet sich gut zum Drechseln und für Intarsien. Bekannt sind ferner die vorzügliche Brennholzqualität des Apfelholzes und seine süß-aromatischen Inhaltsstoffe. Aus Kernen von Dessert-Äpfeln erwachsen oft Sämlinge, die man vom Holzapfel durch ihre behaarten Triebe und Blattunterseiten und durch das intensive Rosa der Blüten unterscheiden kann. Neben anderen Apfelsorten war auch *M. sylvestris* wiederholt Ausgangsmaterial für Kultur-Apfelsorten.

Holzapfel, Zweig

Obstsorte

Bl. *5*

Holzapfel

10m

Chinesischer Apfel *Malus spectabilis* (= ansehnlich). Heute ist die Wildform in China nicht mehr vorhanden, wohl ▷ aber die seit langem kultivierte Gartenform. Halbgefüllte Blüten mit 6–8 Petalen sind typisch. Insgesamt ein seltener Baum, größer als die meisten *Malus*-Arten. Die aus großen, gedrehten Ästen gebildete, etwas hängende Krone ruht auf einem kräftigen Stamm mit purpurbrauner, spiralig gefurchter, grauschuppiger Rinde. Die etwa 2 cm starken Äpfel sind bei Reife gelblich. 8 m. II.

Bl. *5*

Magdeburg-Apfel *Malus × magdeburgensis*. Wiederum ein Bastard – vermutlich zwischen einer Obstsorte und ▷ einer unbekannten *Malus*-Art. Vor 1900 in Magdeburg aufgefunden, hierzulande wenig verbreitet, häufiger in GB. Nur während der Blütezeit auffallend. Junge Bäume haben aufwärts gebogene, ältere eher hängende Äste. Die mit 12 Petalen ausgestatteten rosaroten Blüten erscheinen sehr früh. Sie stehen gehäuft und überdecken viele der graugrünen Blätter. 5 m. I.

Bl. *5*

Beerenapfel 10m

Bl. *5*

Beerenapfel *Malus baccata* (= beerentragend: bezogen auf die kleinen Früchte, die den Kelch abstoßen und daher an Beeren erinnern). Unter diesem Namen verbergen sich eine Art, eine Varietät und zumindest ein Bastard, keiner davon ausreichend abgegrenzt, um einen separaten Namen zu rechtfertigen. Die Art hat weiße, sternförmige Blüten mit glatten Stielen, die var. *mandschurica* wächst schneller und hat behaarte Blütenstiele. Beide bilden breit domförmige, stark verzweigte, etwas hängende Kronen aus. Der kräftige Stamm hat eine braune Borke mit zahlreichen Rissen. Der Bastard *Malus* x *robusta* besitzt schließlich zahlreiche, deutlich größere Früchte, die auch im Winter auffallen. 15 m. II.

Bl. *5*

Tee-Apfel *Malus hupehensis* (aus der chin. Provinz Hupeh). Von seinem Entdecker Ernest Wilson als schönster blühender Baum bezeichnet, den er je sammelte. In der Tat hat diese Art hinsichtlich ihrer intensiven Blüte und des Reichtums glänzend dunkelroter Früchte nur wenig Konkurrenten. Als Pflanze mit triploidem Chromosomensatz geht sie keine stabilen Bastardierungen ein. Ihre Vermehrung sollte nur vegetativ geschehen. Anfangs schmalkronig, wird der Baum später breit und domförmig. Der kurze, kräftige Stamm hat eine orangebraune, rauhe Plattenborke. Die Art wird allmählich bekannter, leichter erhältlich und wird in Zukunft häufiger zu finden sein. 13 m. I.

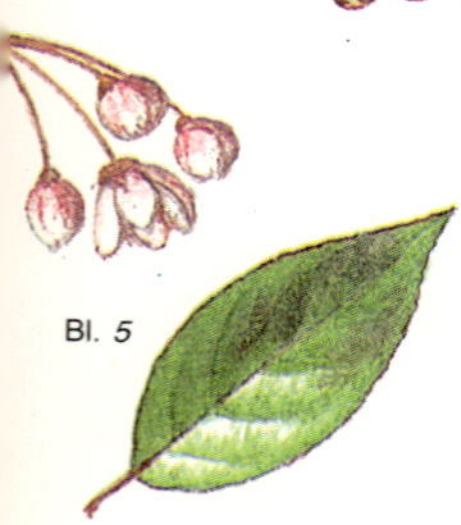

Bl. *5*

Halls Apfel *Malus halliana* (Dr. G. R. Hall brachte die Art von Japan nach Amerika). Als Wildform unbekannt, ist sie in Japan und China als Gartenbaum vertreten. Der kleine Baum mit weit ausladender, offener Krone und hübschen, hellroten, z. T. halbgefüllten Blüten ist außerhalb der Blütezeit wenig ansehnlich. In GB und Mitteleuropa recht selten. 4 m. II.

Wollapfel *Malus tschonoskii* (Tschonoski war ein jap. Sammler). Diese aus Japan stammende Art gehört in GB zu den beliebtesten Zierbäumen im Stadtbereich. Ohnehin ziemlich robust, entziehen sich die Äste durch rasches Wachstum und einen spitzen Winkel zum Stamm den Gefahren mutwilliger Zerstörung. Der ca. 2 m hohe astfreie Stamm trägt eine zierliche Krone. Typisch sind ferner die beim Austrieb silbrig behaarten Blätter und die wenigen Blüten – für Straßenbäume eher ein Vorteil, weil weniger Früchte auf das Pflaster fallen. Besonders eindrucksvolle Herbstfärbung. Die Blätter sind dick und ledrig, unterseits mit dichter, weißer Behaarung. 16 m. l.

Malus 'John Downie'. Ein Kultivar mit wunderschönen Früchten, aus denen sich zudem ein höchst delikates, appetitlich gefärbtes Apfelgelee herstellen läßt. 1875 in England angezogen, heute auch in mitteleurop. Gärten anzutreffen. In der Jugend schlank und aufrecht, später breitkronig. 10 m. l.

Malus 'Golden Hornet'. Ein kleiner Baum mit flacher Krone und hängenden Ästen, hübsch anzusehen in der Fülle seiner weißen Blüten, aber hauptsächlich wegen der langen, reichlich mit gelben Früchten besetzten Triebe angebaut. Erst seit 1949 auf dem Markt, seitdem immer beliebter werdend. 3 m. l.

Birnen

BIRNEN (Gattung *Pyrus*). Mit etwa 20 Arten in den temperierten Teilen der Alten Welt heimisch. Das Holz ist hart, ansehnlich, dauerhaft, aber in größeren Dimensionen selten. Man nutzt es zum Drechseln und für Intarsien. Obstsorten müssen gepfropft werden, andere *Pyrus*-Arten vermehrt man besser durch Samen.

8m
Weidenbl. Birne

13m
Holzbirne

◁ **Weidenblättrige Birne** *Pyrus salicifolia* (= mit weidenartigen Blättern). Die Art stammt aus Kleinasien und SW-Rußland. Sie ist wegen ihrer silbrigen Blätter und der flachen, hängenden Krone von einigem Zierwert. Einzelne Exemplare wachsen hoch und aufrecht. Wegen ihrer roten Knospenspitzen heben sich die in dichten Büscheln angeordneten Blüten schon vor ihrer Entfaltung sehr hübsch von den jungen Blättern ab. Die dunkelgrüne bis schwarzbraune Borke ist grob geschuppt. Die Art ist trägwüchsig, aber sehr standortstolerant. 10 m. I.

◁ **Holzbirne** *Pyrus communis.* Eine der Ausgangsarten für die Züchtung unserer Obstbirnen. Sie ist vom südl. Mitteleuropa bis nach Kleinasien zu Hause. Die Wildform ist ein schwach bedornter, mittelgroßer Baum der Waldränder und der offenen Landschaft. Sämlinge von Kulturbirnen ähneln oft der Wildform. Große Exemplare der Obstsorten stehen in voller Blüte, bevor die Blätter erscheinen. Typisch ist der gerade Stamm mit dunkel graubrauner, in kleine Quadrate zerrissener Borke. Mistelbewuchs ist häufig. Herbstfärbung sehr ansehnlich. 20 m. II.

Bl. *3–4*

Holzbirne **Weidenbl. Birne**

Bl. *4*

KIRSCHEN, PFLAUMEN, MANDELN, PFIRSICHE etc. (Gattung *Prunus*). Anders als bei Apfel- und Birnenarten bildet jede Blüte nur eine einzige Samenanlage und daher nur einen Samen aus, der im Inneren eines sehr harten Steinkerns liegt. Wurzelbrut ist häufig.

'Spire' 10m **Vogelkirsche 18m**

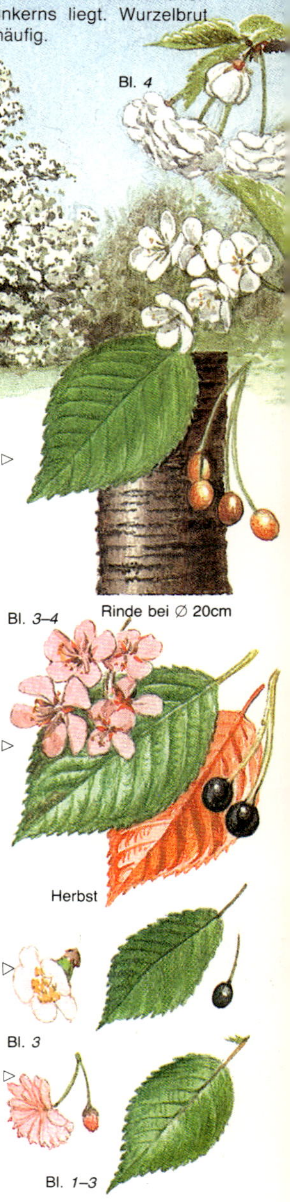

Vogelkirsche *Prunus avium*. Ein durchaus wuchskräftiger Waldbaum, dessen Areal bis nach N-Afrika und Kleinasien reicht. Ausgangsmaterial für zahlreiche Kultursorten der Süßkirsche. Auch als Parkbaum beliebt. Das recht begehrte Holz ist hart, hat einen angenehmen Farbton, aber dauerhaft ist es nicht. Sämlinge der Vogelkirsche werden als Unterlagen für fast alle Zierkirschen herangezogen. Für diesen Zweck wird mit Wurzelbrut vermehrt, sonst durch Samen. In jungen Jahren ist der Kronenaufbau wirtelig, fast wie bei Koniferen. Später verwischt sich das und alte Bäume bekommen eine stark verzweigte, domförmige Krone, die oft mit ‚Hexenbesen' besetzt ist. 30 m. l.

Sargents Kirsche *Prunus sargentii* (nach Charles Sargent, ehemals Direktor des Arnold-Arboretums). Ein aus N-Japan stammender, attraktiver Baum, der wegen seiner ansehnlichen, früh erscheinenden Blüten gern in städt. Anlagen kultiviert wird. Meist auf *P. avium* gepfropft, wird bald ein kräftiger Stamm ausgebildet, auf dem die eigentliche Art eine sich zögernd entwickelnde, breite Krone mit starken, dunkel rotbraun berindeten Ästen bildet. Die Rinde hat sehr regelmäßige, waagerechte Lentizellenbänder. Während des Sommers hängen die gelblichen, plötzlich lang zugespitzten Blätter etwas herab. 13 m. l.

Prunus 'Spire'. Vermutlich hervorgegangen aus einer Bastardnachkommenschaft zwischen *P. sargentii* und *P. yedoensis*. Ein streng aufrechter, frühblühender, kleiner Baum mit schöner Herbstfärbung, der gern dort angebaut wird, wo der Platz beschränkt ist. 6–7 m. l.

Prunus 'Accolade'. Entstanden aus einem *P.-sargentii*-Sämling (evtl. Artbastard?) und geschätzt wegen der Fülle seiner Blüten, die in GB manchmal schon im Januar und lange vor *P. sargentii* erscheinen. Ansonsten ist der kleine, rel. spärlich belaubte und breitkronige Baum wenig ansehnlich. 5 m. l.

Kirsch-Pflaume *Prunus cerasifera* (= Kirschen tragend). Sie ist das Resultat einer Selektion auf größere Früchte bei einer Pflaumenart aus Mittelasien und S-Europa. Ein sehr ◁ dicht beasteter, kleiner Baum oder Heckenstrauch, der im Frühjahr, gerade wenn sich die Blätter entfalten, oft als erster blüht, lange vor der Schlehe, mit der er oft verwechselt wird. Regelmäßig fruktifizierend. 9 m. II.

'Atropurpurea', Pissards Pflaume, ist eine Form der *P. cerasifera*, die um 1880 von M. Pissard in Persien ausgelesen wurde und bald danach in britischen Gärten weit verbreitet war. Sofern es die Dompfaffen zulassen, ist die Blüte sehr reichlich. Zwischen den Blüten erscheinen dunkelrote Blätter. Ansonsten ist die Art unansehnlich, besonders im Sommer. 10 m. X.

'Nigra'. Eine Form mit glänzend dunkelroten Blättern und rosafarbenen Blüten, die 10 Tage eher erscheinen, aber auch länger am Baum bleiben als bei 'Atropurpurea'. 8 m. II.

◁ **Gefüllt blühende Kirsch-Pflaume** *Prunus* x *blireana*. Wahrscheinlich ein Bastard zwischen Pissards Pflaume und der Jap. Aprikose. Wirkt ohne Blüten wie eine niedrige 'Atropurpurea' mit breiten Blättern. Aber der Flor ihrer rosafarbenen, gefüllten Blüten ist sehenswert. 5 m. I.

Winterkirsche *Prunus subhirtella* 'Autumnalis'. In 1,5–2 m ◁ Höhe auf einen Vogelkirschenstamm gepfropft, bildet sie einen Fächer schlanker, peitschenartiger Triebe an flachen, aufwärts gewölbten Ästen. Erst wenn sich die Blätter im Oktober gelb färben, öffnen sich die ersten weißen Blüten. Sie werden abgelöst von schwach rötlichen Blüten, welche bei strengem Frost absterben, dann aber während des ganzen Winters erneuert werden und kurz vor dem Laubausbruch in großen Mengen erscheinen. In längeren frostfreien Perioden ist die Blüte üppig, sonst spärlich. 13 m. I.

Yoshino-Kirsche *Prunus × yedoensis* (Yeddo: alter Name für Tokio). Von März bis Anfang April ganz umkränzt von zarten Blüten und von vielen Bienen besucht, ist dieser Anblick geradezu unwiderstehlich. Zu jeder anderen Zeit des Jahres jedoch ohne Reiz, ebenso wenn Dompfaffen die Blütenknospen dezimierten. Die Krone ist wenig harmonisch, hat starke Zweige und plumpe, etwas schlaffe Blätter. Die Wildform ist nicht bekannt, offenbar handelt es sich um einen in Japan entstandenen Bastard. Ein recht häufiger kleiner Baum, der im Stadtbereich besonders reichlich blüht. 5 m. l.

Prunus 'Umineko' (= Seeadler: bezogen auf die einem halb gespreizten Seeadlerflügel ähnliche Beastung). Ein in GB um 1925 entstandener Bastard zwischen 2 jap. Arten. Zunächst gerade und aufrecht, dann mit aufwärts gewölbten Ästen. Die Blüten erscheinen inmitten der sich entfaltenden hellgrünen Blätter an olivgrünen Trieben. Der Blattstiel ist gekerbt und weich behaart. Derzeit noch selten, aber zunehmend beliebt. 6 m. l.

Tibet-Kirsche *Prunus serrula* (= kleine Säge: bezogen auf den Blattrand). Aus dem W und SW Chinas stammend, in Mitteleuropa als Gartenbaum in Kultur. Oft als Pfropfung auf *P. avium*. Erfahrene Gärtner pflanzen die Tibet-Kirsche an einen vielbegangenen Weg, denn obwohl die Äste ihre äußere Rindenschicht von allein abstoßen, wird die Stammrinde ohne häufiges Reiben und vorsichtiges Entfernen der äußeren Schichten leicht schwarz und dickschuppig. Keineswegs sollte man aber versuchen, die innere Rinde zu lösen. Unterläßt man es, die peripheren Schuppen zu entfernen, bilden sich Wasserreiser. Die Reichweite der Passanten wird oft durch den markanten Übergang von der glänzend mahagonifarbenen Rinde zur rauhen schwarzen Schuppenborke angezeigt. 13 m. l.

( ) = Reihenfolge des Aufblühens; alle von Anfang April bis Mitte Mai

Cheals Hängekirsche (2) **'Hokusai' (3)** **'Kanzan' (6)** **'Amanogawa' (7)** **'Pink Perfection' (8)**

Japanische Kirschen 'Sato Zakura' (reine Zierkirschen). Sie wurden in Japan aus mehreren chinesischen und japanischen *Prunus*-Arten und Selektionen angezogen. Sie blühen später als andere Kirschen und werden ausnahmslos auf *P. avium* veredelt. In einigen engl. Arboreten wachsen über 70 dieser Formen.

◁ **Cheals Hängekirsche** ist eine der zuerst blühenden Zierkirschen. Die gefüllten Blüten erscheinen inmitten graugrüner Blätter, die herabhängenden Äste sind ungleich lang. Häufig in städt. Anlagen. 3 m. I.

◁ 'Hokusai'. Eine schon länger eingebürgerte, rel. früh blühende Form mit waagerechten Ästen, deren Blätter sich im Herbst hellorange bis scharlachrot verfärben. 7 m. I.

◁ 'Kanzan'. Die am häufigsten kultivierte Form. Kennzeichen: doppelt gefüllte, rosafarbene Blüten; alte Bäume mit aufwärts gerichteten Astenden. Herbstfärbung gelb, rosa, manchmal rot. 12 m. II.

◁ 'Amanogawa'. Häufig in kleinen Gärten, gelegentlich auch als Straßenbaum. Ab 20 Jahren mit unschöner, offener Krone. Die intensiv duftenden Blüten erscheinen rel. spät. Im Herbst sind die Blätter gelb gefleckt, orangefarben und rot. 10 m. I.

◁ 'Pink Perfection'. Die wohl einzige nicht aus Japan stammende Zierkirsche. Sie ging aus einer Kreuzung zwischen 'Kanzan' und 'Shimidsu' hervor, hat spät erscheinende, recht dauerhafte, tief rosafarbene bis annähernd weiße Blüten. 8 m. I.

'Shirotae'. Die meisten Blüten sind ungefüllt, nur wenige haben zusätzliche Blütenblätter. Die hellgrünen Blätter glänzen im Sommer und erleichtern die Bestimmung im blütenlosen Zustand, ebenso die langen, waagerechten, ein wenig hängenden Äste. 6 m. l.

'Shirofugen'. Eine der schönsten Formen. Zwischen dunkelroten Blättern und rosafarbenen Knospen erscheinen die erst rosaroten, später rein weißen, kurz vor dem Abfall wieder rosa werdenden Blüten. Die Krone ist breit und etwas hängend. 11 m. l.

'Tai Haku'. Seit über 200 Jahren in Japan nicht mehr aufzufinden, jedoch 1923 in England wiederentdeckt. Alle heute existierenden 'Tai Haku'-Bäume gehen auf dieses eine hinfällige Exemplar zurück. Mit 6 cm ist die Blüte größer als bei jeder anderen Zierkirsche. Blätter: dunkelgrün und hart, 20 cm lang. 8 m. l.

'Ukon'. Anfangs durch die blaßgelbe Blüte gekennzeichnet, die aber bald ausbleicht und im Zentrum rot wird. Dann besteht Ähnlichkeit mit 'Tai Haku', aber die Blüten sind kleiner und nur halbgefüllt, die braunen Blätter lang gestreckt. 8 m. l.

'Shimidsu'. Eine spätblühende Form. Die lang herabhängenden, rein weißen Blüten erscheinen, wenn die durch Behaarung violett getönten Knospen und Blätter ganz grün geworden sind. 5 m. l.

◁ **Mandel** *Prunus dulcis* (= süß). In SO-Europa und SW-Asien heimisch, wird die Mandel so lange und an so vielen Orten kultiviert, daß ihr genaues Verbreitungsgebiet nicht mehr festzustellen ist. Die in S-Europa angebauten Kultursorten blühen weiß, die zahlreichen Gartenformen rosa. Die Blüten öffnen sich später als bei *P. cerasifera* und deren Form 'Atropurpurea', aber deutlich vor *P. sargentii*. Immer sind sie größer als die der vorgenannten Formen. Beim Verwelken bleiben die roten Staubblätter erhalten, wenn die Blütenblätter schon abgefallen sind. Durch die Pfirsich-Kräuselkrankheit können manche Blätter schon im Sommer rot werden. Die Früchte bleiben während des Winters am Baum. Bei uns schutzbedürftig.

◁ **Sauerkirsche** *Prunus cerasus* 'Rhexii'. Sie blüht gewöhnlich als letzte der Kirschen und ist auf unauffällige Weise anziehend. Außerhalb der Blütezeit unbemerkt, dürfte sie rel. häufig in den Gärten städt. Vororte wachsen. Die Krone ist flach und unharmonisch, die Blätter wirken dunkel und die gefüllten Blüten öffnen sich ganz, bevor sie verblassen. Erst dann wird ein grünes Zentrum sichtbar. 8 m. II.

◁ **Mandschurische Kirsche** *Prunus maackii* (Richard Maack, russ. Naturforscher, unternahm Sammelreisen in die Mandschurei). Die Art wird in großen Gärten gern wegen ihrer glänzend honigbraunen, später orangefarbenen Rinde angebaut. Sie wächst schneller als erwünscht, so daß breite, graue Risse viel zu früh die glatte Rinde durchziehen. Die aufrechten, kugeligen Büschel weißer, wohlriechender Blüten sind zahlreich. Weil sie jedoch zwischen den Blättern stehen, fallen sie wenig auf. Die breite Krone hat aufwärts gerichtete Äste. 13 m. II.

Rinde bei ∅ 20cm

Spätblühende Traubenkirsche *Prunus serotina* (= spät reifend). Die Art spaltet in verschiedene Formen auf, die von Neuschottland bis Guatemala verbreitet sind. In Teilen der USA bildet sie leistungsfähige Bäume von 35 m Höhe. Als Gartenbaum aber weder in GB noch in Mitteleuropa von großem Wert. Infolge ihrer Anspruchslosigkeit nutzt man sie forstlich zur biol. Verbesserung armer Standorte. Oft ist sie buschig, nach Rückschnitt entwickeln sich lange Triebe. Charakteristisch ist die Behaarung der Mittelrippe an der Blattunterseite. 18 m. II.

Traubenkirsche *Prunus padus*. Ein in weiten Teilen Eurasiens beheimateter kleiner Baum, meist auf feuchten Standorten vorkommend. Forstlich ist er ohne Bedeutung, sein Holz ist geringwertig. Merkmale: Dünne, glänzend dunkelbraune Triebe und schlanke, buchenähnliche Knospen. Die Blätter werden schon im frühen Herbst gelb oder rötlich. In Parks und Gärten ist die Form 'Watereri' mit längeren und breiteren Blütenständen sowie mit weniger zahlreichen, aber größeren Blättern häufiger. 15 m. I, 20 m. II (Watereri).

Spätbl. Traubenk. **Traubenk.** **Kirschlorbeer**

Kirschlorbeer *Prunus laurocerasus*. Ein ungemein häufiger Zierstrauch, in GB und IR auch baumförmig. Hierzulande gern zur Bodendeckung in Parks und Gärten verwendet. Große Sortenunterschiede vorhanden. Vermehrung durch Samen, Absenker und Stecklinge. Zerriebene Blätter riechen angenehm süß. In geschlossenen Gefäßen entweicht aus ihnen genug Blausäure, um kleine Insekten abzutöten.

Portugiesischer Kirschlorbeer *Prunus lusitanica* (Lusitanien: alter Name für Portugal). Bei uns frostempfindlich, und in milden Gebieten allenfalls strauchig. In F, B und GB jedoch häufig als Heckenpflanze oder als großer, blühender Strauch. Nur in IR ein kleiner Baum mit glatter, schwarzer Rinde. Die intensiv duftenden Blüten öffnen sich Mitte Juni. Die Triebe sind oberseits dunkelrot, unterseits grün und die scharf zugespitzten Knospen tiefrot.

● **Hülsenfrüchtler** (Leguminosae) (= Hülsen tragend). Eine weltweit verbreitete, sehr formenreiche Familie mit 7000 Arten. Alle haben Wurzelknöllchen mit stickstoffbindenden Bakterien, und alle – ausgenommen der Judasbaum – tragen gefiederte Blätter, einige auch Dornen. Ihr Holz ist dauerhaft und hart.

◁ **Judasbaum** *Cercis siliquastrum* (= dünne Hülsen bildend). Einst aus dem Nahen Osten wegen des Zuckergehaltes der Blüten und nicht wegen ihrer Attraktivität eingeführt, nutzte man die abgezupften Blütenblätter zum Süßen von Salaten. Heute ein beliebter, während der Blütezeit weithin sichtbarer Baum des Mittelmeergebietes, aber auch in Gärten und Friedhöfen GB's häufig. Die Äste streben in der Jugend steil aufwärts, später sind sie waagerecht orientiert. Die rel. kleinen Blüten stehen direkt an Trieben und Ästen. Bei uns nur in den wärmsten Regionen kultivierbar. 12 m. I.

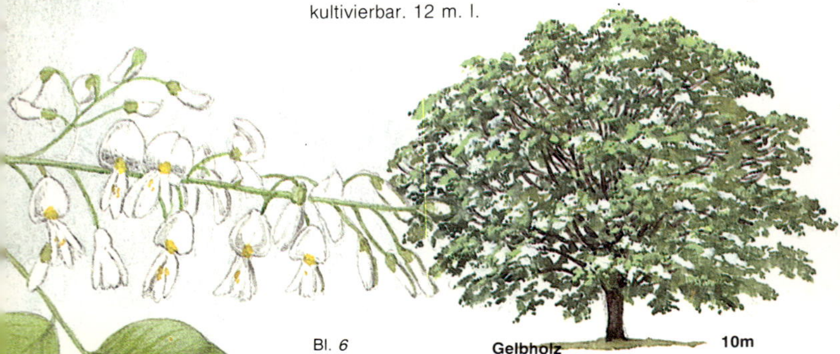

◁ **Gelbholz** *Cladrastis lutea* (= gelb: bezogen auf das frisch geschnittene Holz). Ein Baum des amerikanischen Ostens, von Virginia bis Arkansas; dort erreicht er 20 m Höhe. In Gärten kommt es zu Stammbrüchen und dann zu zahlreichen Stockausschlägen. Bei uns ganz winterhart, aber selten. Leicht zu erkennen an den nicht gegenüberstehenden Blattfiedern. Die Rinde ist glatt und dunkelgrau. Die Basis des Blattstiels verdeckt mehrere Knospen. Herbstfärbung hellgeb. 10 m. II.

Ätna-Ginster *Genista aetnensis*.. Außer in Sizilien auch auf Sardinien wild vorkommend, wird diese Art in GB und IR zu einem kleinen Baum, dessen äußere Triebe herabhängen. Schön, aber in Mitteleuropa nicht hart. Die Blätter sind klein und spärlich vertreten, so daß die Photosynthese hauptsächlich von der jahrelang grün bleibenden Rinde übernommen wird. Daher sieht *G. aetnensis* während des ganzen Jahres grün aus. Üppige Blüte im Spätsommer, Anzucht aus Samen. 10 m. I.

Ätna-Ginster **8m**

Mimose

Mimose oder Silberakazie *Acacia dealbata* (= weiß bepudert: bezogen auf die Blätter). Der Baum stammt aus SO-Australien und Tasmanien. In Europa findet man ihn nur im Mittelmeerraum, in IR und im SW GB's. In strengen Wintern friert er zurück, treibt aber aus dem Stamm wieder durch und erreicht dann in 3 Jahren Dachhöhe. Die Rinde junger Stämme ist hell blaugrün und gerippt, später wird sie schokoladenbraun und schließlich schwarz und tief gefurcht.

'Frisia' Robinie 25m Rinde bei Ø 40cm

'Frisia'

◁ **Robinie** *Robinia pseudoacacia* (= falsche Akazie). Ein Baum der Appalachen, einem Gebirgszug im O der USA, der in viele Länder des gemäßigten Klimas eingeführt wurde. Er wächst auf leichten Böden, toleriert das Stadtklima und vermehrt sich intensiv durch Wurzelbrut. Den Knospen der Seitentriebe fehlen die Schuppen, sie werden von den Basen der Blattstiele geschützt. In warmen Frühjahren ist der Baum Anfang Juni von Blüten bedeckt. Spätfröste oder lange Winter verhindern die volle Blüte. Das sehr ansehnliche, harte, braune Robinienholz ist als Zaunpfahl dauerhafter als Eiche. 30 m. III.

'Frisia', eine in Holland angezogene Form für kleine Gärten, mit gelben, im Herbst orangefarbenen Blättern.

◁ **Borstige Robinie** *Robinia hispida* (= rauh, mit Borsten). Ebenfalls aus den Appalachen stammend, ist *R. hispida* ein Strauch mit starker Wurzelbrutbildung, der hierzulande hochstämmig auf Robinie veredelt wird. Typisch ist die volle, kugelförmige Krone, deren Zweige dicht mit roten Borsten besetzt sind. Die Blüte beginnt im Juni und kann bis August dauern. Hübsch, aber durch Windbruch gefährdet. I.

Gleditschie (Christusdorn) *Gleditsia triacanthos* (= dreidornig; die Dornen sind anfangs dreiteilig). Im östl. Nordamerika beheimatet, ist diese Art ein beliebter und bewährter Baum der amerikanischen Großstädte. Von Toronto bis Seattle und Atlanta fehlt er in keinem Wolkenkratzerzentrum. Auch die Form 'Inermis' (= unbewehrt) wird gern kultiviert. Stark bedornte Sorten sind eher in bot. Gärten zu finden. Früchte setzen in GB und Mitteleuropa nur selten an. In warmen Gebieten werden sie jedoch 45 cm lang und sind sehr zahlreich. Auch bei uns ein eigenwilliger, anspruchsloser und schöner Parkbaum. 20 m. II.

'Sunburst'. Eine dornenlose Form, die häufig in Parks und städt. Anlagen vorkommt. Obwohl die goldgelb austreibenden Blätter bald grün werden, kontrastieren sie während des Sommers hübsch mit dem Inneren der Krone. I.

Schnurbaum *Sophora japonica* (= japanisch; in Wahrheit eine chinesische Art, aber zuerst aus jap. Gärten bekannt geworden). Ein völlig winterharter Parkbaum, nicht häufig, aber in warmen Lagen zu stattlichen Dimensionen heranwachsend. U. U. mit der Akazie zu verwechseln, aber die unbedornten grünen Triebe, die weniger rauhe Borke und die zugespitzten, unterseits behaarten Blätter sind gute diagnostische Merkmale. Außerdem blüht er erst im September. Die kleinen, schuppigen Seitenknospen werden von den Basen der Blattstiele verborgen. Die Frucht ist perlschnurartig gegliedert (Name!). 22 m. II.

'Pendula' ist eine hochstämmig veredelte Hängeform mit ineinander verdrehten Ästen. III.

Voss' Goldregen *Laburnum* x *watereri* (benannt nach Waterers Baumschule, Surrey). Eine holländische Selektion aus der Bastardnachkommenschaft *L. alpinum* x *L. anagyroides*, seit Jahren weit verbreitet und beliebt. Er vereinigt die positiven Merkmale beider Elternarten: dicht gestellte, große Blüten und eine langgestreckte Blütenfahne. Außerdem besteht Bastardwüchsigkeit und weder Beblätterung noch Blütenansatz bilden sich im Alter zurück. Alle *Laburnum*-Arten haben giftige Samen. 10 m. I.

Alpen-Goldregen *Laburnum alpinum*. Zu Hause im Südteil der Alpen und in Südeuropa, aber rel. selten in Parks und Gärten anzutreffen. In Schottland verwildert. Die Blätter sind viel größer – die Fiederblätter bis 12 cm lang und 6 cm breit –, weniger behaart, weicher und dunkler als beim Gem. Goldregen. Im übrigen blüht er einige Wochen später, auch später als × *watereri*. 13 m. II.

Gemeiner Goldregen *Laburnum anagyroides* (= ähnlich *Anagyris*, einem verwandten Strauch). Heutzutage viel seltener als Voss' Goldregen, aber noch leben zahlreiche alte Exemplare. Mit zunehmendem Alter werden die Blätter kleiner und die Fahnen der Blüten kürzer. Natürlich entstandene Sämlinge findet man in vielen Gärten. Die Triebe sind mit langen, grauen, seidigen Haaren bedeckt. 8 m. III.

Adams Goldregen + *Laburnocytisus adamii* (Jean Louis Adam zog ihn 1825 in Vitry bei Paris an). Dieser bemerkenswerte Baum ist ein Pfropfbastard (Chimäre), in dem die Gewebe zweier verschiedener Pflanzen teils voneinander getrennt, teils miteinander vereint vorkommen. *Cytisus purpureus*, der eine Elter, bricht hier und da in Form von Zweig- und Blütenbüscheln durch. *Laburnum anagyroides*, der andere Elter, treibt ebenfalls durch und blüht separat. Aber der größere Teil der Krone bildet rötliche, etwas kleinere *Laburnum*-Blüten, die von beiden Eltern abstammen. 8 m. I.

Geweihbaum *Gymnocladus dioicus* (getrenntgeschlechtig). Ein winterharter, aus dem O der USA stammender, trägwüchsiger Baum, der in Europa selten vorkommt. Er ist leicht an den kräftigen, blaugrünen, rosa und violett bereiften Trieben zu erkennen, die wegen der erhabenen Blattnarben und der großen, gelbbraunen Knospen etwas knollig verdickt aussehen. Die graubraune Borke hat bogig verlaufende, geschuppte Rippen. Blätter beim Austrieb rosa, die Fiedern sehen wie separate Blätter aus. Im Herbst fallen zunächst die blaßgelben Blattspreiten ab, während die Blattstiele noch viele Tage am Baum bleiben. 17 m. I.

Bl. *6*

Rauten-Gewächse (Rutaceae). Eine große Familie mit vielen Holzpflanzen warmer Klimabereiche, einschließlich Orangen, Zitronen und anderer Zitrusfrüchte.

Rinde bei Ø 30m

Rinde bei Ø 30cm

◁ **Japanischer Korkbaum** *Phellodendron japonicum.* Einer aus der kleinen Gruppe von 3 NO-asisatischen Korkbäumen mit gegenständig gefiederten Blättern, deren Stiele die Seitenknospen umschließen. Nur *Ph. amurense* (siehe unten) besitzt eine dicke, korkige Rinde. Beim japanischen Korkbaum bildet sich hingegen ein Netz von Leisten: ziemlich dick, aber nicht verkorkt. Hauptkennzeichen: Blattstiel und Blattunterseite sind dicht mit kurzen, weißen Haaren besetzt. Die Bäume sind zweihäusig. Fehlt es an Samen, kann man über Stecklingsbewurzelung vermehren. 12 m. II.

◁ **Amur-Korkbaum** *Phellodendron amurense* (= aus der Region des Amurflusses: O-Sibirien und Mandschurei). Er ist von den 3 Korkbäumen der noch am wenigsten seltene, mit zwei ganz ähnlichen Varietäten in Kultur. Weitgehend frosthart in Mitteleuropa. Graue, mit dicken Leisten belegte Rinde. Die Triebe sind kräftig, runzelig und von orangebrauner Färbung. Blüten ohne Petalen. 15 m. II.

Hupeh-Stinkesche *Euodia hupehensis* (= aus der mittelchinesischen Provinz Hupeh). Recht selten, fast nur in Sammlungen zu finden. Der Baum fällt im September durch die Blüte und im Winter durch die glatte, graue Rinde auf. ♀ und ♂ Blüten kommen in separaten Ständen am gleichen Baum vor. Knospenschuppen fehlen, dafür sind die gefalteten Blätter dicht von braunen Haaren umgeben. Die Blätter sind gegenständig gefiedert, fest und ledrig. Sehr ähnlich ist *E. daniellii* (von W. Daniell, einem britischen Chirurgen, entdeckt); diese Art zeichnet sich gegenüber *Euodia hupehensis* durch kürzere Fiederblattstiele aus. Stammt aus N-China und Korea. 20 m. l. ▷

Bittereschen-Gewächse (Simaroubaceae). Eine tropische Familie mit etwa 150 Arten. Nur 3 Baumarten davon gedeihen auch in Nordeuropa: 2 Götterbäume und das Bitterholz. Beide Gattungen haben wechselständige, lange Fiederblätter. Heimat: O-Asien.

◁ **Götterbaum** *Ailanthus altissima* (= sehr hoch: in Relation zu einer verwandten molukkischen Art zu verstehen, von der der Name ‚Götterbaum' übernommen wurde). Ein häufiger, seit der Mitte des 18. Jahrhunderts in Europa kultivierter Parkbaum. Er vermehrt sich so intensiv durch Wurzelbrut, daß er in warmen Gebieten als Straßenbaum lästig wird. Verbreitung durch Samen ist hierzulande selten. Ende Mai erscheinen die zunächst roten Blätter. Herbstfärbung fehlt. Zerrieben entlassen die Blätter einen sauren, unangenehmen Geruch nach alten Tennisschuhen. An Schößlingen können sie bis 90 cm lang werden und 40 Fiederblätter tragen. Die 1–3 breiten Zähne an der Basis der Fiedern findet man nur bei *Ailanthus*. 30 m. II.

◁ **Weichhaariger Götterbaum** *Ailanthus vilmoriniana* (Maurice de Vilmorin, franz. Baumschulist, bezog die ersten Samen). Dieser sehr seltene Baum aus W-China fällt durch seine dunklen, noch längeren, etwas herabhängenden Blätter mit hellroter, behaarter Mittelrippe auf. Auch die Blattnerven sind fein behaart. Der Stamm bildet Wasserreiser. 22 m. II.

♂ 7

Samen 9

◁ **Bitterholz** *Picrasma quassioides* (= dem Quassia-Baum ähnelnd). Selbst in bot. Gärten nur selten anzutreffen. Heimat: von Japan über Korea und China bis zum Himalaya. In Mitteleuropa durchaus winterhart. Knospen ohne Schuppen, so daß zwei kleine, scharlachrote Blätter eng aneinandergepreßt ungeschützt überwintern. Vor dem Austrieb werden sie hellbraun. Das fertige Blatt fällt durch eine kräftig rote Mittelrippe (Rhachis) und durch lang gestielte Endfiedern auf. Im Herbst verfärbt es sich orange und scharlachrot. Rinde: tief schokoladenfarben. Früchte: orange, zur Reifezeit schwarz. 12 m. I.

Weichhaariger Götterbaum

Götterbaum

Rinde bei ∅ 40cm

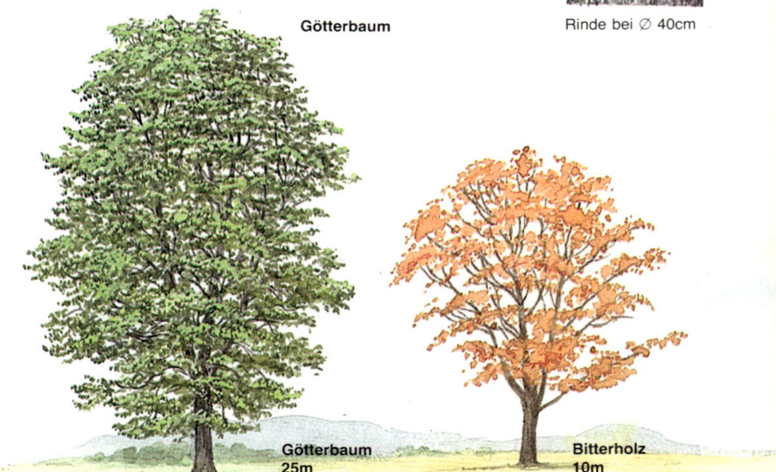

Zederach-Gewächse (Meliaceae) (Melia = griech. Esche: angewandt auf *Melia azedarach,* einen in S-Europa und den südl. USA häufigen Baum chinesischer Herkunft). Eine sehr umfangreiche tropische Familie.

◁ **Surenbaum** *Cedrela sinensis.* Ein winterharter, bei uns recht seltener Baum, dessen engl. Name ‚Chinese Cedar' auf das schöne, wohlriechende Holz hinweist. Die Rinde bildet zunächst glatte, kupfrig-graue Platten und wird im Alter dunkel rötlichgrau und rissig. Die sehr offene Krone hat nur wenige aufwärts gewölbte Triebe. Sie sind warzig und blaß orangefarben. Die weißen Blüten stehen in 50 × 20 cm großen hängenden Rispen. Aus Samen anzuziehen. 20 m. II:

Sumach-Gewächse (Anacardiaceae). Eine große Familie mit tropischen und subtropischen Arten.

◁ **Lack-Sumach** *Rhus verniciflua* (= mit Lack überzogen). Dieser hübsch beblätterte Baum kommt trotz Winterhärte in Mitteleuropa fast nur in Sammlungen vor. Im Winter fällt er durch die vielen senkrechten Äste und die dunkelgraue, schuppige Rinde auf. Auch die dicken, aufwärtsgebogenen hellgrauen, orange gesprenkelten Triebe sowie die breiten braunen Knospen sind typisch. Die lang gestielten, rispigen Blütenstände stehen in Quirlen speichenartig von den Triebenden ab. Früchte: glänzend hellbraune Beeren. Schöne orangefarbene und scharlachrote Herbstfärbung. 20 m. I.

◁ **Chinesisicher Lack-Sumach** *Rhus potaninii* (Gregori Potanin, russ. Botaniker, führte ausgedehnte Sammelreisen in. China durch). Weniger häufig und weniger baumförmig als die zuvor beschriebene jap. Art. Oft mit 3–4 gewundenen, voneinander wegstrebenden Stämmen. Die rötlichgraue Rinde ist fast glatt. Die Blätter sind kleiner und haben weniger sowie schmalere Fiedern als *R. verniciflua.* Sie hängen ein wenig herab; nur die Endfieder bleibt mehr oder weniger waagerecht. Herbstfärbung von gelb über rosa nach dunkelrot. Das geschieht rel. spät und nicht immer mit besonders schönen Farben. 18 m. II.

Buchsbaum-Gewächse (Buxaceae). Etwa 30 kleine Bäume mit immergrünen, gegenständigen Blättern und sehr schwerem, hartem Holz. Sie bewohnen die Alte Welt, kommen aber auch in Mittelamerika und Westindien vor. Nachzucht aus Samen und Stecklingen.

Buchsbaum *Buxus sempervirens* (= immergrün). Die letzte Art, die vor der Entstehung des engl. Kanals aus ihrem eiszeitlichen Refugium nach GB zurückwandern konnte. Auch in SW-Deutschland von Natur aus vorhanden, hauptsächlich aber in S-Europa. Überaus häufig in Kultur. Das tiefgelbe bis braune Holz ist so schwer, daß es in Wasser nicht schwimmt. Es eignet sich hervorragend für Holzschnitte und wird noch heute für Holzhämmer und hochwertige Zeichengeräte genutzt. Buchsbaum läßt sich gut beschneiden, ist langlebig und ein dankbares Objekt für die franz. Gartenkunst. Die Blüten sind eingeschlechtig, ♀♀ und ♂♂ stehen am selben Blütenstand. 6 m. I. ▷

Balearischer Buchsbaum *Buxus balearica*. Daheim auf den Balearen, in S-Spanien und auf Sardinien, kultiviert hauptsächlich in S-Europa. Die Art gedeiht auch in GB, ist aber in Mitteleuropa nicht winterhart. Gemessen an *B. sempervirens* sind die Blätter größer, nicht glänzend und spärlicher verteilt. Insgesamt ein aufrechter, etwas farbloser, kleiner Baum mit tiefer Beastung. Die Blüten sind rel. groß und die Staubblätter haben verbreiterte weiße Staubfäden. 11 m. III. ▷

Stechpalmen-Gewächse (Aquifoliaceae). Eine große Familie mit immer- und mit sommergrünen Bäumen und Sträuchern von geringer bis mittlerer Größe, die über weite Teile der Erde verbreitet ist. Zweihäusigkeit ist die Regel.

Stechpalme

Stechpalme *Ilex aquifolium.* Der klassische Name *Ilex* wurde zunächst auf die mit bedornten Blatträndern versehene Steineiche angewandt und erst später auf die Stechpalme, einen in atlantischen Eichen- und Buchenwäldern wachsenden Strauch, übertragen. Das weiße, sehr glatte, harte und schwere Holz wird gern für Küchengeräte und Schachfiguren genutzt. Stechpalmen lassen sich leicht aus Samen anziehen, die zuvor in feuchtem Sand kalt gelagert oder von Vögeln ausgeschieden wurden. Zierformen pfropft man, denn Stecklingsbewurzelung ist unsicher. Alte Blätter werden im Hochsommer abgestoßen. An manchen Bäumen bleiben die Beeren bis zum nächsten Juni am Zweig. 15 m. II.

Bl. *5*

'Ferox'

ausgewachsener Baum 15m

junger Baum

'Handsworth New Silver'

'Golden Queen'

Rinde bei Ø 30cm

'Pyramidalis'

'Bacciflava'

Großblättrige Stechpalme *Ilex × altaclarensis* (Latinisierung des Namens ‚Highclare', dem Ort der Kreuzung). Die Madeira-Stechpalme, kultiviert wegen ihrer Beeren, mußte zur Bestäubung aus dem Gewächshaus geholt werden. Sie wurde dann von Bienen bestäubt, die Pollen von benachbarten *I. aquifolium* mitbrachten. Es entstand eine Reihe sehr robuster, breit-, aber flachblättriger Bastarde, Ausgangsmaterial für viele Kultivare. 'Hodginsii', ein ♂ Baum, ist besonders häufig, außerdem unempfindlich gegen Luftverunreinigung und Seewind. Die Blätter haben einen stumpf-metallischen Glanz. 18 m. II.

'Hodginsii'

'Golden King'

Bl. *5*

'Lawsoniana'

'Wilsonii'

'Camelliifolia'

Beere

Pernys Stechpalme *Ilex pernyi* (P. H. Perny, franz. Jesuit und Botaniker in China). Eine der vielen, von Missionaren in Mittel- und W-China entdeckten und später von E. Wilson eingeführten Arten. Perny hatte 1848 als erster Botaniker die Provinz Kweichow bearbeitet. Heute wächst *I. pernyi* in großen Gärten NW-Europas, einschließlich D's, zu einem schlanken, aufrechten, spärlich beasteten, kleinen Baum heran. Beim Austrieb sind die Blätter blaßbraun. Sie werden 2–3 cm lang. 5 m. II.

Himalaya-Stechpalme *Ilex dipyrena* (= 2 Samen pro Frucht). Eine frostempfindliche, in Mitteleuropa kaum anzutreffende Art, die aber im südl. GB zu einem mittelgroßen Baum wird, dessen Stamm sich oft 1–2 m über dem Boden teilt. Die etwas rauhe Rinde ist graubraun. Einige Blätter bleiben ungezähnt, andere haben 2–3, wieder andere 8 und mehr Zähne an jeder Seite. Die Zähne sind dünn, dornig zugespitzt und zur Blattspitze gerichtet. Junge Pflanzen tragen mehr gezähnte Blätter als alte. Die meisten Bäume sind männl., tragen also keine Beeren. III.

Beere

● **Ahorn-Gewächse** (Aceraceae) (acer = scharf: bezogen auf das Holz, das sich scharf zuspitzen und für Speile und Spieße verwenden läßt). 130 Arten, nur zwei davon sind keine echten Ahorne. Gattung *Acer:* gegenständige Blätter, Blüten sehr variabel: ♀ und ♂ stehen teils auf verschiedenen Bäumen, teils am selben Baum, aber in getrennten Blüten, teils in der gleichen Blüte, teils in allen Kombinationen am selben Baum. Aus Samen angezogen, am besten ohne vorherige Lagerung. Das Holz ist hart und sehr hell.

Trieb

Bl. *3–4*

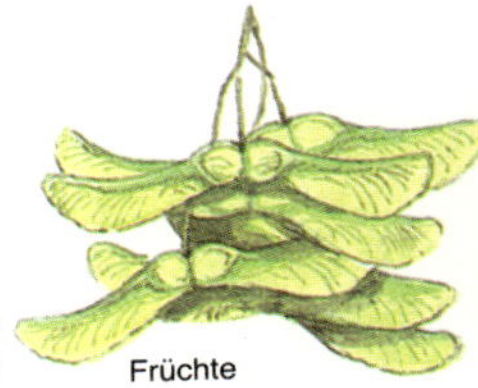

Früchte

◁ **Spitzahorn** *Acer platanoides* (= platanenähnlich, bezogen auf das Blatt). Ein europäischer Waldbaum feuchter Standorte, dessen Areal vom südl. Norwegen bis zum Kaukasus reicht, GB ausgenommen. Außerdem ein dekorativer Park- und Straßenbaum, der auf sauren und alkalischen Substraten gleichermaßen gut gedeiht. Die Blüten erscheinen vor den Blättern und sind gelblichgrün. 28 m. I.

'Schwedleri' blüht später, hat rote Kelchblätter und orangefarbene bis karmesinrote Herbstfärbung. 28 m. II.

'Laciniatum' ist eine niederliegende, buschige Form mit tief eingeschnittenen Blättern.

'Schwedleri'

'Laciniatum'

Rinde bei ∅ 50cm

23m

Herbst

Zuckerahorn *Acer saccharum.* Aus dem zuckerhaltigen Saft dieses kräftigen, im Osten N-Amerikas beheimateten Baumes wird Ahornsirup hergestellt. Die Art ist in Europa völlig winterhart, ähnelt im Blatt dem Spitzahorn, wird aber selten bei uns angebaut. Die Rinde weist nur wenige dunkelgraue Risse auf, wird aber sehr rauh. Andere Unterschiede zu *A. platanoides:* Blätter und Triebe ohne Milchsaft, keilförmige (nicht runde) Basis der Blattbuchten, seitlich leicht abgerundete Blattzähnung. Das Herbstlaub verfärbt sich gelb und rot. 26 m. I.

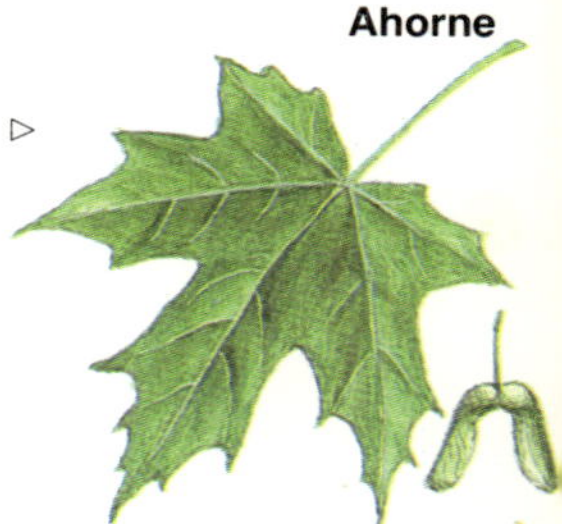

Miyabes Ahorn *Acer miyabei* (K. Miyabe, jap. Botaniker). Ein sehr seltener, aus N-Japan stammender Baum; in GB jedoch in vielen Sammlungen anzutreffen. Der mittelhohe Baum fällt durch seine rissige, orangebraune bis graue Schuppenrinde und durch die breite, kuppelförmige Krone auf. Die Basis des Blattstiels ist deutlich verdickt. Sie umfaßt den rotbraunen Trieb und verbirgt fast die Gipfelknospe. Die Blattadern sind unterseits von weichen, weißen Haaren besetzt. 15 m. II.

Lobels Ahorn *Acer lobelii* (Mathias de l'Obel, flämischer Botaniker). Die aus S-Italien stammende Art gehört zu den wenigen Bäumen, die von Natur aus streng aufrecht wachsen. Sie ist bei uns recht selten und steht morphologisch zwischen Spitzahorn und Kolchischem Ahorn. Kennzeichnend sind neben der Gestalt des Baumes seine blauweißen Triebe. Die blaßgrünen Blüten sitzen an aufrechten, endständigen Rispen und fallen inmitten der Blätter kaum auf. 24 m. I.: ein sehr brauchbarer und wüchsiger Baum.

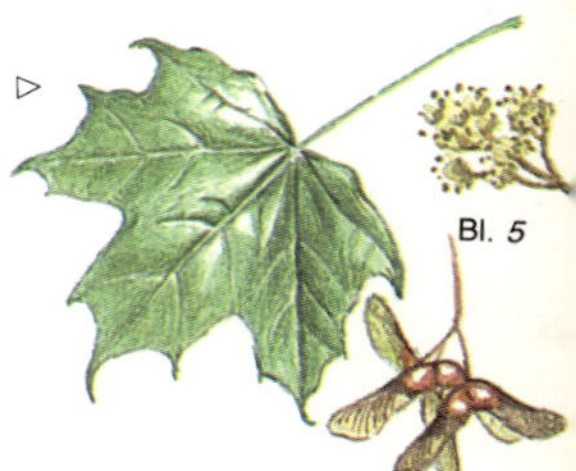

Kolchischer Ahorn *Acer cappadocicum* (aus dem östlichen Kleinasien, einst Kappadozien genannt). Heimat: vom Kaukasus über Elbrus und Himalaya bis nach China. Als Park- und Gartenbaum recht verbreitet, bevorzugt er humide Lagen. Wurzelbrut wird so reichlich gebildet, daß die unmittelbare Umgebung des Stammes gepflastert sein sollte oder gemäht werden muß. Die Schößlinge können 25 m hoch werden, ihre Blätter sind beim Austrieb rot. Herbstfärbung buttergelb. 24 m. II.

◁ **Bergahorn** *Acer pseudoplatanus* (falsche Platane). Von Mitteleuropa bis zum Kaukasus beheimatet und in NW-Europá weit verbreitet. Ein forstlich wertvoller Baum des Bergmischwaldes, außerdem ein robuster, im Stadtklima bewährter, allerdings gegen Streusalz empfindlicher Park- und Straßenbaum. Der Bergahorn stellt hohe Standortansprüche, ist aber rel. pH-tolerant. Als schattenertragende Art setzt er sich gegen lichtbedürftige Laubbäume durch. Seine Laubstreu behindert Blütenpflanzen. 35 m. III. – Vom Zierwert her rel. farblos.

'Brilliantissimum', eine hochstämmige Veredelung des Bergahorns mit krausköpfiger Krone und mit Blättern, deren Farbe sich im Laufe von 2 Monaten von hellrosa über gelb und orange bis weiß verändert. 6 m. I.

◁ **Samtahorn** *Acer velutinum* var. *vanvolxemii* (= von van Volxem entdeckt und eingeführt). Eine Art Hochleistungs-Bergahorn aus den Wäldern des Kaukasus. Obwohl systematisch einer anderen Sektion der Gattung *Acer* angehörend, deren Blüten in breiten, aufrechten Rispen stehen, sieht er aus wie ein Bergahorn mit glatter, hellgrauer Rinde und einem schönen Stamm mit ringförmigen Astnarben. Die 15–18 cm großen Blätter stehen an kräftigen, bis zu 27 cm langen Stielen. Die dunkelbraunen Knospen sind scharf zugespitzt und haben zahlreiche Schuppen. 24 m. I.

Italienischer Ahorn *Acer opalus* (bezogen auf den Halbedelstein Opal). Ein ungewöhnlicher, hauptsächlich in Südeuropa kultivierter, mit breiter, kuppelförmiger Krone versehener Parkbaum mittlerer Größe. Außerhalb der Blütezeit könnte man ihn für einen Bergahorn mit stumpf gelappten, breiten Blättern halten. Die Rinde ist jedoch rötlich bis orangegrau, mit dicken, quadratischen Schuppen belegt. Später werden die Schuppen größer und erhalten aufgewölbte Ränder. Die hell- bis dunkelbraunen Knospen sind zugespitzt. 20 m. II.

Italienischer Ahorn 20m

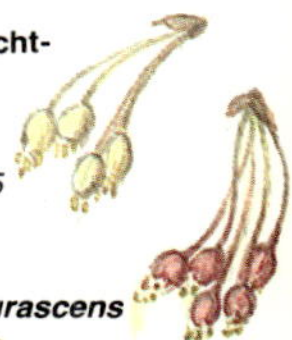

Hornfrucht-Ahorn *Acer diabolicum* (= teuflisch: bezogen auf 2 hornartige Fortsätze zwischen den beiden Fruchtflügeln). Ein fast nur in Sammlungen anzutreffender kleiner Baum aus Japan, dessen Blätter der Platane auf den ersten Blick besonders ähnlich sehen. Sie sind aber mit einem Saum weicher, weißer Haare versehen, die vom Blattrand und von den Adern abstehen. Blütenblätter werden nur bei den ♀ Blüten ausgebildet; bei der var. *purpurascens* sind sie rot, ebenso wie die jungen Früchte. Die dunkelbraunen, zugespitzten Knospen fallen durch abgespreizte untere Schuppen auf. 12 m. II.

Balkan-Ahorn *Acer hyrcanum* (aus der südöstl. Küstenregion des Kaspischen Meeres, einst Hyrkanien genannt). Das Verbreitungsgebiet erstreckt sich bis nach S-Europa. Die Art ähnelt dem Italienischen Ahorn, hebt sich aber durch lange, schlanke Blattstiele und etwas tiefere Blattbuchten von ihm ab. Er ist auch seltener. Die grünlichgelben Blüten stehen etwa zu 20 in kurz gestielten Büscheln und öffnen sich zur Zeit der Blattentfaltung. Die Knospen haben nur wenige rotbraune, grau berandete Schuppen. Rinde: schmutziggrau, rötlich und orange, mit dünnen Schuppen. Der Baum bildet eine breite, offene Krone aus. 16 m. II.

Großblättriger Ahorn *Acer macrophyllum.* Sein Areal erstreckt sich von S-Alaska bis S-Kalifornien. Von allen Ahornarten hat er die größten Blätter. Obwohl weitgehend frosthart und überaus stattlich, ist er bei uns selten. Die Rinde ist mit schmalen, grauen Leisten zwischen bräunlich-orangefarbenen Rissen besetzt. Die Krone gleicht einer langgestreckten, hohen Kuppel. Die Länge der Blattspreite beträgt 25–30 cm, hinzu kommt der 30 cm lange Stiel. An den kätzchenartigen, bis 25 cm langen, gelben Blütenständen entwickeln sich nur die Blüten des untersten Drittels zu Früchten. Diese sind groß und weiß behaart. 29 m. I.

Kaukasischer Ahorn *Acer trautvetteri* (Ernst von Trautvetter, russ. Botaniker). Die Art ist in Kleinasien und vom Kaukasus bis zum Iran heimisch. In Europa kommt sie nur in Sammlungen vor. Auf den ersten Blick hält man sie für einen Bergahorn mit tief gelappten Blättern und glatter Rinde. Abweichungen bestehen bei den aufrechten, breiten Blütenständen und bei den großflügeligen Früchten, die in rötlichen Büscheln wie Blüten herabhängen und später dunkelrot werden. 14 m. II.

Früchte

Griechischer Ahorn *Acer heldreichii* (Theodor von Heldreich, griech. Botaniker). Heimisch in den Gebirgen des Balkan, hierzulande fast nur in Sammlungen. Bei keinem anderen Ahorn reichen die Buchten fast bis zur Blattbasis. Die Krone ist aufrecht, aber etwas spärlich, die Rinde glatt und rötlichgrau, später mit gleichmäßigen Rissen versehen. Die Triebfarbe schwankt von olivbraun über mahagoni bis dunkel-rotbraun. Auch die stark zugespitzten Knospen haben ein dunkles Rotbraun. Die 17–25 cm großen Blätter stehen an einem 15 cm langen Stiel. Beim Entfalten wirken sie wie hellgrüne Tupfen zwischen den scharlachroten Knospenschuppen. 20 m. I.

Silberahorn *Acer saccharinum.* Dieser breitkronige, eindrucksvolle Waldbaum ist im östl. Nordamerika – von SO-Kanada bis Louisiana – zu Hause. In Europa schätzt man ihn als raschwüchsigen, sehr vitalen Park- und Straßenbaum. Forstliche Bedeutung hat er bei uns nicht. Die glatte, hellgraue Rinde ist häufig mit Wasserreisern, Beulen und Knollen besetzt, oft liegen ihr langgestreckte, lose Platten auf. Schon in mittleren Jahren bildet der Silberahorn kräftige Stämme aus, und die steil ansteigenden Äste beginnen abzusterben und abzufallen. Lange vor den zunächst orangefarbenen Blättern erscheinen die Blüten. Nicht überall in Europa setzt *A. saccharinum* regelmäßig Früchte an. 30 m. II. ▷

Spitzzähniger Ahorn *Acer argutum* (= spitz gezähnt). Die Art stammt aus Japan und wächst zu einem kleinen, vielstämmigen Baum heran. Er erscheint von oben bis unten dunkelgrün, denn die dunkel-graugrüne Rinde ist nur von Lentizellen und blasenartigen Erhebungen unterbrochen, und die Früchte sind von Mai bis in den Sommer hinein ebenfalls grün. Sie werden in großer Zahl gebildet: je etwa 12 Stück in vielen Büscheln. Die Blätter sind hart und an den Adern gekräuselt. Erst spät im Herbst verfärben sie sich gelb. ♀ und ♂ Blüten stehen an verschiedenen Bäumen. 10 m. II. ▷

Fächer-Ahorn *Acer palmatum* (= mit handförmigen Blättern). Dieses ist wohl die bekannteste, in viele Zierformen aufgespaltene jap. Ahornart. Teils strauchig, teils baumförmig, ist sie in zahlreichen europ. Gärten zu finden und hat als Blattfarbe ein kennzeichnendes düsteres Rot. Die weniger häufige Baumform hat behaarte Triebe und Blattstiele. Sie wird 17 m hoch, hat eine braune, abschülfernde Rinde und eine kuppelförmige Krone. Herbstfärbung gelb bis rot in vielen Schattierungen. 17 m. I.

'Atropurpureum'. Buschig und bis 9 m hoch, etwas düster wirkend.

'Ozakazuki' mit frisch grünen, 9 × 12 cm großen Blättern. Trägt schon im Sommer scharlachrote, in Büscheln herabhängende Früchte, die im Herbst feuerrot werden und selbst im Schatten leuchten. 10 m. I.

'Senkaki', Korallen-Ahorn, wird im Herbst gelb und rosa. 7 m. I.

Japanischer Ahorn *Acer japonicum.* Ein aufrechter, mittelgroßer, tief beasteter Baum mit glatter, grauer Rinde. Ansehnlicher ist die großblättrige Form 'Vitifolium', die eine geradezu spektakuläre Herbstfärbung aufweist: im Sonnenlicht scharlachrot, aber goldgelb, bläulichrot oder grün im Schatten. 15 m. I.

'Aureum'. Ein kleiner Busch mit buttergelben 11-lappigen Blättern, gut geeignet für Fels- und Heidegärten, aber empfindlich gegen pralle Sonne.

Koreanischer Ahorn *Acer pseudosieboldianum* (der unechte Siebolds Ahorn, eine sehr ähnliche Art mit gelben Blüten). Dieser Ahorn, dessen Heimat sich bis in die Mandschurei erstreckt, ist bei uns selten und entwickelt sich bestenfalls zu einem breiten Busch. Schon im Sommer zeigen die Blätter einen aparten, warm-orangeroten Schimmer, der sich im Herbst in ein strahlendes Orange, Scharlachrot und Karmesinrot verwandelt. Die Blüten sind purpurrot. 5 m. I.

Zoeschener Ahorn *Acer × zoeschense* (entstanden in Zoeschen bei Merseburg). Ein Bastard zwischen *A. campestre* und *A. cappadocicum.* Pollenelter könnte auch *A. lobelii* gewesen sein, die intensive Wurzelbrutbildung des Bastards spricht aber dagegen. Der Baum wird breitkronig und kräftig, kommt aber fast nur in Sammlungen vor. Die 10 × 14 cm großen Blätter stehen waagerecht vom Trieb ab. Sie wirken von weitem fast schwarz. An jedem Blütenstand stehen etwa 12 gelbgrüne Blüten ohne Petalen. 17 m. II.

Feldahorn *Acer campestre.* Ein einheimischer, recht häufiger, mittelgroßer Baum der offenen Landschaft und der Waldränder, der gern auf Kalk wächst. Nach Rückschnitt zur Hecke bildet er Korkleisten an den Trieben aus. Zur Zeit des Austriebs sind die Blätter rötlich, an den zuletzt gebildeten Trieben rot und im Herbst gelb, rot oder purpurn. Die kleinen gelbgrünen Blüten stehen an aufrechten Ständen und erscheinen gleichzeitig mit den Blättern. Die Krone ist dicht geschlossen und bildet waagrechte Triebe aus, die sich am Ende nach oben wölben. Die Knospen sind rotbraun und haben eine graue, behaarte Spitze. Rinde: hell- bis dunkelgraubraun mit schmalen Rissen. 25 m. I.

'Atropurpureum'
Fächer-
Ahorn
Jap.
Ahorn
'Ozakazuki'
'Senkaki'
Herbstlaub
Koreanischer
Ah.
Bl. 5
Zoeschener Ah.
Herbst
Bl. 4
15m
Feldahorn
Feldahorn

Bl. 5

◁ **Davids Ahorn** *Acer davidii* (Abbé David, ein frz. Missionar, entdeckte viele Pflanzen in China). In GB häufig, dort zur Gruppe der Schlangenhaut-Ahorne gezählt und in mehreren Formen vorkommend. Eine davon, 'George Forrest', hat breite, glänzende, etwas schwärzliche Blätter mit nur 3 Buchten und scharlachrotem Stiel. Herbstfärbung fehlt. Eine zweite trägt schmale, lang zugespitzte, nicht gebuchtete Blätter. Herbstfärbung gelblichbraun bis orange. Eine dritte Form mit kleinen (6 × 3 cm), ungelappten, elliptischen Blättern verfärbt sich genauso, und 'Ernest Wilson', die vierte und seltenste, hat hellgrüne, z. T. gefaltete, unterseits graugrüne Blätter mit vielen kleinen Buchten und kurzem, rötlichem Blattstiel. 16 m. I.

Bl. 5

◁ **Hers' Ahorn** *Acer hersii* (von M. Hers, einem frz. Sammler, entdeckt und eingeführt). Dieser völlig winterharte chinesische Schlangenhaut-Ahorn ist vornehmlich in jungen Exemplaren zu finden. Kennzeichnend ist die olivgrüne Farbe an fast allen Baumteilen: Rinde, Triebe, Blattstiel, junge Blätter, Blüten und Früchte. Nur einige kräftige junge Triebe sind blaßrosa, ebenso die Blattstiele. Manchmal werden die ausgewachsenen Blätter tief dunkelgrün. Der Baum entwickelt schnell eine vasenförmige Krone mit aufstrebenden Astenden. Später hängen längere Äste herab. Herbstfärbung tief orange bis dunkelrot. 14 m. I.

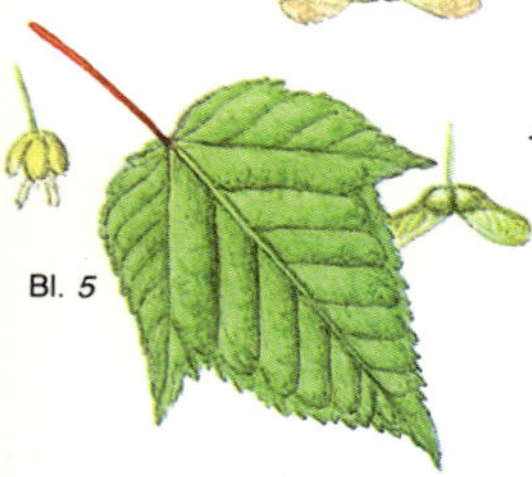

Bl. 5

◁ **Roter Schlangenhaut-Ahorn** *Acer capillipes* (= schmalfüßig: vermutlich auf die Blattstiele bezogen). Diese mittelhohe jap. Art ist in vieler Hinsicht dekorativ: durch scharlachrote Triebe und Blattstiele, durch glänzende, vieladrige Blätter und durch die mit weißen Streifen versehene grüne Rinde. Der Baum wird nicht alt. Die Blätter fallen durch den langen, wohlproportionierten Mittellappen und die hervortretenden, parallel verlaufenden Adern auf. Orangefarbene und scharlachrote Herbstfärbung; reichlicher Blüten- und Fruchtansatz. 16 m. I.

Bl. 5

◁ **Pennsylvanischer Ahorn** *Acer pensylvanicum* (= richtiger: *pennsylvanicum*, bezogen auf den US-Staat Pennsylvanien). Der einzige nicht aus Ostasien stammende Schlangenhaut-Ahorn: bei uns ein winterharter, kleiner Baum mit aufrechter Krone und großen hellgrünen Blättern. Die Art ist unschwer aus den reichlich gebildeten Samen anzuziehen. Größere Blätter (bis 20 cm Länge) bilden die beiden Buchten in Spitzennähe, kleinere nahe der Blattmitte aus. Schon früh färben sich die Blätter gelb, fallen dann aber rasch ab. 14 m. I.

Bl. 5

◁ **Rostnerviger Ahorn** *Acer rufinerve* (= rotnervig: bezogen auf die rostrote Behaarung der Blattadern auf der Unterseite junger Blätter, später auf kleine Haarbüschel in den Achseln der Adern reduziert). Dieser japanische Baum hat eine auffallend graue Rinde mit rosa Streifen sowie bläulichweiß bereifte Knospen und junge Triebe. Die Mittelbucht des Blattes ist kurz und breit und zeigt auf der Unterseite einen rostroten Schimmer. Herbstfärbung: orangefarben und rot. Die oberen Äste beginnen damit. 13 m. II.

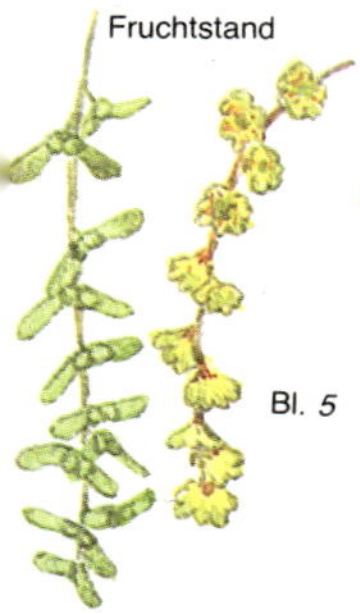

Rinde bei Ø 30cm

SCHLANGENHAUT-AHORNE. Darunter versteht man eine Gruppe sehr ähnlicher, mit Ausnahme von *A. pensylvanicum,* aus Ostasien stammender Arten, deren Name auf die eigenartige Rinde zurückgeht. Sie haben außerdem gestielte Knospen und 2 herabhängende kätzchenartige Blütenstände pro Blattpaar. Schon junge Bäume blühen und fruchten reichlich. Fast alle Arten haben eine brillante Herbstfärbung, sind in der Jugend sehr raschwüchsig, bleiben aber letztlich klein oder mittelgroß. Die Äste sind aufwärts gewölbt.

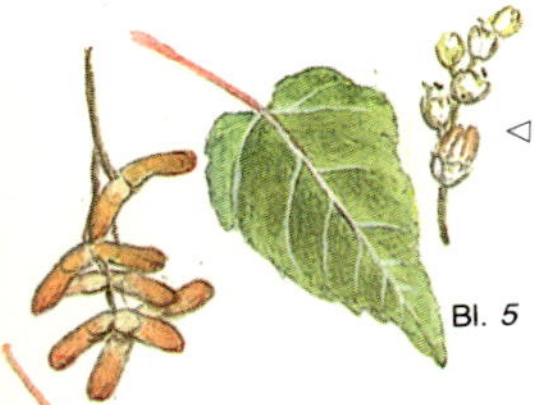

Weißdornblättriger Ahorn *Acer crataegifolium.* Dieser zierliche, kleine Schlangenhaut-Ahorn kommt aus Japan und ist recht selten. Seine Kennzeichen: Stamm und Äste dünn, Beastung weit ausladend, Krone manchmal einseitig. Die kleinen, gedrehten Zweige sind auf den Astoberseiten aufgereiht. Im Sommer dominiert das Rot, denn die Triebe sind dunkelrot-weiß gestreift, die Blattstiele sind scharlachrot, die Blattadern rosa und die Früchte tiefrot. Sehr kleine Blätter (6 × 3 cm). 12 m. II.

Forrests Ahorn *Acer forrestii* (von G. Forrest, einem Sammler aus Edinburgh, in W-China entdeckt und von dort eingeführt). Es ist schwer verständlich, warum dieser attraktive Schlangenhaut-Ahorn fast unbekannt geblieben ist. Er hat hübsche, dreilappige, efeuähnliche Blätter mit scharlachrotem Stiel und eine sattgrüne, weißgestreifte Rinde. Äste und Zweige hängen über. Die Blätter bleiben lange am Baum, ohne im Herbst die Farbe zu ändern. Eine in GB angebaute Zierform bildet Blätter mit zusätzlichen kleinen Buchten und unregelmäßig gezähntem Rand aus. Winterhart, auch in Mitteleuropa. 11 m. I.

Birkenblättriger Ahorn *Acer tetramerum* (= mit 4 Teilen). Äußerlich ein Schlangenhaut-Ahorn, aber wegen der Zweihäusigkeit zu einer anderen systematischen Gruppe gestellt. Die etwas rauhe, dunkel-graugrüne Rinde ist gewöhnlich mit Lentizellen besetzt. Zumeist werden 4–5 sehr schlanke, hohe und spärlich beastete Stämme ausgebildet. Kennzeichnend für das Blatt dieser Art ist die fehlende Lappung, der lange, dünne, scharlachrote Stiel, die runde Basis und der grob gezähnte Rand. Ein seltener Baum. 15 m. II.

Lindenblättriger Ahorn *Acer distylum* (= mit 2 Griffeln). Diese jap. Art ist im Sommer unverkennbar, hat aber wenig Ähnlichkeit mit einem Ahorn. Wegen der grauen, blaßorange gestreiften Rinde und der breiten, nicht gelappten Blätter rückt er zwar in die Nachbarschaft der Schlangenhaut-Ahorne, gehört aber nicht dazu. Die Blüten stehen in der oberen Hälfte steifer, aufrechter Rispen, die schon während des Sommers die Früchte tragen. Die ledrigen, lindenartigen Blätter (13 × 11 cm) stehen an kräftigen, ca. 4 cm langen Stielen und werden im Herbst plötzlich hellgelb. 11 m. I.

△

Rot-Ahorn *Acer rubrum* (= rot: bezogen auf die Blüten). Ein häufiger Waldbaum auf feuchten Standorten des amerikanischen Nordostens – von Neufundland bis Texas. Im Herbst variiert die Farbskala des Laubes zwischen den Bäumen desselben Bestandes von goldgelb über orange und scharlachrot bis tiefrot. In Europa ist die Herbstfärbung weniger prächtig und weniger variabel: junge Bäume werden hellgelb und scharlachrot, ältere dunkelrot. Die unharmonische, domförmige Krone führt zahlreiche peitschenartig gebogene Triebe mit roter bis kupferbrauner Rinde und kleinen, dunkel-rotbraunen Knospen. Ganz junge Blätter sind glänzend rot. Schon im Februar/März können sich die Blüten öffnen. Sie stehen zunächst sehr dicht, durch Streckung der Blütenstandsachse rücken die später gebildeten Blüten weiter auseinander. 23 m. I.

▷

Dreizahn-Ahorn *Acer buergeranum.* Ein aus China stammender, winterharter, bei uns seltener Baum mittlerer Größe. Er bildet eine dicht belaubte, tief ansetzende Kuppelkrone – ungleich anderen Ahornen – und verfärbt sich im Herbst karmesinrot. Die Rinde ist rauh und schuppig, orange bis dunkelbraun und löst sich in rechteckigen Platten ab. Bei vielen Bäumen gibt es neben dreizackigen auch ungelappte, elliptische Blätter. Junge Blätter sind in blaß orangefarbene, schnell vergängliche Haare gehüllt. Die aufrechten, zur selben Zeit erscheinenden Blütenstände sind ebenfalls behaart. Gelbe Blüten mit roten, scheibenartigen Verdickungen an der Basis. 16 m. I.

Amur-Ahorn *Acer ginnala.* In China, der Mandschurei und Japan beheimatet, ist diese völlig winterharte und sehr ansehnliche Art in vielen europ. Parks und Gärten vertreten. Oft wird sie zu einem offenen, aufrechten Busch, manchmal zu einem kleinen Baum mit krummem Stamm und dunkelbrauner, glatter Rinde. Laubaustrieb hellgelb, noch vor den Blüten, die an kleinen, aufrechten Rispen im Mai erscheinen. Zeitig im Herbst werden die Blätter hellrot und vor dem Abfall dunkelrot. Früchte in nickenden Büscheln; sie können schmutzig-hellbraun verfärbt bis in den Winter am Baum bleiben. 10 m. I.

Tatarischer Ahorn *Acer tataricum.* Meist als hoher Strauch in Parkanlagen kultiviert, aus Zentralasien, Westindien und SO-Europa stammend und wegen der Blüte sowie der tief ansetzenden, weit ausladenden Krone von weitem wie ein Weißdorn aussehend. Die Rinde ist glatt und braun gestreift. Oberseits sind die Blattadern eingesenkt, unterseits treten sie hervor. Blattstiel: rosa bis rot, oberseits gefurcht. Schon im Hochsommer färben sich die Früchte leuchtend rot, ein auffälliges Merkmal dieser Art. 6 m. I.

Französisicher Ahorn *Acer monspessulanum* (= aus Montpellier). Dieser Baum der trockenheißen Berge S-Europas und N-Afrikas ist noch in SW-Deutschland und im Maintal zu Hause, wenn auch selten anzutreffen. Charakteristisch sind die kleinen, ledrigen Blätter, die bis in den Herbst hinein dunkelgrün bleiben und erst im November abfallen. Die jungen hellgrünen Blätter erscheinen rel. spät, die fahlgelben, in hängenden Rispen angeordneten Blüten im Juni. Rinde: dunkelgrau mit schwarzen Rissen. 15 m. l. ▷

Kreta-Ahorn *Acer sempervirens* (= immergrün). Ein sehr seltener, aus dem Mittelmeerraum stammender und in Mitteleuropa schutzbedürftiger, kleiner Baum, der in GB hier und da als Kuriosität angepflanzt wird und sich zu einem sehr astigen, semi-immergrünen Busch entwickelt. Die Blattform ist sehr variabel. Am selben Baum wachsen ungelappte, kaum gelappte und deutlich gelappte, allesamt aber harte Blätter an braunen Trieben. ▷

Hainbuchen-Ahorn *Acer carpinifolium* (mit parallelnervigen Blättern wie eine Hainbuche). Eine höchst attraktive jap. Art, die man bei flüchtiger Betrachtung für alles andere als einen Ahorn hält. Erst an den gegenständigen Blättern, den Blüten und den Früchten erkennt man ihn. Weitausladend und buschig von Gestalt, ist er selten einstämmig und hat glänzend braune Triebe. Die 15–17 cm langen Blätter haben 20 oder mehr Adernpaare. Im Herbst werden sie erst hellgelb, dann braun. Die sternförmigen, grünen Blüten befinden sich an 10–12 cm langen, kätzchenartig herabhängenden Ständen. Rinde: glatt und dunkelgrau. 10 m. l. ▷

Bl. *5*

12m

Nikko-Ahorn *Acer nikoense* (= aus Nikko, NO-Honshu, Japan). Er gehört zu den in Zentralchina und Japan heimischen Arten und hat ein aus 3 besonders großen Fiedern zusammengesetztes Blatt. Die kleinen, stumpfen Knospen haben schwärzliche, an der Spitze grau behaarte Schuppen. Die Blüten erscheinen zu dritt an lang behaarten Stielen, wenn die Blätter fast ganz entfaltet sind. Ihre breiten gelben Petalen sind glockenartig nach unten gerichtet. Auffallend ist die bläulichweiße, dicht behaarte Blattunterseite. Spät im Herbst färben sich die Blätter scharlachrot bis tiefrot. 12 m. I. Ein attraktiver, Kalkböden bevorzugender Baum.

Dreiblütiger Ahorn *Acer triflorum.* Eine koreanische und mandschurische Parallele zum Nikko-Ahorn. Wichtigstes Unterscheidungsmerkmal ist die Rinde. Außerdem sind seine Blattfiedern kleiner, dünner und breit gezähnt. Wunderschöne, aber nicht regelmäßig ausgebildete Herbstfärbung.

Cissus-Ahorn *Acer cissifolium* (‚kissos' = griech.: Efeu). Wiederum ein 3fiedriger, recht seltener Ahorn aus Japan. Auf einem 1–2 m hohen Stamm mit glatter, grauer, später weißlich geschuppter Rinde bildet er eine weit ausladende, flache Krone mit waagrechten Trieben aus. Unter den ‚dreiblättrigen Ahornen' ist er leicht an den drahtartig dünnen Stielen der Blattfiedern und der Blätter erkennbar. Blütenstände paarweise, aber in großer Anzahl als steife, aufrechte Trauben. Früchte klein. Herbstfärbung blaßgelb bis rötlichbraun. In den Aderwinkeln der Blattunterseite sind kleine weiße Knoten zu erkennen. 9 m. II.

Nikko-A.,
Rinde bei Ø 30cm

Dreibl. Ahorn,
Rinde bei Ø 30cm

Zimtahorn *Acer griseum* (= grau: bezogen auf die Blattfarbe – aus größerer Entfernung betrachtet). Diese Art ist eine der ersten und wertvollsten Entdeckungen von Ernest Wilson in Zentralchina. Als Park- und Gartenbaum sehr beliebt, bevorzugt er Kalk und Halbschatten. Langsame Entwicklung nach raschem Jugendwachstum. An dunkel-rotbraunen, anfangs behaarten Trieben stehen winzige, 1 mm lange, schwarze Knospen. Bei der Entfaltung sind die Blätter blaß-orangebraun, werden dann rötlich, später gelb und schließlich grün. Zur gleichen Zeit erscheinen Stände mit 3–5 grünlichgelben glockenförmigen Blüten. Jede Einzelblüte steht an einem 3 cm langen, behaarten Stiel. Die in großer Zahl gebildeten dicken Samen sind meist steril. Saatgut ist daher knapp und wird aus S-Europa eingeführt. 12 m. I. Auch Rinde und Herbstfärbung sind sehr ansehnlich. ▷

Eschenahorn *Acer negundo.* Ein Baum aus dem O Nordamerikas, dessen Areal sich von Ontario bis Guatemala erstreckt. Aufgespalten in mehrere Formen, die im NO glatt und unbehaart sind, im äußersten SW aber einen dichten weißen Haarfilz besitzen. In europ. Parks durchaus vertreten, wenn auch wenig attraktiv und meist unerkannt. Häufig als panaschierte Form kultiviert, dann aber oft in die Normalform zurückschlagend, wenn die zahlreichen, normal beblätterten Schößlinge nicht konsequent entfernt werden. 12 m. X, weil kurzlebig, wenig ansehnlich und viele Schößlinge. ▷

'Auratum' ist eine der besten goldgelben Formen. 13 m. I. 'Variegatum' ist eine der am stärksten ausgeprägten panaschierten (buntblättrigen) Zierformen. Der Baum ist ♀. 15 m. I.

'Variegatum'

Roßkastanien-Gewächse (Hippocastanaceae).

ROSSKASTANIEN (Gattung *Aesculus*). Eine Gruppe von 13 hohen und mittelhohen Bäumen und einem stark austreibenden Strauch; aus N-Amerika, S-Europa, dem Himalaya, China und Japan. Das weiche, weiße Holz eignet sich zum Schnitzen. Vermehrung durch Samen und durch Pfropfung. Blüten in großen, aufrechten Rispen. 1–2 runde Nüsse in glatter oder stachliger Fruchtschale.

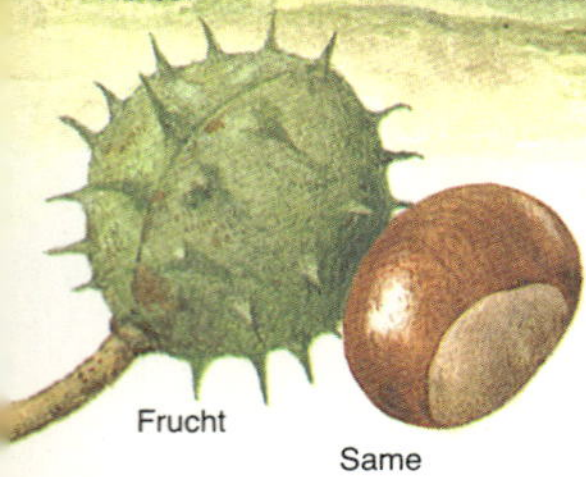

Roßkastanie *Aesculus hippocastanum*. In Mittel- und NW-Europa so häufig, daß man meint, sie sei bei uns heimisch. In Wahrheit stammt sie vom Balkan und wurde erst nach 1600 eingeführt. Auf tiefgründigen, nährstoffreichen Böden wird sie zu einem mächtigen, breitkronigen, schattenspendenden Baum. Sie toleriert auch schwächere Standorte, sofern diese nicht zu sauer und nicht zu trocken sind. Das Holz ist weich und nicht sehr fest. Starke Äste sind bruchgefährdet. 25 m. II.

Rinde bei Ø 60cm

Bl. *4–5*

Rotblütige Roßkastanie *Aesculus × carnea* (= fleischfarben). Ein Bastard zwischen der normalen Roßkastanie und der rotblühenden nordamerikanischen *A. pavia.* Wahrscheinlich in D entstanden, heute in vielen Parks kultiviert und – als Besonderheit für einen Bastard – samenecht anzuziehen. 20 m. X, weil dunkle, rauhe Blätter und schmutzigrote Blüten. Ansehnliche Bäume gehören der durch Pfropfung vermehrten Form 'Briotii' an. Sie haben glänzende Blätter und reinrote Blüten. III.

▽

△

Japanische Roßkastanie *Aesculus turbinata.* Ein bei uns recht seltener, aber ansehnlicher Baum, dessen Blattgröße den Betrachter so überrascht, daß er meint, er sei auf die Hälfte seiner Körpergröße zusammengeschrumpft. Der Umriß gleicht dem normalen Roßkastanienblatt. Die Einzelblättchen sind ungestielt, laufen allmählich spitz aus und haben weißliche Unterseiten mit kleinen, orangefarbenen Haarbüscheln an der Mittelrippe. Die Rinde ist bei jungen Bäumen grau und breit weiß gestreift, bei alten glatt und dunkel-graurötlich. 22 m. I.

▷

Carolina-Roßkastanie *Aesculus neglecta* 'Erythroblastos' (= mit roten Knospen). Hier geht es um die recht attraktive, um 1925 in Berlin entstandene Zierform einer wenig ansehnlichen Art der östl. USA. Durch Pfropfung vermehrt, wird sie zu einem kleinen Baum mit breiter, offener Krone, der im späten Frühjahr besonders hübsch ist. Dann erscheinen die rosafarbenen Blätter mit scharlachroten Stielen. Sie werden bald danach gelb, später weißlich und dann erst grün. Im Sommer sind sie zusätzlich gelb gefleckt. 9 m I.

▷

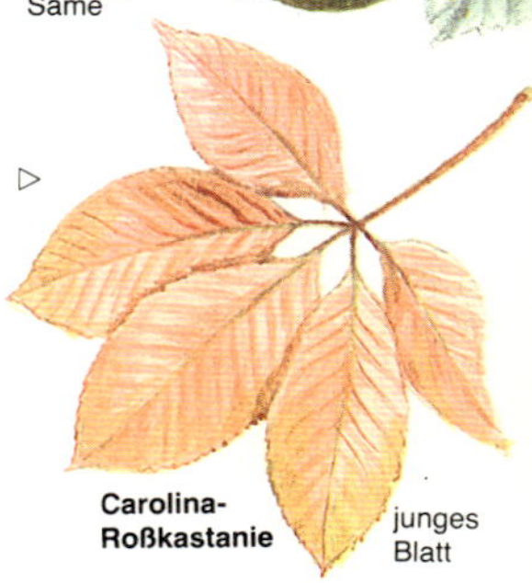

Bl. *5*

Samen

◁ **Gelbe Pavie** *Aesculus flava* (= gelb). Einer der schönsten und am wenigsten beachteten Bäume überhaupt. Bei uns viel seltener als die rel. unansehnliche *A.* × *carnea*. Die aus den Appalachen stammende Art wird dort zu einem großen, voll bekronten und dicht belaubten Baum. Die Blättchen sind zierlich gestielt, gezähnt, glänzend hellgrün und im Herbst orange bis scharlachrot verfärbt. Die glatten, nicht klebrigen, rötlichbraunen Knospenschuppen sind rosa berandet. Viele Bäume gehen aus Veredlung normaler Roßkastanien hervor. 20 m. I.

◁ **Bastard-Pavie** *Aesculus* × *hybrida*. Hervorgegangen aus einer Kreuzung zwischen *A. flava* und *A. pavia*, die mehrmals entstand und verschiedene Namen erhielt (z. B. *Aesculus* × *lyonii*, *A.* × *versicolor*, *A.* × *discolor*). Pfropfungen dieser Formen sind gelegentlich in Parks und bot. Gärten zu sehen. Sie tragen rauhere und flachere Blätter als die Gelbe Pavie sowie rötliche, teilweise auch rote Blüten. 10 m. II.

Bl. *6*

Indische Roßkastanie *Aesculus indica.* Eine in Mitteleuropa frostempfindliche, aus dem Himalaya stammende Art, die in GB gern in Ferienorten angebaut wird, weil die spät einsetzende Blüte bis in die Ferienzeit hineinreicht. Blütenfarbe aus der Ferne blaßrosa. Die charakteristisch herabhängenden rotstieligen Blätter kommen bei der etwas robusten Form 'Sidney Pearce' nicht vor. Bei ihr werden die Blätter durch kräftige, dunkelgrüne Stiele waagerecht gehalten. Die Blätter der reinen Art sind anfangs blaß-orangebraun, die Kastanien können schwarzbraun werden. 20 m. l.

Rote Pavie *Aesculus pavia* (nach Peter Paaw, einem holl. Botaniker benannt, der unter dem Namen Petrus Pavius publizierte). Heimat: südl. Mississippital und die Küstenebene im SO der USA. Dort ein etwa 4 m hoher Strauch. Gelegentlich hochstämmig gepfropft, aber in Europa recht selten, zumal oft mit *A.* × *hybrida* verwechselt. Die Blüten sind schmal, von reinem Hellrot und klein. Als Ersatz für die zahlreichen rotblühenden Roßkastanien durchaus zu empfehlen. 6 m. l.

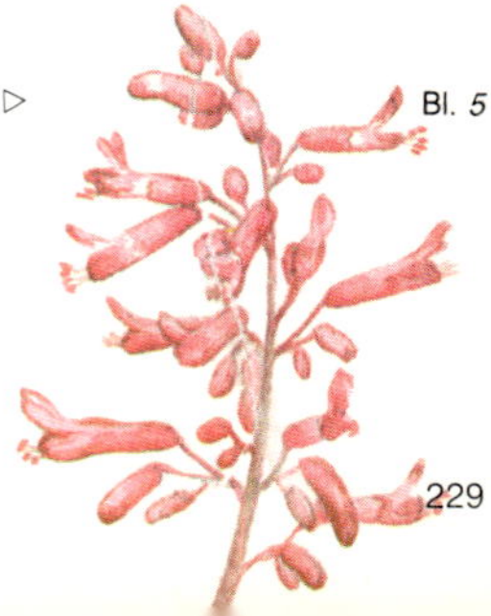

Linden-Gewächse (Tiliaceae) (‚ptilon' = griech.: Flügel, bezogen auf die Flugorgane der Blütenstände). Eine Familie mit 300 Arten, nur 30 davon sind Bäume. Anzucht durch Samen; nur die Holl. Linde bleibt oft steril und wird vegetativ vermehrt. Das weiche Holz verwendet man zum Schnitzen.

◁ **Sommerlinde** *Tilia platyphyllos* (= mit breitem Blatt). Ein mächtiger und weit verbreiteter Baum Mittel- und Südeuropas, der weniger im Wald als in der freien Landschaft vorkommt. Die herkömmliche ‚Dorflinde' ist meist eine Sommerlinde. Von *T.* × *europaea* hebt sie sich im Winter durch die regelmäßige, rundliche Krone, durch den astfreien Stamm und die Behaarung nahe der Triebspitze ab. Einige Früchte bleiben bis zum Winteranfang in den unteren Zweigen. Der glatte Stamm wird gern für hochstämmige Veredlungen mit Hängeformen benutzt. Wegen der stark austreibenden Unterlage mißlingt das häufig. 32 m. II.

'Rubra'. Eine Zierform mit gelblichen Blättern, deren Triebe im Winter dunkelrot, im Sommer grün sind. 30 m. II.

◁ **Holländische Linde** *Tilia* × *europaea*. Der natürlich entstandene Artbastard zwischen Sommer- und Winterlinde. Sehr wüchsig und seit langem als Straßen- und Parkbaum genutzt. Für beide Zwecke jedoch wenig geeignet, denn er wird hoch, lebt lange, besitzt ein sehr expansives Wurzelsystem und bildet viele Schößlinge rings um den Stamm. Häufig wird er von Blattläusen besiedelt, hat oft deformierte Kronen und bleibt ohne Herbstfärbung. Manchmal stark mit Misteln besetzt. 46 m. X.

◁ **Winterlinde** *Tilia cordata* (= herzförmiges Blatt). In weiten Teilen Europas heimisch – auch in GB –, ist diese Art etwas klimahärter als die Sommerlinde und ein besserer Park-, Straßen- und Waldbaum. In GB könnte sie auf lange Sicht die Stelle der durch das Ulmensterben ausgefallenen einheimischen Ulmen einnehmen. Ihre Blätter sind rel. zierlich und die hellen, sternförmigen Blüten ragen – abweichend von anderen *Tilia*-Arten – in allen Richtungen aus dem dunklen Laub hervor. Junge Winterlinden sind von sehr harmonischer, kegelförmiger Gestalt; alte Bäume werden grobastig und treiben häufig aus dem Stamm aus. Weniger Blattläuse als die Sommerlinde. 38 m. I.

◁ **Krim-Linde** *Tilia euchlora* (= schön grün: bezogen auf Triebe und Blätter). Wegen ihrer glänzend grünen, blattlausfreien Blätter und der sehr harmonischen Gestalt junger Bäume erfuhr diese Art eine weite Verbreitung als Park- und Straßenbaum. Alte Bäume enttäuschen jedoch, denn sie werden pilzförmig und haben dicke, nach unten gerichtete Zweige. Gelegentlich ist ein krankhaftes Aufspalten der Äste zu beobachten. Kennzeichnend ist die bleigraue Rinde, dunkel gestreift und glatt. Die Triebe sind hell-gelbgrün, gelegentlich rötlich oder dunkelrot. Herbstfärbung hellgelb, oft nur in Teilen der Krone. 20 m. II.

Linden

30m
Sommerlinde
40m
Holl. Linde
30m
Winterlinde
20m
Krim-Linde
terseite
Vergrößerungen der Blattunterseiten
Bl. 6
Bl. 6
Bl. 7
Bl. 7–8
Früchte
Sommerlinde
Holl. Linde
Winterlinde
Krim-Linde

Silberlinde *Tilia tomentosa* (= dicht wollig: bezogen auf Triebe und Blattunterseiten). Diese Art ist am Schwarzen Meer und im Kaukasus daheim. Wie andere Bäume dieser Region ist sie raschwüchsig. Sie hat große Blätter, deren behaarte Oberflächen Blattläuse abschrecken. Deswegen kann man sich unter Silberlinden aufhalten, ohne den ständigen Regen klebrigen Honigtaus, die Ausscheidungen von Millionen Läusen, ertragen zu müssen. Ein in vielen Großstädten bewährter Park- und Straßenbaum; so auch in Berlin (‚Unter den Linden'). Blütezeit Ende Juli. 28 m. l.

Hänge-Silberlinde *Tilia* 'Petiolaris' (= Blattstiel: er ist länger als bei der Silberlinde). Ein Baum unsicherer Herkunft: Entweder ist er eine Gartenform von *T. tomentosa* oder er entstammt einem eng begrenzten Areal des Kaukasus. Gern angebaut, wo in Gärten oder Parks genügend Platz für einen großen Baum ist. Nur durch Pfropfung zu vermehren, was gewöhnlich durch hochstämmige Veredlung der Sommerlinde geschieht. Umgehend entstehen 2–3 senkrechte Hauptstämme. Im Herbst verfärben sich Teile der Krone hellgelb, später gelbbraun. Die Rinde ist dunkelgrau und bildet glatte, blasse, ziemlich breite Risse. Keine Blattläuse. 34 m. l.

Moltke-Linde *Tilia* × *moltkei* (dem deutschen Feldmarschall H. von Moltke zu Ehren). Ein sehr wuchskräftiger Artbastard zwischen *T.* 'Petiolaris' und *T. americana,* der in der Jugend 1,3 m lange Triebe und 25 × 15 cm große Blätter bildet. Wie bei der Hänge-Silberlinde ist die Blattunterseite silbrig behaart und die Beastung leicht hängend. 25 m. l.

Amerikanische Linde *Tilia americana.* Heimisch von SO-Kanada bis Arkansas und als Straßenbaum bis in den Westen Nordamerikas verbreitet. In Mitteleuropa allenfalls als Parkbaum vertreten. Charakteristisch sind die großen, glänzend hellgrünen Blätter mit stark hervortretenden, parallel verlaufenden Adern. Besonderheit: Blattober- und Blattunterseite gleichfarbig. Am Stamm findet man oft Spechtringe, das sind rings um den Stamm verlaufende, von Spechten geschlagene kleine Löcher. 26 m. l.

Olivers Linde *Tilia oliveri* (Daniel Oliver, einst Leiter des Kew-Herbariums). 1888 von A. Henry in der chin. Provinz Hupeh entdeckt und wenig später von E. Wilson eingeführt. Ein sehr attraktiver, aber recht seltener Parkbaum, der mehr Aufmerksamkeit verdiente. Typisch sind die sog. Chinesenbärte, faltige Astnarben an der sonst glatten, grauen Rinde. Die Triebe des unteren Kronendrittels hängen herab, auch die Blattstiele zeigen nach unten, die Blattspreiten sind jedoch waagerecht orientiert. Triebe und Knospen apfelgrün, manchmal mit rötlichem Schimmer. 24 m. l.

Silberlinde

Amerik. L.
bei ∅ 50cm

Olivers L.
bei ∅ 40cm

Hänge-Silberlinde

Amur-Linde *Tilia amurensis* (= aus dem sibirisch-mandschurischen Gebiet des Amurflusses). Zur Zeit noch ein seltener Baum, dessen Blüten einen ungewöhnlich intensiven Geruch ausströmen. Triebe, Blattstiele und die Blattadern auf der Unterseite der harten, ledrigen Blätter sind dicht mit langen, gelblichen Haaren bedeckt. Die glatte graue Rinde hat blaßbraune Streifen. 18 m. I. ▷

Bl. *7–8*

Mongolische Linde *Tilia mongolica*. Ein sehr seltener, erst nach 1900 in Europa eingeführter Baum. Sehr zierlich, wohlgeformt und anspruchslos. Die schlanken, etwas herabhängenden Triebe sind glatt und rot. Auch die Blätter sind anfangs rötlich, werden dann glänzend dunkelgrün, glatt und hart. Im Spätsommer erscheinen zahlreiche, in Büscheln zu 30 zusammenstehende, blasse, wohlriechende Blüten. Die Rinde junger Bäume ist sehr glatt, bräunlichgrau und dunkelgrau gestreift, später wird sie rötlichgrau und bekommt orange- bis lederfarbene Risse. 20 m. I. ▷

Eucryphia-Gewächse (Eucryphiaceae). Diese Familie hat nur eine Gattung mit 4 Arten. Heimat: Chile oder Australasien. Eine davon laubabwerfend, die anderen immergrün. Außerdem mehrere Bastarde mit schönem Blütenflor im Spätsommer. Vermehrung durch Samen und Stecklinge.

◁ **Nymans Eucryphia** *Eucryphia × nymansensis* 'Nymansay'. (Mehrere Artbastarde wurden in Nymans Garten, Sussex, angezogen und der Reihe nach mit A, B, C etc. bezeichnet. Der zuerst vermehrte war A = 'Nymans-ay'). Bastard zwischen der schlanken und hohen, immergrünen *E. cordifolia* und der buschförmigen, laubabwerfenden *E. glutinosa.* In engl. Parks gern als dunkle, immergrüne Hintergrundpflanze kultiviert, die vom Spätsommer bis in den Herbst hinein fast ganz mit großen, weißen Blüten bedeckt ist. Für Mitteleuropa zu frostempfindlich. Oft ist der Baum mehrstämmig und hat auffällige Spechtringe in der dunkelgrauen, sonst glatten Rinde. Die Art setzt spät mit der Blüte ein, verstärkt aber den Blütenansatz von Jahr zu Jahr. I.

◁ **Eucryphia** *Eucryphia glutinosa* (= klebrig: bezogen auf die jungen Blätter). Ein aus Chile stammender, in GB winterharter Busch oder kleiner Baum, der sich – im Gegensatz zu *E. × nymansensis* – auf saurem Boden wohlfühlt. Vor dem Laubfall werden die Blätter hübsch orangefarben und rot. I.

● **Tee-Gewächse** (Theaceae). Eine große, hauptsächlich tropische Familie mit wenigen Arten in temperierten Zonen, hauptsächlich in China. 2 *Stewartia*-Arten auch in den östl. USA. Anzucht aus Samen.

Kamelienartige Stewartie *Stewartia pseudocamellia* (unechte Kamelie). Bei uns strauchig, in GB aber ein schlanker, spitzwinkelig beasteter kleiner Baum mit waagrechten, fächerförmig ausgebildeten Zweigen. Besonders hübsch sind Rinde, Blüte und die dunkelrote Herbstfärbung. Die Blätter fallen durch ihre glänzend grüne Unterseite und die stumpf grüne Oberseite auf. Je ein ovales grünes Tragblatt steht – auch im Winter – beiderseits der Blütenknospe. I. ▷

Kamelienart. Stewartie

bei ∅ 20cm

Chin. Stewartie

bei ∅ 20cm

Chinesische Stewartie *Stewartia sinensis*. Ein seltener, für Mitteleuropa viel zu frostempfindlicher, weit ausladend beasteter, kleiner Baum mit schön gefärbter, glatter Rinde. Sie kann hellrosa, grau-rötlich oder grau-gelblich sein, ist oft waagrecht gefaltet, aber nie geschuppt. Junge Triebe sind karmesinrot, die Blätter beiderseits hellgrün, im Herbst aber rot bis dunkelrot. Auffallend: die dicken, fleischigen Blütenblätter. I. ▷

● **Efeu-Gewächse** (Araliaceae). Eine riesige Familie, die allein 500 Arten immergrüner Kletterpflanzen und sommergrüner, dorniger Sträucher einschließt. Alle haben weiße, in Dolden stehende Blüten.

Baumaralie *Kalopanax pictus* (= farbig: eine Verwechslung mit einem buntblättrigen Ahorn). Ein sehr eigenartiger, bei uns aber ganz winterharter und keineswegs unwüchsiger Baum, etwas hager und schroff im Winter, aber üppig belaubt im Sommer. Heimat: O-Asien. Die Tiefe der Blattbuchten variiert von flach bei der reinen Art bis tief bei der var. *maximowiczii*. Letztere hat dunkel rotbraune, rauhe, behaarte, bis 20 cm lange Blattstiele. Die schmutziggraue Rinde ist mit Leisten und vielen kurzen Stacheln besetzt. An den Ästen sind die Stacheln länger und zahlreicher. Die kleinen weißen Blüten stehen in Dolden und erscheinen erst im Herbst. Sie werden zu schwarzen Beeren. 18 m. I. ▷

var. ***maximowiczii***

● **Seifenbaum-Gewächse** (Sapindaceae). Mit nur einer, zumindest in GB winterharten Baumart, der Blasenesche, *Koelreuteria* (nach dem deutschen Botaniker J. Koelreuter, der als einer der ersten Bastardierungsversuche mit Bäumen durchführte). Eine der wenigen Baumarten aus Ostasien und den Fidschi-Inseln. Anzucht aus Samen.

Bl. *8*

◁ **Blasenesche** *Koelreuteria paniculata* (= mit Blüten an Rispen). Ein chinesischer Baum, der hierzulande erfriert, in warmen Gebieten aber einen beliebten Park- und Straßenbaum abgibt. In GB wird er 15 m hoch. Seine rauhe, rotbraune Rinde hat orangefarbene Risse. Die Triebe sind fahl kupferbraun und tragen gedrungene, schnabelförmig zugespitzte Knospen. Die Blätter treiben Ende Mai rot aus, werden dann blaßgelb und schließlich grün. Herbstfärbung gelb bis braun. Mitte August erscheinen die in 30–40 cm langen Rispen angeordneten Blüten. Die lampionartigen, papiernen Früchte enthalten je 3 schwarze Samen. I.

Klebsamen-Gewächse (Pittosporaceae) (= mit Pech bedeckte Samen).

Kleine immergrüne Bäume, von Madeira und den Kanarischen Inseln bis nach Japan und Neuseeland verbreitet. Vermehrt durch Samen und Stecklinge.

Bl. 4

Frucht mit Samen

Schmalblättriger Klebsame *Pittosporum tenuifolium* (= mit dünnem Blatt). Dieser aus Neuseeland stammende Baum ist allenfalls in IR und SW-England winterhart, nicht aber bei uns. Er wird zu einem frischgrünen, aufrechten Busch, in warmen Regionen zu einem Baum mit glatter, stumpfgrauer Rinde und blüht intensiv im Mai. 18 m. I. ▷

Flacourtia-Gewächse (Flacourtiaceae) (Etienne de Flacourt war um 1870 Direktor der franz. Ostindien-Gesellschaft). Nur eine Baumart dieser Familie wächst in NW-Europa.

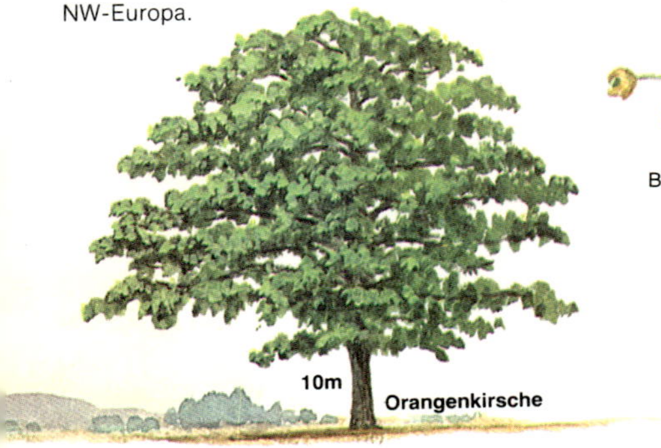

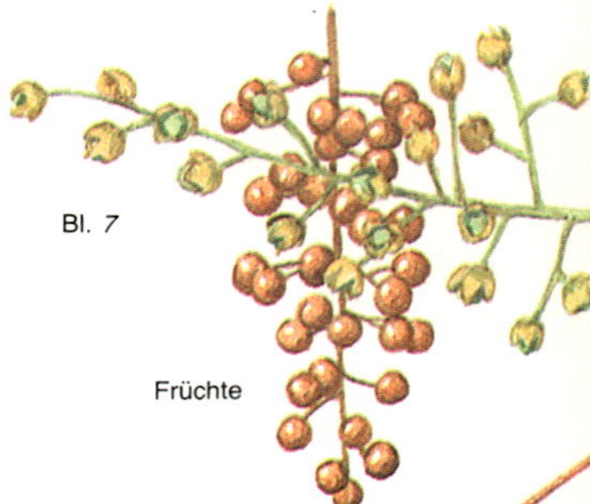

Bl. 7

Früchte

Orangenkirsche *Idesia polycarpa*. (Der Holländer Evert Ides reiste im Auftrag des Zaren durch Sibirien und China.) Ohne Blüten einem Trompetenbaum ähnlich, wird diese aus Japan und China stammende Art in IR und S-England zu einem kleinen, diözischen Baum mit glatter, graugrün-rötlicher Rinde. Die Äste laden nicht so weit aus wie bei *Catalpa*. Das etwa 20 × 20 cm große Blatt hat einen scharlachroten Stiel und hakenförmige Blattzähnung. Die Blütenstände hängen herab und sind 10–25 cm lang. Auch in Mitteleuropa winterhart. 6 m. I. ▷

Myrten-Gewächse (Myrtaceae). Eine weit verbreitete Familie – immergrün, aromatisch und mit vielen Staubblättern pro Blüte. Aus Samen angezogen.

Luma-Myrte *Myrtus luma*. Dieser Baum aus den kühlfeuchten Wäldern des südl. Südamerika kommt in W-IR verwildert vor und gedeiht selbst in S-Schottland. Hierzulande ist er nicht winterhart. *M. luma* bildet eine lockere, dunkle Krone, die im Spätsommer von vielen weißen Blüten bedeckt ist. Die Triebe sind oberseits dunkel rötlich, dicht und fein behaart. Die gegenständigen Blätter riechen beim Zerreiben süß und würzig. I. ▷

Unterseite

Bl. 9

Rinde bei ∅ 40cm

EUKALYPTEN (Gattung *Eucalyptus*) (= gut abgedeckt: bezogen auf die in geschlitzten Kapseln befindlichen Blüten). Wenigstens 500 immergrüne, aromatische Baumarten, dominierend in den Wäldern Australasiens, mit Ausnahme Neuseelands. Eukalypten kennen keine Vegetationsruhe; wenn es kalt wird, setzen sie nur kurz mit dem Wachstum aus. Anzucht aus Samen.

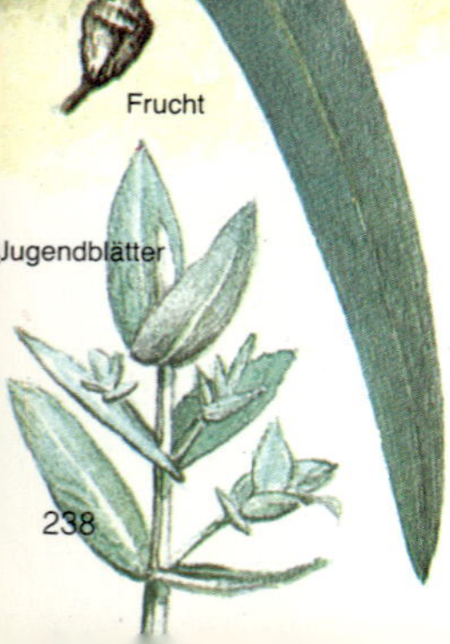

◁ **Blaugummibaum** *Eucalyptus globulus* (= kleine Kugel: bezogen auf die Blütenknospen). Mit Höhen über 100 m der wuchskräftigste und höchste Baum warmer Länder. Heimat: Tasmanien. Er blüht und fruchtet während des ganzen Jahres. In Mitteleuropa nicht winterhart, wohl aber in IR und auf der Insel Man, wo Sämlinge Jahrestriebe von 2,5 m und Gesamthöhen von 35 m erreichen. Wie bei vielen anderen Eukalypten werden die breiten, gegenständigen Jugendblätter von schlanken, wechselständigen Altersblättern abgelöst. I.

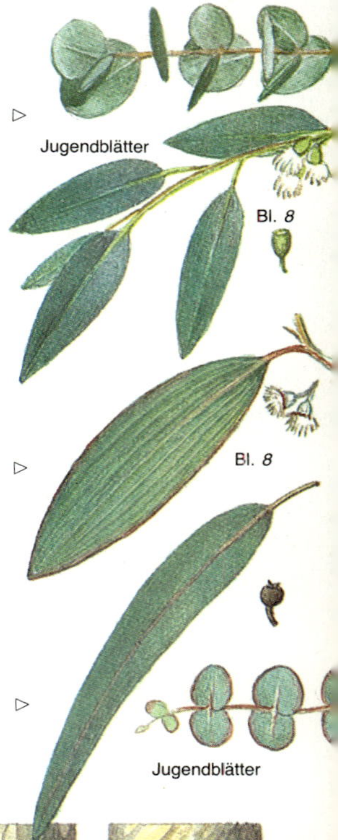

Gunns Eukalyptus *Eucalyptus gunnii.* Der für NW-Europa wohl problemloseste Eukalyptus. In seiner Heimat Tasmanien nicht besonders eindrucksvoll, bildet er in GB Jahrestriebe von 2 m und wird auch in strengen Wintern kaum geschädigt. Er bildet zahlreiche kräftige Stockausschläge, die wegen der hübschen Jugendblätter für Gärtnereien interessant sind. In Mitteleuropa zu frostempfindlich. I.

Schnee-Eukalyptus *Eucalyptus niphophila* (= schneeliebend). Ein Baum der australischen Alpen, am Mt. Kosciusko in Höhenlagen um 2000 m vorkommend. In GB winterhart. Schon 2 Monate alte Sämlinge bilden – bevor sie 1 m hoch sind – wechselständige, elliptische Blätter mit dunkel orangefarbenem Austrieb. Die anfangs gelben Triebe werden dunkelrot, bevor sie den typischen bläulichweißen Reif erhalten. Der Blattstiel ist dick und runzelig. Die oft spektakulär reinweißen Blüten stehen in Büscheln zu 9–11. I.

Breitblättriger Eukalyptus *Eucalyptus dalrympleana.* Eine erst in letzter Zeit in GB verwendete Art, die aus Tasmanien und SO-Australien stammt und sich als recht widerstandsfähig erwies. An alten Bäumen sind die Blätter bis 30 cm lang. Von *E. globulus* leicht durch die zu 2–3 zusammenstehenden winzigen Blütenknospen an der Basis jedes Blattes zu unterscheiden. I.

Blaugummi bei ∅ 50cm | **Gunns E.** bei ∅ 40cm | **Schnee-E.** bei ∅ 20cm | **Breitbl. E.** bei ∅ 40cm | **Urnen-E.** bei ∅ 40cm

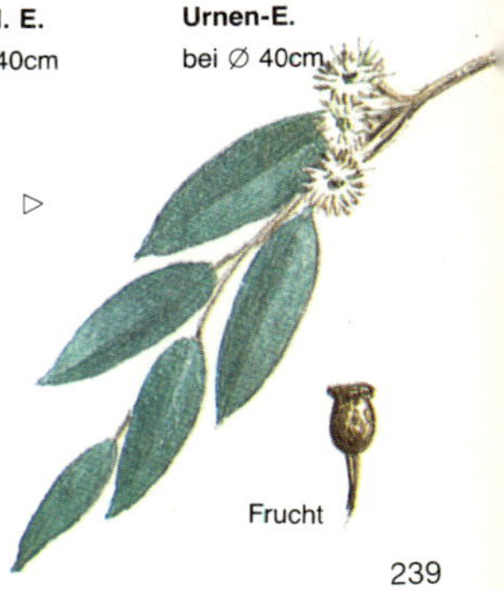

Urnen-Eukalyptus *Eucalyptus urnigera* (= Urnen tragend: bezogen auf die Früchte). Heimat: Tasmanien. Häufig anzutreffen und bewährt in IR und an der W-Küste GB's. Typisch sind die rel. breiten, dunkel-apfelgrünen Blätter; es gibt aber auch Exemplare mit bläulichem Laub. Die urnenförmigen Früchte stehen zu dritt, sind zunächst glänzend dunkelgrün und haben einen breiten Rand. Die gegenständigen, nahezu runden Jugendblätter sind bläulichweiß. Die Rinde ist grün und orange gestreift, darunter blaß cremefarben oder braun. I.

Tupelobaum Herbst **Taubenbaum**

● **Tupelobaum-Gewächse** (Nyssaceae) (Nyssa ist der Name für ein Wasserinsekt. Die erste beschriebene *Nyssa*-Art, der Wasser-Tupelobaum, wächst ebenfalls im Wasser.). Eine kleine Familie mit diözischen Bäumen. Aus Samen angezogen.

Frucht

◁ **Wald-Tupelobaum** *Nyssa sylvatica* (= des Waldes). Diese Art wächst in der Küstenebene der südöstl. USA und im unteren Mississippital. In Mitteleuropa winterhart, aber heikel. Auch in GB nur wüchsig auf tiefgründigen, nährstoffreichen, schwach sauren Böden und unter leichtem Schutz. Wie bei anderen Bäumen des amerikanischen Ostens ist die Rinde tief gefurcht und schuppig, dunkelgrau oder bräunlich. Wegen der kurzen, vorwärts gerichteten Seitentriebe und der kleinen, rotbraunen Knospen erscheinen die Triebe im Winter spitzig. 24 m. l.

◁ **Taubenbaum** *Davidia involucrata* (= mit Hüllkelch: mehrere Hüllblätter rings um die Blüte). Die recht seltene Art, erstmals von Abbé David in Zentralchina beschrieben, hat auf der Blattunterseite weiche, weiße Haare. Häufiger anzutreffen ist var. *vilmoriniana*, von Farges 1897 an die Vilmorin'schen Baumschulen geliefert. Sie ist etwas wüchsiger, ihre Blätter sind länger und unterseits glänzend grün. Knospen: glänzend dunkelrot. Rinde: purpurrot und glatt unter braunen Schuppen. Die ebenfalls purpurroten Blütenstände stehen zwischen gelben, später weißen Schuppen. Die Einzelblüte ist beim Öffnen gelb. Bei uns winterhart. 20 m. l.

Früchte

Hartriegel-Gewächse (Cornaceae).

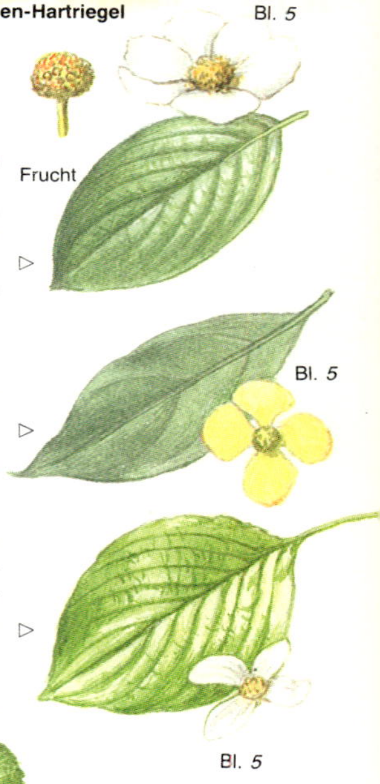

Nuttalls Blüten-Hartriegel *Cornus nuttallii* (von Thomas Nuttall, einem brit. Botaniker, in Brit. Kolumbien gesammelt). Bei uns meist als Strauch, in GB und im heimatlichen Kalifornien ein kleiner Baum. Die Blütenknospen an den Triebspitzen sind schon im Winter voll ausgebildet. Nach warmen Sommern kann es im Herbst bei verfärbtem Laub zu einer 2. Blüte kommen. 12 m. II.

Erdbeer-Hartriegel *Cornus capitata* (in dichten Köpfen wachsend: bezogen auf die Blüten). Dieser nahezu immergrüne, breitkronige, kleine Baum ist vom Himalaya bis nach China heimisch. In IR und GB winterhart, bei uns nicht. Triebe und ledrige Blätter sind dicht behaart. Die Früchte sehen wie aufrechte, hochrote Erdbeeren aus. I.

Pagoden-Hartriegel *Cornus controversa* (= gegensätzlich: bezogen auf die wechselständigen, nur noch bei einer weiteren *Cornus*-Art auftretenden Blätter). Ein mittelhoher Baum aus O-Asien, auch in Mitteleuropa winterhart. Die wechselständigen, glänzenden Blätter hängen von waagrechten Ästen herab. 8 m. I.

'Variegata'. Diese sehr gelobte, kleinblättrige, weißbunte Form wächst langsam und bleibt klein. 5 m. I.

Heidekraut-Gewächse (Ericaceae). Etwa 1500 Arten, einschließlich Rhododendren, Azaleen und Heidekraut. Außerdem die Gattung *Arbutus* (Erdbeerbäume): 15 immergrüne Bäume mit wechselständigen Blättern und krugförmigen Blüten. Das rosafarbene Holz ist hart und fein gemustert. Anzucht durch Samen.

Erdbeerbaum *Arbutus unedo* (= ‚ich esse eine'. Gemeint ist wohl *nur* eine, denn die appetitlich aussehende Frucht riecht unangenehm.). Heimat: IR (Kerry und Cork), SW-Frankreich, Mittelmeergebiet bis Kleinasien. In IR bleibt die Art von Natur aus strauchig, fruchtet aber reichlich. Für Mitteleuropa zu frostempfindlich, stellt sie in England ein beliebtes Zierelement in Gärten, Parks und Friedhöfen dar. Attraktiv sind die leuchtend roten Früchte. Sie erscheinen gemeinsam mit den diesjährigen Blüten erst im Spätherbst. Die rötlichen Triebe sind spärlich mit langen Haaren besetzt und tragen kleine, stumpfe, purporrote Knospen. Der Baum wird aus Samen angezogen und bleibt in den ersten Jahren klein und zart. I.

Hybrid-Erdbeerbaum *Arbutus × andrachnoides* (= ähnlich *A. andrachne*, einer der beiden Elternarten). Dieser Artbastard ist in Griechenland, wo beide Elternarten heimisch sind, natürlich entstanden. Er wächst schneller, wird größer und ist viel frosthärter als beide Eltern; ist aber dennoch wenig verbreitet. Der etwas fleischige Blattstiel kann leicht geflügelt sein. I. a. sind die Bäume sehr variabel in Form und Blütezeit.

Zyprischer Erdbeerbaum *Arbutus andrachne*. In SO-Europa und im öst. Mittelmeerraum zu Hause, daher auf warme Sommer eingestellt und im Anbau auf wenige Regionen in NW- und Mitteleuropa beschränkt. Bei uns nicht winterhart. Triebe und Astrinde gelbgrün. Die Stammrinde durchläuft eine Farbentwicklung von hellgelb über rosa, rot bis kräftig kastanienbraun, wird dann abgestoßen und macht einer glatten, wiederum hellgelben Rindenschicht Platz. Sehr attraktiv in dieser Zeit.

Madroña *Arbutus menziesii* (= von Archibald Menzies 1792 gesammelt). Ein sehr häufiger Baum der nordamerikanischen Pazifikküste von Brit. Kolumbien bis Kalifornien. Viel zu frostempfindlich, um hierzulande kultiviert werden zu können. In GB wird er jedoch zu einem der schönsten immergrünen Parkbäume. Er erreicht Höhen von 20 m, hat eine langgestreckte, lockere Krone sowie Äste, deren rote Rinde abblättert. Junge Triebe sind glatt, grün und tragen lange, grüne oder blaßbraune zylindrische Knospen. Die dicken, ledrigen Blätter sind vor dem Abfallen oft schwarz gefleckt. Vermehrung nur durch amerikanisches Saatgut. Die zunächst mit gezähnten Blättern ausgestatteten Sämlinge sind etwas heikel. Einmal Fuß gefaßt, wachsen sie aber schnell und problemlos. I.

Erdbeerbäume

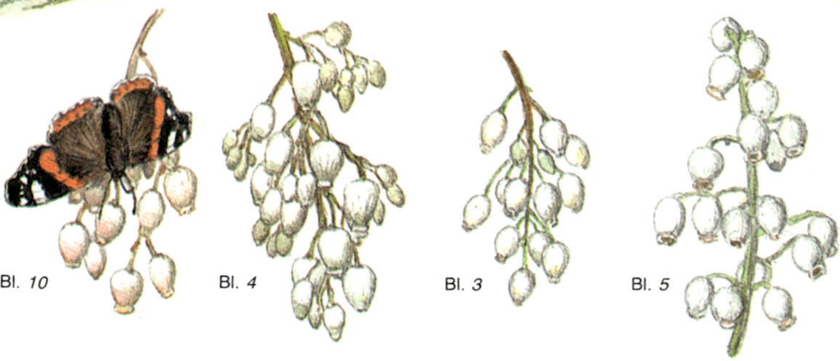

Erdbeerb. **Hybrid-E.** **Zypr. E.** **Madroña**

Rinde bei ∅ 30cm Rinde bei ∅ 40cm Rinde bei ∅ 30cm Rinde bei ∅ 40cm

Sauerbaum *Oxydendrum arboreum* (= baumförmig: die einzige baumförmige unter vielen strauchförmigen Gattungen). Heimat: östl. USA. Die Blätter dieses auch bei uns winterharten, kleinen Baumes riechen nach Essig. Die Rinde ist grau, schon frühzeitig aufgerissen und mit dicken, netzartigen Leisten versehen. Die Krone ist flach domförmig, mit aufstrebenden, gedrehten Ästen. Viele Blüten sind noch beim Einsetzen der leuchtend roten Herbstfärbung geöffnet. Der Baum wächst langsam und gedeiht nur auf gut durchlüfteten, sauren Standorten. Vornehmlich im südl. GB und in IR anzutreffen. 15 m. I.

Bl. *7*

● **Storax-Gewächse** (Styracaceae). Eine Familie, die sowohl in O-Asien wie in Südamerika vertreten ist und einige kleine frostharte, sommergrüne Bäume mit weißen Blüten einschließt. Aus Samen angezogen.

Bl. *6*

Früchte
9

Maiglöckchenbaum

Rinde bei ∅ 30cm

Maiglöckchenbaum *Halesia monticola* (= Bewohner der Berge). Ein Baum des Allegheny-Gebirges im O der USA, erst 1897 als neue Art erkannt. Er ist rel. wüchsig, wird aber grobastig. Ansehnlich nur zur Blütezeit. Er ist auch in Mitteleuropa winterhart. Der mit rissiger, grauer oder brauner Rinde versehene Stamm ist oft krumm und trägt eine breite, unharmonische Krone. Die graubraunen Triebe haben winzige, dunkel purpurrote Knospen. Die Blätter erreichen 25 cm Länge; Unterseite und Stiel sind weichhaarig. 15 m. II.

Japanischer Storaxbaum *Styrax japonica.* Ein sehr hübscher Baum für kleine Gärten. Hierzulande winterhart, dennoch recht selten. Die Rinde junger Bäume ist glatt, bräunlich-rosa gestreift, im Alter wird sie stumpf grau, erhält dicke Leisten und tiefe, orangefarbene Risse. Die dünnen, hin- und hergebogenen Triebe sind purpurrot bis braun und schwarz gefleckt. Kennzeichen der Blüte: die orangefarbenen Staubblätter wachsen zu einer Röhre zusammen. 6 m. l.

Obassia-Storaxbaum *Styrax obassia.* In Japan daheim, ist dieser kleine, aber recht seltene Baum in Mitteleuropa völlig winterhart. Er ist breitkronig, hat aufwärts gebogene Äste und eine glatte, bleigraue Rinde. Die etwa 15 × 15 cm großen Blätter junger Bäume sind an der Spitze mit großen dreieckigen Zähnen versehen. Die Basis des Blattstiels umgibt schützend die Winterknospe. 14 m. l.

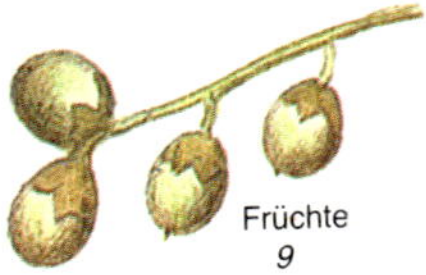

Hensleys Storaxbaum *Styrax hensleyana* (W. B. Hensley war Direktor des Kew-Herbariums). Eine chinesische Parallele zu *S. obassia* mit etwa gleichgroßen, stärker zugespitzten und mit kleinen, hakenförmigen Zähnen versehenen Blättern. Die Knospen sind hell orangefarben, die Blüten kleiner, insgesamt aber zahlreicher, weil die Zweige mehr Blütenstände tragen. Ein Baum mit weniger kräftigen Ästen, etwa genauso verbreitet wie Obassia. 12 m. l.

● **Ölbaum-Gewächse** (Oleaceae). Viele Straucharten mit wohlriechenden Blüten, wie Flieder und Jasmin, aber auch Bäume, z. B. Eschen. Kennzeichnend sind gegenständige Blätter.

Eschen (Gattung *Fraxinus*). 2 Gruppen, davon eine mit farbigen, duftenden Blüten. Anzucht aus Samen.

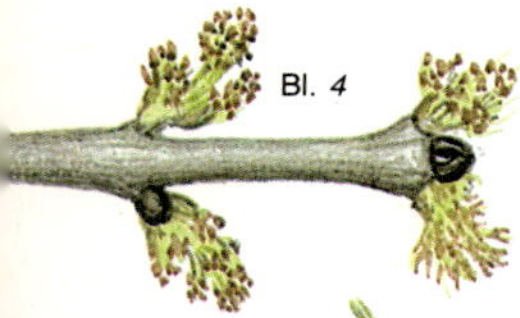

Bl. *4*

Knospe

Früchte *8*

'Pendula'

Gem. Esche

Rinde bei ∅ 40cm

Gemeine Esche *Fraxinus excelsior* (= größer: bezogen auf die anderen Eschenarten). Heimisch in Kleinasien und in weiten Teilen Europas, meist auf tiefgründigen, basischen, feuchten Standorten. Breitkronig und zwieselig im Freistand, entwickeln Eschen im Bestand sehr ansehnliche, astfreie Stämme. Herbstfärbung fehlt. Manche Bäume blühen nur weibl., andere vorwiegend männl., wenn auch an einigen Ästen weibl.; wieder andere bilden ♀♀ und ♂♂ am selben Blütenstand. *F. excelsior* ist die einzige Esche mit kohlschwarzen Knospen. Als Straßenbaum bewährt und widerstandsfähig gegen Seewind. Eschenholz ist hart, schwer und recht gesucht. 35 m. III.

Hänge-Esche 'Pendula'. Hochstämmig gepfropfte Hängeform, deren Zweige bald den Boden berühren. Wenige, in 10 m Höhe veredelte Exemplare sind zu tolerieren. III.

Manna-Esche *Fraxinus ornus* (ornus = klassischer Name für Eberesche; sie sieht dieser Art sehr ähnlich). Von diesem aus der Schwarzmeer-Region stammenden Baum wurde durch Einritzen Manna-Zucker gewonnen. Bei uns ganz winterhart und als Straßen- und Parkbaum verbreitet. Nach hochstämmiger Pfropfung auf stark austreibenden *F. excelsior* aber oft unansehnlich. Rinde dunkelgrün und ganz glatt, Knospen hellbraun. Beide dicht grau behaart = gutes Kennzeichen im Winter. Blüten erscheinen im Juni, haben einen streng süßlichen Geruch und werden von Insekten bestäubt. Triebe olivgrün und weiß gefleckt. 23 m. I, sofern aus Samen angezogen. ▷

▽

Bl. *5–6*

Rinde bei ∅ 40cm

Manna-Esche 15m

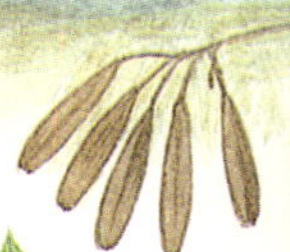

Früchte *8*

Chinesische Blütenesche *Fraxinus mariesii* (Charles Maries sammelte in China und Japan). Diesen recht seltenen kleinen Baum findet man nur in Sammlungen. Er wächst langsam und fällt durch die verdickte, purpurrote Basis des Blattstiels und durch die dunkel purpurroten, schon bald nach dem Verblühen erscheinenden Früchte auf. Winterhart, bei uns strauchig, aber sehr attraktiv. 5 m. II.

Früchte *8*

Weitere Formen der Gemeinen Esche:

Einblatt-Esche 'Diversifolia'. Eine bemerkenswerte, recht wüchsige, in städt. Anlagen, Parks und Gärten angebaute Form, die in der Beblätterung kaum an eine Esche erinnert. Nur die schwarzen Knospen verweisen auf *F. excelsior*. Insgesamt ein wohlgeformter Baum mit glatter, grauer Rinde, aufwärts gewölbten Ästen und offener Krone. In vielen Baumschulen angezogen, aber auch als Wildform beobachtet. 27 m. I.

Einblatt-Esche

Goldesche 'Jaspidea'. Mit kräftigen, glatten, im Winter goldbraunen Trieben, die im Frühjahr hell werden. Austrieb gelb, Blätter dann grün, im Herbst wiederum gelb, insgesamt aber einheitlich goldgelb und nicht – wie die reine Art – plötzlich und heterogen vergilbend. 20 m. II.

Trieb der **Goldesche**

Schmalblättrige Esche *Fraxinus angustifolia.* Ein in Südeuropa und Nordafrika beheimateter Baum, der in NW- und Mitteleuropa nur in großen Parks anzutreffen ist. Als Veredelung auf *F. excelsior* meist unansehnlich. Im Winter ist er durch die dunkle, etwas knorrige und rauhe Rinde, durch die dichte, an der Kronenperipherie herabhängende Beastung und durch die dunkel rotbraunen, grau behaarten Knospen zu erkennen. 23 m. II.

'Veltheimii', eine einblättrige Form, die der 'Diversifolia' von *F. excelsior* entspricht, aber eine dunkle, rauhe Rinde und bürstenartig dichte, aufwärts gerichtete Triebe ausbildet. 20 m. I.

Kaukasus-Esche *Fraxinus oxycarpa* (= mit scharfer Frucht). Als die in Südeuropa, Kleinasien und im Kaukasus beheimatete Form der Schmalblättrigen Esche gedeutet. Ein schöner Baum mit silbergrauer Rinde und glänzenden Blättern, die unterseits kleine Büschel weißer Haare in den Achseln der Mittelrippe aufweisen. Selten. Die in Australien angezogene Form 'Raywood' wird häufiger kultiviert. Diese ist raschwüchsig und zeigt purpurrote Herbstfärbung. 25 m. I.

Oregon-Esche *Fraxinus latifolia* (= breitblättrig). Ein ◁ Baum des amerikanischen Nordwestens, von Washington über Oregon bis Kalifornien. Selten anzutreffen, aber immer noch die häufigste unter mehreren seltenen Eschenarten mit behaarten Trieben und Blattstielen. Auch die Unterseite der Fiederblätter ist wollig-weiß behaart. Rinde: netzartig mit flachen, lederfarbenen Leisten besetzt. 25 m. II.

Rinde bei ∅ 40cm

Weißesche 20m

Weißesche *Fraxinus americana.* Das ausgedehnte natürliche Areal dieser Art reicht von Neuschottland bis Texas und Florida. Sie stellt hohe Ansprüche an den Boden, ist in GB von forstlichem Interesse, in D nicht. Die Blätter variieren hinsichtlich Größe, Zähnung und Weißfärbung der Unterseite. Manche sind sogar ganzrandig. Knospen: klein, kegelförmig, hellbraun. ♂ und ♀ Blüten auf separaten Bäumen. Herbstfärbung gelb bis braun, nicht regelmäßig. 26 m. II.

Rotesche, Grünesche *Fraxinus pennsylvanica.* Ein recht seltener, ebenfalls aus dem östl. Nordamerika stammender Baum, der in 2 Formen vorkommt, die man früher als Rot- und Grünesche unterschied. Die Rotesche ähnelt der Weißesche, hat aber schmalere, unterseits behaarte Fiederblätter. Auch der Trieb ist behaart. Die Grünesche hat dagegen kräftige, glänzend grüne und kahle Triebe. Schon früh im Herbst färbt sie sich hellgelb und dann – zumindest für eine Woche – goldgelb. Das natürliche Areal dieser beiden Formen reicht weiter nach W als das von *F. americana.* Montana, Alberta und Colorado gehören dazu. 24 m. I.

Bl. *4*

LIGUSTER (Gattung *Ligustrum*). 50 Arten der Alten Welt, zumeist immergrün.

Glanz-Liguster *Ligustrum lucidum* (= glänzend: bezogen auf die Blätter). Ein Baum aus Korea, Japan und China, der schon 1794 nach GB gelangte, wo er heute als hübscher, wärmeliebender Park- und Straßenbaum viel in Großstädten angebaut wird. Die elfenbeinfarbenen Blütenknospen erscheinen im März, öffnen sich aber erst vom Oktober bis zum Jahresende. Die Blüten strömen einen süßlichen, berauschenden Duft aus, entwickeln sich in NW-Europa aber selten zu den typischen, rel. großen, zunächst grünen, später blauschwarzen Beeren, wie sie in warmen Ländern vorkommen. Aus Samen und Stecklingen angezogen. Bei uns frostempfindlich.

Zur Gattung *Phillyrea* gehört eine kleine Gruppe mediterraner immergrüner Sträucher oder kleiner Bäume.

Breitblättrige Steinlinde *Phillyrea latifolia* (= breitblättrig). Aus der Ferne leicht mit dem Erdbeerbaum zu verwechseln, ist dieser recht kompakt und düster wirkende, aus S-Europa und Kleinasien stammende Baum bei uns viel zu frostempfindlich. In GB, wo er seit 1597 kultiviert wird, findet man ihn rel. häufig. Er hat eine dunkelgraue Rinde, die zwischen kleinschuppigen Flecken glatt bleibt. Die fein zugespitzten, graugrünen Knospen sind – wie der Trieb – dicht und fein behaart. Die kleinen, weißlichen Blüten stehen in Büscheln, öffnen sich im Juni und duften stark.

Ebenholz-Gewächse (Ebenaceae). Eine hauptsächlich tropische Familie, deren Gattung *Diospyros* Holzarten mit sehr hartem, kräftig gefärbtem Kernholz enthält. Nur wenige davon sind in NW- und Mitteleuropa winterhart. Anzucht durch Samen.

Rinde bei ∅ 30cm

Dattelpflaume *Diospyros lotus*. Wie bei allen Arten dieser Gattung: ♀ und ♂ Blüten an verschiedenen Bäumen, Triebspitzen ohne Winterknospen. Mit einem riesigen, von Japan über China bis nach Kleinasien reichenden nat. Areal. Hierzulande selten. Blätter fallen im Herbst grün vom Baum. An warmen, windstillen Tagen ist in der Nähe der Bäume ein Geruch nach schwarzen Johannisbeeren wahrnehmbar. Die Früchte sind ungenießbar. ▷

Persimone *Diospyros virginiana*. Ein Baum des nordamerikanischen Ostens, vom Staat New York bis nach Texas heimisch. Dort gehören die schwarzrindigen Bäume mit den in Büscheln herabhängenden rötlichgelben Früchten zwischen schwärzlichen Blättern zum gewohnten Bild. In NW-Europa werden die Früchte nicht reif. Die Länge der Blätter kann am selben Trieb zwischen 1 und 20 cm variieren. Zerriebene Blätter riechen süßlich. Triebe rotbraun, etwas silbrig überzogen. ▷

In S-Europa wächst *Diospyros kaki*, die Kakipflaume. Geschätzt wegen der ansehnlichen und wohlschmeckenden Früchte.

Bignonien-Gewächse (Bignoniaceae) (Abbé Jean Bignon war Bibliothekar Ludwigs XIV.). Die meist aus Lianen bestehende Familie enthält in der Gattung *Catalpa* (Indianername) 11 Baumarten, die teils in N-Amerika, teils auf den Westind. Inseln und in China heimisch sind. Anzucht aus Samen.

Bl. *7*

Prächtiger Trompetenbaum *Catalpa speciosa*. Dieser aus dem mittleren Mississippital stammende Baum mäßiger Größe ist in NW- und Mitteleuropa winterhart. Obwohl recht ansehnlich, hat er nie die Verbreitung des gewöhnlichen Trompetenbaumes erreicht, auf dem er gelegentlich veredelt wird. In derartigen Fällen ist die Rinde an der Stammbasis braun und schuppig (*C. bignonioides*-Unterlage), darüber jedoch grau und tief rissig (*C. speciosa*-Reis). Blütezeit Juni–Juli, fast ein Monat vor *C. bignonioides*. 12 m. I.

Bl. *8–9*

Gewöhnlicher Trompetenbaum *Catalpa bignonioides*. Heimat: Küstenebene am Golf von Mexiko. Ein in ganz Europa beliebter und verbreiteter Parkbaum. Winterhart, wenn auch im N mit vermindertem Blütenansatz sowie Frostschäden an den rel. spät verholzenden Gipfelknospen. Damit ansehnliche Stämme heranwachsen können, sollte man die schwächeren der zahlreichen, von unten durchtreibenden neuen Triebe zurückschneiden. Leicht anzuziehen aus eingeführtem Saatgut. Spät im Austrieb, früh im Laubfall. 15 m. II.

Bl. *9*

Hybrid-Trompetenbaum *Catalpa × erubescens* (= rot werdend: bezogen auf den Laubaustrieb). Ein Bastard zwischen *C. bignonioides* und *C. ovata*, angezogen in einer amerikanischen Baumschule. Gepfropft auf den gewöhnlichen Tulpenbaum, entstehen sehr wüchsige junge Pflanzen, die schon nach einem Jahr blühen und bis zu 38 × 33 cm große Blätter bilden. Die rel. kleinen Blüten erscheinen im August/September an 30 cm langen, offenen Rispen. Sie duften süß wie Lilien. 20 m. I.

Gelber Trompetenbaum *Catalpa ovata* (= eiförmig: bezogen auf die Blattform). Dieser kleine, aus China stammende Baum ist bei uns selten. Seine Krone ist dunkler als bei anderen Trompetenbäumen und die Blüten öffnen sich Anfang August. Die austreibenden Blätter sind dunkelrot. Etwas starre Haare stehen unterseits an den Blattadern und an den Blattstielen. Größe der Blätter: 20–25 cm. 12 m. I.

Farges' Trompetenbaum *Catalpa fargesii* (nach Paul Farges, einem frz. Missionar, benannt, der Belegstücke dieser Art in China sammelte). Rel. kleinblättrig, schwach beastet und – für einen Trompetenbaum – schlank. Dennoch rel. hoch werdend. In günstigen Jahren mit sehenswertem blaßrosa Blütenflor. Die Früchte sind ungewöhnlich lang und schlank – 50 cm Länge bei nur 3–5 mm Breite – und bis zur Reife hellgrün. Rinde: stark rissig, dunkel rötlichgrau. Selten, aber recht ansehnlich. 18 m. I.

Rachenblütler (Scrophulariaceae) (einige krautige Arten dieser Familie wurden als Heilmittel gegen Skrofulose verwendet). Einbezogen ist die Gattung *Paulownia* mit etwa 10 chinesischen Baumarten.

Paulownie *Paulownia tomentosa* (= nicht behaart: bezogen auf die Blätter. Prinzessin Anna Paulowna war die Tochter des Zaren Paul I.). Ein beliebter Parkbaum in wärmeren Regionen Mitteleuropas. Raschwüchsig in der Jugend, bildet er im 2. Jahr bis 2,5 m lange und 4 cm starke Triebe, die fast hohl sind und leicht abknicken. Blätter bis 40 cm lang, nahe der Basis beidseitig mit fein zugespitzten Zähnen. Die braun behaarten Blütenknospen stehen im Herbst und im Winter endständig an 20–30 cm langen Rispen. Rinde glatt, erst braun, dann grau. 25 m. I. ▷

Agaven-Gewächse (Agavaceae) (= griech.: bewundernswert; denn viele Agaven haben eindrucksvolle Blütenstände). Mit nur einer in GB winterharten Baumart: *Cordyline* (= griech.: keulenförmig, bezogen auf die Stammform). Auch die aus kurzem Stamm austreibenden *Yucca*-Arten gehören dazu. Sie sind keine echten Bäume. Wie Palmen, bilden auch Agavaceen einen zentralen Vegetationskegel aus, der ständig neue Blätter produziert. Bei *Cordyline* gibt es kein Kambium, zahlreiche Gefäßbündel laufen von den Blättern bis zur Wurzel.

Cordyline

Cordyline *Cordyline australis*. Heimat: Neuseeland. In GB, IR und Südeuropa eine häufig angebaute, exotisch wirkende, dekorative Art, die bis zur Blüte einstämmig bleibt und auf milde Winter angewiesen ist. Cordyline ist standortstolerant, widersteht salzhaltigen Seewinden und wird deswegen gern in Küstennähe angebaut. Aus Samen angezogen. In IR sät sie sich selbst aus. Vermehrung auch über Stammschößlinge.

Palmen-Gewächse (Palmae). Eine große, weit verbreitete tropische Familie. Die typische Wuchsform schließt Verzweigungen aus. Abweichend von anderen Bäumen nimmt der Durchmesser des Stammes nicht mit steigendem Alter zu.

Kanarische Dattelpalme *Phoenix canariensis*. Eine der dekorativsten Palmen trocken-heißer Gebiete. In NW-Europa nur gelegentlich in geschützten Lagen der britischen Inseln ausdauernd. Der kräftige Stamm stößt die Blattbasen ab und wird mit dem Alter rel. glatt. Die hellgrünen Blätter können bis 10 m lang werden. Jedes einzelne Blatt setzt sich aus 100 oder mehr parallel angeordneten Fiedern zusammen.

Hanfpalme *Trachycarpus fortunei* (nach Robert Fortune benannt, der u. a. den Tee aus China nach Europa brachte). Diese aus China stammende Art ist die einzige in GB ganz winterharte Palme. Bei uns wird sie in Kübeln gehalten und unter Glas überwintert. Der Stamm ist von dornig umsäumten Blattbasen und von einer dicken Faserschicht umgeben. Ausgewachsene Bäume tragen gleichzeitig mehrere 60 cm lange, rispige Blütenstände, deren kräftige Achse an der Basis blaßorange und in der Mitte elfenbeinfarben ist; die Blüten sind gelb, die Rispen entweder ♂ oder ♀. Ab Juni hängen die Früchte in blauschwarzen Büscheln herab.

Bestimmungsschlüssel für Laubbäume im Winter

Dieser Schlüssel dient der Bestimmung von Arten und wichtigen Kultivaren im Winter. Er verwendet allein winterliche Triebe und Knospen. Die erste Seitenangabe nach dem Artnamen verweist auf den Hauptteil des Buches, die weitere, mit ,w' eingeleitete Seitenzahl auf die Illustration von 40 charakteristischen winterlichen Baumsilhouetten (S. 259–263).

Triebe mit Dornen

1 Dorn an der Basis jedes Blattes oder jeder Knospe	**Osagedorn,** 160
2 Dornen an der Basis jedes Blattes oder jeder Knospe	**Robinie,** 198, w 262
3 Dornen an der Basis jedes Blattes oder jeder Knospe	**Gleditschie,** 199
Dornen entlang der Triebe	
in größeren Abständen, 2–5 cm lang	**Weißdorn,** 174; **Birnen,** 188
dicht zusammenstehend, kurz	**Baumaralie,** 235

Triebe ohne Dornen

Knospen ohne Knospenschuppen

wechselständig, gestielt	**Flügelnüsse,** 116
gegenständig, nicht gestielt	
Triebe dünn, hellbraun	**Stinkesche,** 203
Triebe kräftig, orangebraun	**Amur-Korkbaum,** 202

Knospen mit Schuppen

Gegenüberstehend	
Endknospe fehlt, Seitenknospen klein	
Knospen dunkelbraun	**Paulownie,** 253
Knospen orangebraun	**Trompetenbaum,** 252
Endknospe vorhanden	
Knospen schwarz, breit	**Gem. Esche,** 246, w 263
Knospen dunkelbraun, breit, grün behaart	**Manna-Esche,** 247
Knospe klein bis mittelgroß, schlank	
Trieb kahl und dünn	
Trieb blaß rotbraun, Knospe glänzend rot	**Katsura-Baum,** 167
Trieb rotbraun, Knospe scharf zugespitzt, dunkel rotbraun	**Rotahorn,** 221
Trieb dunkelrot, Knospe gestielt	**Schlangenhaut-Ahorn,** 219
Trieb blaß orangebraun	**Feldahorn,** 216, w 263
Trieb dunkelgrün, Knospe grau behaart	**Eschenahorn,** 215
Trieb grau bereift auf rotbraunem Grund	**Silberahorn,** 215
Trieb nicht schlank, kräftig	
Knospe abgerundet, grün, Trieb olivgrün	**Bergahorn,** 212, w 263
Endknospe dunkel rotbraun	**Spitzahorn,** 210, w 263
Knospe groß, oval	
Knospe glänzend, harzig, rotbraun	**Roßkastanie,** 226, w 263
Knospe stumpf grün, Rand der Knospenschuppen dunkelrot	**Rotbl. Roßkastanie,** 227
Wechselständig oder spiralig	
Triebe rauh und warzig	
Triebe schlank, Warzen weiß	
Triebe dunkelbraun	**Papierbirke,** 122
Triebe dunkelgrau	**Sandbirke,** 122, w 260
Triebe mittelstark, Warzen grün	**Rauli,** 133
Knospen gehäuft an der Triebspitze, braun oder rotbraun	**Eichen,** 140–153
Knospen mit borstigen Fortsätzen	**Zerreiche,** 141, w 261

- Triebe dicht behaart
  - Triebe kräftig, hellbraun, gerieft — **Ungarische Eiche,** 144
  - Triebe mittelkräftig, braun, nicht gerieft — **Flaumeiche,** 141
- Triebe rotbraun, schwach gerieft, Knospe rotbraun — **Roteiche,** 148
- Triebe orangebraun, glatt, Knospenspitze grau behaart — **Scharlacheiche,** 148
- Triebe blaß graugrün, grau oder braun
  - Knospen dunkel rotbraun, mit wenigen Schuppen — **Stieleiche,** 140, w 261
  - Knospen hellbraun, vielschuppig — **Traubeneiche,** 140, w 261

Knospen abgeflacht, wie 2 aneinandergepreßte Hände — **Tulpenbaum,** 166

Seitenknospen gestielt
- Triebe behaart, hellbraun, später grau
- Triebe kahl
  - purpurrot — **Schwarzerle,** 128, w 260
  - dunkel purpurbraun, gesprenkelt — **Ital. Erle,** 128
  - dunkelrot, Knospe ebenfalls dunkelrot — **Roterle,** 128

Knospen glänzend und verharzt
- Knospen schlank, Seitenknospen dunkelbraun, dicht dem Trieb angepreßt — **Pappeln,** 108–111
  - Trieb glänzend gelbgrün — **Schwarzpappeln,** 109, w 259
  - Trieb dunkel rotbraun bis purpurrot — **Balsampappeln,** 111
- Knospen breit kegelförmig, dunkelbraun — **Aspe,** 110, w 259
- Knospen hellrot
  - Knospen schlank, Trieb dunkel graugrün — **Jap. Eberesche,** 178
  - Knospen breit, stumpf, Triebe dunkelbraun, sehr kräftig — **Sargents Eberesche,** 178
- Knospen hellgrün, rundlich
  - Triebe glatt, braun — **Elsbeere,** 180
  - Triebe behaart oder glatt, olivgrün — **Speierling,** 177

Knospen mit feinen hellgelben Fortsätzen an jeder Schuppe, dünne umgebogene Spitzen — **Bitternuß,** 120

Knospen breit, Trieb sehr kräftig
- Triebe orangefarben
  - Triebe hell, Knospen grau behaart — **Schwarznuß,** 118
  - Triebe dunkel, Knospen sehr klein und glatt — **Götterbaum,** 204
- Triebe dunkel purpurn mit Grau — **Walnuß,** 118, w 259
- Triebe blaßgrau
  - Knospen gelbbraun, behaart, geschnäbelt — **Sumach,** 206
  - Knospen flach, Triebe violett und rosa bereift — **Geweihbaum,** 201
- Triebe weniger kräftig, blaß kupferbraun — **Blasenesche,** 236

Knospen und Triebe behaart
- Knospen nur an der Basis behaart — **Graupappel,** 110
- Triebe völlig weiß behaart, später kahl und grün
  - Knospen orangebraun, Triebe lang, dünn, spitzwinklig — **Silberpappel,** 110
  - Knospen grün und braun, Triebe kurz und kräftig, stumpfwinklig — **Silberlinde,** 232
- Triebe kahl
  - Triebe grün bis purpurrot, Knospen mit hellgrünen inneren und braunen äußeren Schuppen — **Shagbark-Hickory,** 120
  - Triebe dunkel rotbraun, Knospen trüb rotbraun — **Bergulme,** 154
- Triebe schlank
  - Triebe dunkelgrau und rötlichbraun — **Silberweide,** 114, w 249
  - Triebe rotbraun, Knospen dunkelbraun — **Ulmen,** 154–157, w 261
  - Triebe graubraun mit weißen Haaren — **Zelkoven,** 158–159
- Triebe mäßig schlank, graubraun, Knospen schwärzlich purpurn — **Parrotie,** 171

- Knospen behaart, Triebe kahl
  - Triebe kräftig
    - Triebe dunkel orangegrau, Knospen purpurn und grau — **Ebereschen,** 177–180, w 260
    - Triebe grün, Knospen groß, grau behaart — **Magnolien,** 162–165
  - Triebe mäßig kräftig, dunkelgrau, Knospen dunkelbraun — **Hainbuchen,** 130–131, w 262
  - Triebe schlank, dunkelgrün, Knospen weißlichgrün — **Goldregen,** 200, w 262
- Knospen kahl, glänzend, Triebe dicht behaart
  - Triebe grün, schlank — **Jap. Apfel,** 184
  - Triebe grün und rot, hin und her wachsend, mittelkräftig — **Sommerlinde,** 230
  - Triebe hellbraun
    - schlank — **Robelbuche,** 133
    - kräftig bis mittelkräftig — **Hasel,** 132, w 260
  - Triebe rotbraun, warzig — **Rauli,** 133
  - Triebe dunkelbraun, schlank — **Moorbirke,** 122
- Knospen kahl, Triebe fein behaart
  - Triebe hell graubraun, kräftig — **Maulbeeren,** 160
  - Triebe dunkel graubraun bis rotbraun, gerieft — **Eßkastanie,** 138, w 260
  - Triebe dunkel rotbraun — **Rauli,** 133
  - Triebe dunkelgrün — **Schnurbaum,** 199
  - Triebe grün und rot — **Sommerlinde,** 230
- Knospen kahl, Triebe kahl
  - Triebe hin und her wachsend
    - Triebe schlank, Knospen schlank und zugespitzt
      - Triebe blaß rotbraun, Knospen dunkel rotbraun — **Hainbuchen,** 130–131, w 260
      - Triebe dunkelbraun, Knospen kastanienbraun — **Buchen,** 136–137, w 260
    - Triebe mittelkräftig
      - Triebe dunkel purpurrot — **'John Downie'-Apfel,** 187
      - Triebe olivgrün bis purpurbraun — **Platane,** 173, w 262
  - Knospen glänzend tiefrot
    - Knospen abgerundet
      - Triebe rotbraun — **Winterlinde,** 230, w 263
      - Triebe dunkelbraun — **Salweide,** 112, w 259
    - Knospen zugespitzt, Triebe dunkelbraun, hellbraun gefleckt — **Taubenbaum,** 240
  - Knospen gelbbraun
    - Triebe glänzend hellgrün — **Sassafras,** 169
    - Triebe olivbraun — **Bruchweide,** 112, w 259
    - Triebe gelb — **Trauerweide,** 114, w 259
  - Knospen glänzend grün, Triebe blaß gelbbraun — **Amberbaum,** 170
  - Knospen und Triebe grün und rot — **Holl. Linde,** 230, w 263
  - Knospen hellbraun, Triebe glänzend olivgrün — **Lorbeer-Weide,** 112
  - Knospen dunkelbraun, Triebe glänzend dunkelbraun — **Traubenkirsche,** 195, w 262
  - Knospen rotbraun
    - Triebe hellgrau gefleckt — **Felsenbirne,** 176
    - Triebe gelbbraun — **Vogelkirsche,** 189, w 262
  - Knospen dunkel purpurbraun, Triebe dunkelpurpurn, grau und braun — **Judasbaum,** 196

Wintersilhouetten. Auf den folgenden Seiten werden charakteristische Silhouetten von 40 wohlbekannten laubabwerfenden Bäumen im Winterzustand gezeigt – stets von Exemplaren im Freistand.

Lärche mit zentralem, bis zur Kronenspitze durchgehendem Stamm, S. 70

Schwarzpappel. Triebe in Büscheln, Zweigenden im Alter herabhängend, S. 108

Pyramidenpappel. Bei weitem der häufigste Baum dieser Wuchsform, S. 108

Silberpappel wird selten zu einem geraden Baum, S. 110

Graupappel. Kräftige, lange Äste tragen gewölbt angeordnete Zweige, S. 110

Aspe. Gewöhnlich mit schiefem Stamm, S. 110

Bruchweide. Kräftige, tief ansetzende Äste bilden eine breite Krone, S. 112

Salweide. Triebe kräftig und kurz, S. 112

Silberweide. Aufrechte Äste tragen schlanke, aufrechte Triebe, S. 114

Trauerweide. Mit gelben, Ende des Winters besonders hellen Trieben, S. 114

Walnuß. Große und kleine Äste gedreht, S. 118

Sandbirke. Im Freistand besonders stark herabhängende Zweige, S. 122

Schwarzerle. Gewöhnlich in der Nähe von Wasserläufen, S. 128

Hainbuche. Dünne, gerade Triebe bilden eine domförmige Krone, S. 130

Hasel. Sehr häufig ein vielstämmiger Busch, S. 132

Buche. Im Bestand mit langem, glattem Schaft, S. 133

Eßkastanie. Eine lange, unregelmäßige Krone mit kräftigen Trieben, S. 138

Stieleiche. Mit kräftigen, krummen Ästen. Oft knollig verdickte, rel. kurze Stämme, S. 140

Traubeneiche. Stamm und Äste rel. gerade und glatt, S. 140

Zerreiche. Äste am Stammansatz verdickt, S. 141

Bergulme. In GB oft breiter als hoch, S. 154

Feldulme. Dünne Triebe hängen von aufstrebenden Ästen herab, S. 156

Jersey-Ulme. Spitzwinklige Äste bilden kegelförm. Krone, S. 156

Englische Ulme. Nur mit kräftigen Ästen und dünnen Trieben besetzt, S. 155

Cornwall-Ulme. Aufstrebende Äste mit dicht anliegenden Zweigen, S. 156

Platane. Krumme Äste. Im Winter hängen viele Früchte am Baum, S. 173

Eberesche. Kräftige, aufrechte Triebe, S. 177

Schwedische Mehlbeere. Mit flacher Krone und kräftigem Stamm, S. 181

Mehlbeere. In der Jugend aufrecht, nicht so im Alter, S. 182

Vogelkirsche. Ein gerader, bis hoch in die Krone durchgehender Stamm, S. 189

Traubenkirsche. Kleiner, aufrechter Baum mit schlanken Trieben, S. 195

Robinie. Im Alter unregelmäßig mit krummen Ästen, aber geraden Trieben, S. 198

Goldregen. Zweige nach oben gewölbt, S. 200

Spitzahorn. Kurzer Stamm und lange, gerade Triebe, S. 210

Bergahorn. Kurzes, dichtes Verzweigungssystem. Im Bestand mit langem Schaft, S. 212

Feldahorn. Schöne gewölbte Krone mit schlanken, geraden Zweigen, S. 216

Roßkastanie. Seitenäste mit zunehmendem Alter abwärts geneigt, S. 226

Holl. Linde. Senkrechte Äste bis zur Kronenspitze, S. 230

Winterlinde. Mit einem System kurzer, reich gegliederter, dünner Äste, S. 230

Gem. Esche. Manche Äste tragen noch im Winter Früchte, S. 246

Verzeichnis der deutschen Namen

Agaven-Gewächse 254
Ahorn-Gewächse 210–225
Ahorn, Amur- 222
–, Balkan- 213
–, Berg- 212
–, Birkenblättriger 220
–, Cissus- 224
–, Davids 218
–, Dreiblütiger 224
–, Dreizahn- 222
–, Eschen- 225
–, Fächer- 216
–, Feld- 216
–, Forrests 220
–, Französischer 223
–, Griechischer 214
–, Großblättriger 214
–, Hainbuchen- 223
–, Hess 218
–, Hornfrucht- 213
–, Italienischer 213
–, Japanischer 216
–, Kaukasischer 214
–, Kolchischer 211
–, Koreanischer 216
–, Kreta- 223
–, Lindenblättriger 220
–, Lobels 211
–, Miyabes 211
–, Nikko- 224
–, Pennsylvanischer 218
–, Rostnerviger 218
–, Rot- 221
–, Roter Schlangenhaut- 218
–, Samt- 212
–, Silber- 215
–, Spitz- 210
–, Spitzzähniger 215
–, Tatarischer 222
–, Weißdornblättriger 220
–, Zimt- 225
–, Zoeschener 216
–, Zucker- 210
–, Schlangenhaut- 218, 219
Amberbaum 170
–, Chinesischer 170
–, Orientalischer 170
Apfel, Beeren- 186
–, Chinesischer 185
–, 'Golden Hornet' 187
–, Halls 186
–, Holz- 185
–, Japanischer 184
–, 'John Downie' 187
–, Magdeburg- 185
–, Purpur- 184
–, Tee- 186
–, Woll- 187
Araukarien-Gewächse 30
Araukarie, Chilenische 30
Aspe 110

Balsampappel, Westliche 111
Baumaralie 235
Baumhasel 132
Bignonien-Gewächse 252
Birken-Gewächse 122–129
Birke, Erman- 124
–, Gelb- 126
–, Himalaya- 126
–, Maximowicz- 126
–, Moor- 122
–, Papier- 122
–, Rote China- 124
–, Sand- 122
–, Schwarz- 126
–, Schwedische 122
–, Setschuan- 122
–, Transkaukasische 126
–, Weißrindige Himalaya- 124
–, Zucker- 126
Birne, Holz- 188
–, Weidenblättrige 188
Bittereschen-Gewächse 204
Bitterholz 204, 205
Bitternuß 120
Blasenesche 236
Blaugummibaum 238
Blütenesche, Chinesische 247
Buchen-Gewächse 133–153
Buche, Blut- 137
–, Chinesische 137
–, Dawyck 137
–, Orient- 137
–, Rot- 136
–, Schlitzblättrige 137
–, Trauer- 137
Buchsbaum-Gewächse 207
Buchsbaum 207
–, Balearischer 207
Butternuß 118

Dattelpflaume 251
Douglasie 86
–, Blaue 86
–, Großfrüchtige 87
–, Japanische 87

Ebenholz-Gewächse 251
Eberesche 177
–, Chinesische 178
–, Hupeh- 179
–, Japanische 178
–, Kaschmir- 180
–, Mitchell- 183
–, Sargents 178
–, Scharlach- 178
–, Vilmorins 180
Efeu-Gewächse 235
Eiben-Gewächse 24–26
Eibe, Gemeine 24
–, Japanische 24
–, Patagonische 29
–, Säulen- 24
Eichen 140–153
Eiche, Bambusblättrige 152
–, Black-Jack- 147
–, Chinesische Kork- 151
–, Färber- 148
–, Großfrüchtige 146
–, Japanische Kastanien- 153
–, Kaiser- 144
–, Kalifornische Stein- 150
–, Kastanienblättrige 142
–, Kork- 151
–, Libanon- 153
–, Lucombe- 143
–, Mirbecks 142
–, Persische 144
–, Pontische 151
–, Pyramiden- 140
–, Pyrenäen- 144
–, Rot- 148
–, Scharlach- 148
–, Schindel- 152
–, Spessart- 140
–, Spitzblättrige 152
–, Stein- 150
–, Stiel- 140
–, Sumpf- 148
–, Trauben- 140
–, Turners 143
–, Ungarische 144
–, Wasser- 147
–, Weiden- 152
–, Weiß- 147
–, Weiße 141
–, Zerr- 141
–, Zweifarbige 146
Elsbeere 180
Erdbeerbaum 242
–, Hybrid- 242
–, Zyprischer 242
Erle, Grau- 128
–, Grün- 128
–, Italienische 128
–, Rot- 128
–, Schwarz- 128
Esche, Chinesische Blüten- 246
–, Gemeine 246, 247
–, Grün- 249
–, Kaukasus- 248
–, Manna- 246
–, Oregon- 248
–, Rot- 249
–, Schmalblättrige 248
–, Weiß- 249
Eucryphia-Gewächse 234
Eucryphia 234
–, Nymans 234
Eukalyptus, Breitblättriger 239
–, Gunns 239
–, Schnee- 239
–, Urnen- 239

Feige 160
Felsenbirne, Kahle 176
Ferkelnuß 120
Feuerbusch, Chilenischer 168

Fichten 74–81
Fichte, Alcocks 80
–, Blau- 79
–, Borsten- 80
–, Engelmann- 79
–, Gemeine 78
–, Himalaya- 74
–, Hondo- 77
–, Likiang- 78
–, Orient- 77
–, Rot- 80
–, Sargents 76
–, Schrenks 74
–, Schwarz- 80
–, Serbische 76
–, Sibirische 78
–, Sikkim- 75
–, Siskiyou- 74
–, Sitka- 77
–, Tigerschwanz- 74
–, Weiß- 80
Flacourtia-Gewächse 237
Flügelnuß, Chinesische 116
–, Hybrid- 117
–, Kaukasische 116
Flußzeder, Chilenische 31
–, Kalifornische 31

Gelbholz 196
Geweihbaum 201
Ginkgobaum 24
Ginster, Ätna- 197
Gleditschie 199
Goldkastanie 139
Goldlärche 73
Goldregen, Adams 200
–, Alpen- 200
–, Gemeiner 200
–, Voss 200, 201
Götterbaum 204, 205
–, Weichhaariger 204, 205
Guttapercha-Gewächse 171
Guttapercha-Baum 171

Hainbuchen-Gewächse 130–131
Hainbuche 130
–, Japanische 130
–, Orientalische 131
Hartriegel-Gewächse 241
Hartriegel, Erdbeer- 241
–, Nuttalls Blüten- 241
–, Pagoden- 241
Hasel-Gewächse 132
Haselnuß 132
Heidekraut-Gewächse 242–244
Hemlockstannen 82–85
Hemlockstanne, Berg- 84
–, Carolina- 83
–, Chinesische 83
–, Himalaya- 84
–, Hybrid- 84
–, Kanadische 83
–, Nordjapanische 84
–, Südjapanische 84
–, Westliche 82
Hiba 49
Hickory-Nüsse 120
Hickory, Shagbark- 120
Hopfenbuche, Europäische 131
Hülsenfrüchtler 196

Judasbaum 196

Kastanie, Eß- 138, 139
Katsura-Gewächse 167
Katsurabaum 167
Keakibaum 159
Kiefern-Gewächse 56–107
Kiefern 88–107
Kiefer, Aleppo- 94
–, Armands 105
–, Banks- 92
–, Biegsame 107
–, Bischofs- 88
–, Brutia 94
–, Coulter- 99
–, Dreh- 91
–, Fuchsschwanz- 100
–, Gelb- 98
–, Grannen- 100
–, Haken- 92
–, Himalaya- 102
–, Höcker- 96
–, Holford- 102
–, Japanische Rot- 88
–, Jeffrey- 98
–, Korea- 107
–, Krim- 90
–, Mädchen- 107
–, Mexikanische 96
–, Mexikanische Weymouths- 102
–, Monterey- 96
–, Montezuma- 101
–, Murray- 91
–, Pech- 96
–, Rot- 88
–, Rumelische 104
–, Schlangenhaut- 93
– Schwarz-, japanische 93
– –, korsische 90
– –, österreichische 90
–, Seestrand- 95
–, Tempel- 99
–, Wald- 88
–, Westliche Weymouths- 105
–, Weymouths- 102
–, Zirbel- 106
–, Zucker- 104
Kirschen 189–195
Kirschen, Japanische 192, 193
– –, 'Amanogawa' 192
– –, 'Hokusai' 192
– –, 'Kanzan' 192
– –, 'Pink Perfection' 192
– –, 'Shimidsu' 193
– –, 'Shirofugen' 193
– –, 'Shirotae' 193
– –, 'Tai Haku' 193
– –, 'Ukon' 193
Kirsche, Cheals Hänge- 192
–, Mandschurische 194
–, 'Prunus Accolade' 189
–, 'Prunus Spire' 189
–, 'Prunus Umineko' 191
–, Sargents 189
–, Sauer- 194
–, Spätkblühende Trauben- 195
–, Tibet- 191
–, Trauben- 195
–, Vogel- 189
–, Yoshino- 191
Kirschlorbeer 195
–, Portugiesischer 195
Klebsamen-Gewächse 237
Klebsame, Schmalblättriger 237
Königsnuß 120
Kopfeiben-Gewächse 26–27
Kopfeibe, Chinesische 27
–, Harrington 26
Korkbaum, Amur- 202
–, Japanischer 202
Küsten-Sequoie 50

Lärchen 70–72
Lärche, Amerikanische 72
–, Dahurische 73
–, Europäische 70
–, Hybrid- 70
–, Japanische 70
–, Sibirische 70
–, Sikkim- 73
–, Westamerikanische 72
Lebensbäume 46–48
Lebensbaum, Abendländischer 47
–, Japanischer 47
–, Koreanischer 48
–, Morgenländischer 48
–, Riesen- 46
Liguster, Glanz- 250
Linden-Gewächse 230
Linde, Amerikanische 232
–, Amur- 233
–, Hänge-Silber- 232
–, Holländische 230
–, Krim- 230
–, Moltke- 232
–, Mongolische 233
–, Olivers 232
–, Silber- 232
–, Sommer- 230
–, Winter- 230
Lorbeer-Gewächse 168
Lorbeer 168
–, Kalifornischer 169

Madroña 242
Magnolien-Gewächse 162–165
Magnolie, Campbells 165
–, Delavay 162
–, Großblatt- 163
–, Gurken- 163
–, Japanische Großblatt- 163
–, Immergrüne 162
–, Kobushi- 164

–, Tulpen- 164
–, Veitchs 165
–, Weidenblättrige 165
Maiglöckchenbaum 244
Mammutbaum 50
Mandel 194
Maulbeer-Gewächse 160, 161
Maulbeerbaum, Schwarzer 160
–, Weißer 160
Mehlbeere 182
–, Breitblättrige 182
–, Folgners 183
–, Himalaya 183
–, Schwedische 181
–, Thüringische 181
–, Wilfrid-Fox- 182
Metasequoie 53
Mimose 197
Mispel 174
Myrten-Gewächse 237
Myrte, Luma- 237

Nußeibe, Japanische 26
–, Kalifornische 26

Ölbaum-Gewächse 246
Orangenkirsche 237
Osagedorn 160

Pappeln 108–111
Pappel, Berliner Lorbeer- 108
–, Grau- 110
–, Großblatt- 111
–, Schwarz- 108
–, Silber- 110
–, Westliche Balsam- 111
–, Zitter- 110
Parrotie 171
Paulownie 253
Pavie, Bastard- 228
–, Gelbe 228
–, Rote 229
Pekannuß 120
Persimone 251
Pflaume, Gefüllt blühende Kirsch- 190
–, Kirsch- 190
Pflaume, Winter- 190
Pinie 95
Platanen-Gewächse 172, 173
Platane, Gewöhnliche 173
–, Morgenländische 172
Protea-Gewächse 168

Rachenblütler 253
Rauli 133
Rauten-Gewächse 202
Robelbuche 133
Robinie 198
–, Borstige 198
Rosen-Gewächse 174
Roßkastanien-Gewächse 226–229
Roßkastanie 226
–, Carolina- 227
–, Indische 229
–, Japanische 227
–, Rotblütige 227

Sassafras 169
Sauerbaum 244
Scheinbuchen 133–135
Scheinbuche, Antarkt. 134
–, Chilenische 134
–, Rote 134
–, Schwarze 134
Scheinzypressen 32–36
Scheinzypresse, Formosa- 36
–, Hinoki- 34
–, Lawsons 32, 33
–, Nutka- 36
–, Sawara 35
–, Weiße 36
Schirmtanne, Japanische 54
Schnurbaum, 199
Schuppenfichten 54
Schwarznuß 118
Schwarzpappel-Hybriden 109
Seifenbaum-Gewächse 236
Sequoie, Küsten- 50
Sicheltanne, Japanische 50
Silberakazie 197
Silberbuche, Neuseeländische 134
Speierling 177
Spießtanne 55
Spottnuß 120
Stechpalmen-Gewächse 208, 209
Stechpalme 208
–, Großblättrige 209
–, Himalaya- 209
–, Pernys 209
Steineiben-Gewächse 28–29
Steineibe, Großblättrige 28
–, Pflaumen- 28
–, Weidenblättrige 28
Steinlinde 250
Stewartie, Chinesische 235
–, Kamelienartige 235
Stinkeibe 26
Stinkesche, Hupeh- 203
Storax-Gewächse 244–245
Storaxbaum, Hensleys 245
–, Japanischer 245
–, Obassia- 245
Strobe 102
Sumach-Gewächse 206
Sumach, Chinesischer Lack- 206, 207
–, Lack- 206, 207
Sumpfzypressen-Gewächse 50–53
Sumpfzypresse 52
–, Zierliche 53
Surenbaum 206, 207

Tamarack 72
Tannen 56–67
Tanne, Algerische 65
–, Bornmüllers 57
–, Cilicische 58
–, Colorado- 58
–, Edel- 60
–, Farges 58
–, Felsengebirgs- 58
–, Forrests 61
–, Griechische 64
–, Himalaya- 61
–, König Boris- 62
–, Koreanische 66
–, Küsten- 59
–, Mandschurische 67
–, Maries- 57
–, Min- 67
–, Momi- 67
–, Nikko- 65
–, Nordmanns- 56
–, Ostsibirische 62
–, Pindrow- 61
–, Pracht- 61
–, Purpur- 57
–, Sachalin- 62
–, Santa Lucia- 67
–, Sibirische 62
–, Spanische 65
–, Veitchs 57
–, Weiß- 63
Taubenbaum 240
Tee-Gewächse 235
Tetracentron-Gewächse 166
Tetracentron 166
Totara 28
–, Chilenische 28
Traubenkirsche 195
–, Spätblühende 195
Trompetenbaum, Farges 252
–, Gelber 252
–, Gewöhnlicher 252
–, Hybrid- 252
–, Prächtiger 252
Tulpenbaum 166–167
–, Chinesischer 166
Tupelobaum-Gewächse 240
Tupelobaum, Wald- 240

Ulmen-Gewächse 154–159
Ulme, Amerikanische 155
–, Berg- 154
–, Chinesische 157
–, Cornwall- 156
–, Englische 155
–, Feld- 156
–, Flatter- 155
–, Holländische 157
–, Huntington- 157
–, Jersey- 156
–, Sibirische 157
Ulmensterben 154

Wacholder 42–45
–, Blauzeder- 45
–, Chinesischer 44
–, Gemeiner 42
–, Hänge- 45
–, Syrischer 42
–, Tempel- 42

–, Virginischer 44
Walnuß-Gewächse 116–121
Walnuß 118
–, Japanische 118
–, Mandschurische 118
Weiden-Gewächse 108–115
Weiden 112–115
Weide, Asch- 112
–, Bruch- 112
–, Korkenzieher- 115
–, Kricket- 114
–, Lorbeer- 112
–, Reif- 112
–, Sal- 112
–, Silber- 114
–, Trauer- 114
Weißdorn, Eingriffliger 174
–, Hahnensporn- 175
–, Lavalles 175
–, Pflaumenblättriger 175
–, Zweigriffliger 174
Winterrinden-Gewächse 168
Winterrindenbaum 168

Zaubernuß-Gewächse 170
Zedern 68, 69
Zeder, Atlas- 68
–, Himalaya- 68
–, Libanon- 68
–, Zypern- 68
Zederach-Gewächse 206
Zelkove, Chinesische 159
–, Japanische 159
–, Kaukasus- 158
Zimmertanne 30
Zürgelbaum, Nordamerikanischer 159
–, Südlicher 159
Zwergmispel, Baum- 176
Zypressen-Gewächse 31–49
Zypresse, Glatte Arizona- 40
–, Gowens 39
–, Himalaya- 40
–, Italienische 38
–, Leyland- 37
–, Mexikanische 40
–, Monterey- 38
–, Patagonische 40
–, Rauhe-Arizona- 40
Zypressen, Hybrid- 37

Verzeichnis der wissenschaftlichen Namen

Abies, 56
alba, 63
amabilis, 57
borisii-regis, 62
bornmüllerana, 57
bracteata, 67
cephalonica, 64
cilicica, 58
concolor, 58
var. *lowiana*, 58
fargesii, 58
firma, 67
forrestii,, 61
var. *georgei*, 61
grandis, 59
holophylla, 67
homolepis, 65
koreana, 66
lasiocarpa, 58
var. *arizonica*, 58
magnifica, 61
mariesii, 57
nephrolepis, 62
nordmanniana, 56
numidica, 65
pindrow, 61
pinsapo, 65
procera, 60
recurvata, 67
sachalinensis, 62
sibirica, 62
spectabilis, 61
sutchuenensis, 58
veitchii, 57
Acacia dealbata, 197
Acer, 210
argutum, 215
buergeranum, 222
campestre, 216
capillipes, 218
cappadocicum, 211
carpinifolium, 223
cissifolium, 224
crataegifolium, 220
davidii, 218
diabolicum, 213
var. *purpurascens*, 213
distylum, 220
forrestii, 220
ginnala, 222
griseum, 225
heldreichii, 214
hersii, 218
hyrcanum, 213
japonicum, 216
'Aureum', 216
lobelii, 211
macrophyllum, 214
monspessulanum, 223
miyabei, 211
negundo, 225
'Auratum', 225
'Variegatum', 225
nikoense, 224
opalus, 213
palmatum, 216
'Artropurpureum', 216
'Osakazuki', 216
'Senkaki', 216
pensylvanicum, 218
platanoides, 210
'Laciniatum', 210
'Schwedleri', 210
pseudoplatanus, 212
'Brilliantissimum', 212
pseudosieboldianum, 216
rubrum, 221
rufinerve, 218
saccharinum, 215
saccharum, 211
sempervirens, 223
tataricum, 222
tetramerum, 220
trautvetteri, 214
triflorum, 224
velutinum var.
vanvolxemii, 212
× *zoeschense*, 216
Aesculus, 226
× *carnea*, 227
'Briotii', 227
discolor, 228
flava, 228
hippocastanum, 226
× *hybrida*, 228
indica, 229
neglecta 'Erythroblastos', 227
pavia, 229
turbinata, 227
versicolor, 228
Ailanthus altissima, 204
vilmoriniana, 204
Alnus, 128
cordata, 128
glutinosa, 128
incana, 128
rubra, 128
viridis, 128
Amelanchier laevis, 176
Araucaria araucana, 30
heterophylla, 30
Arbutus, 242
andrachne, 242
× *andrachnoides*, 242
menziesii, 242
unedo, 242
Athrotaxis, 54
cupressoides, 54
laxivolia, 54
selaginoides, 54
Austrocedrus chilensis, 31

Betula, 122
albosinensis, 124
var. *septentrionalis*, 124
ermanii, 124
jacquemontii, 124
lenta, 126
lutea, 126
maximowicziana, 126
medwediewii, 126
nigra, 126
papyrifera, 122
pendula, 122
'Dalecarlica', 122
'Fastigiata', 122
'Tristis', 122
'Youngii', 122
platyphylla var.
szechuanica, 122
pubescens, 122
utilis, 124
Buxus balearica, 207
sempervirens, 202

Calocedrus decurrens, 31
Carpinus, 130
betulus, 130
'Fastigiata', 130
japonica, 130
orientalis, 131
Carya, 120
cordiformis, 120
glabra, 120
illinoensis, 120
laciniosa, 120
ovata, 120
tomentosa, 120
Castanea sativa, 138
'Albomarginata', 138
'Aureomarginata', 138
'Laciniata', 138
Catalpa, 252
bignonioides, 252
× *erubescens*, 252
fargesii, 252
ovata, 252
speciosa, 252
Cedrela sinensis, 206
Cedrus, 68
atlantica, 68
var. *glauca*, 68
brevifolia, 68
deodara, 68
libani, 68
var. *brevifolia*, 68
Celtis australis, 159
occidentalis, 159
Cephalotaxus fortuni, 27
harringtonia, 26
var. *drupacea*, 26
'Fastigiata', 26
Cercidiphyllum japonicum, 167
Cercis siliquastrum, 196
Chamaecyparis, 32
formosensis, 36
lawsoniana, 32–33
'Erecta', 33
'Stewartii', 33
nootkatensis, 36

obtusa, 34
'Filicoides', 34
'Lycopodioides', 34
'Tetragona Aurea', 34
pisifera, 35
'Filifera', 35
'Filifera Aurea', 35
'Plumosa', 35
'Plumosa Aurea', 35
'Squarrosa', 35
thyoides, 36
Chrysolepis chrysophylla, 139
Cladrastis lutea, 196
Cordyline australis, 254
Cornus, 241
capitata, 241
controversa, 241
'Variegata', 241
nuttallii, 241
Corylus avellana, 132
colurna, 132
Cotoneaster frigidus, 176
Crataegus, 174
× *carrierei*, 175
crus-galli, 175
× *lavallei*, 175
monogyna, 174
oxyacantha, 174
× *prunifolia*, 175
Cryptomeria japonica, 50
'Lobbii', 50
'Elegans', 50
Cunninghamia lanceolata, 55
× *Cupressocyparis leylandii*, 37
Cupressus, 38
glabra, 40
'Pyramidalis', 40
goveniana, 39
lusitanica, 40
'Glauca', 40
macrocarpa, 38
'Lutea', 38
sempervirens, 38
torulosa, 40

Davidia involucrata, 240
var. *vilmoriniana*, 240
Diospyros lotus, 251
virginiana, 251
Drimys winteri, 168

Embothrium coccineum, 168
Eucalyptus, 238
dalrympleana, 238
globulus, 238
gunnii, 239
niphophila, 239
urnigera, 239
Eucommia ulmoides, 171
Eucryphia, 234
cordifolia, 236
glutinosa, 236
× *nymansensis*
'Nymansay', 234
Euodia daniellii, 203
hupehensis, 203

Fagus, 136
englerana, 137
orientalis, 137
sylvatica, 136–137
'Asplenifolia', 137
'Dawyck', 137
'Pendula', 137
'Purpurea', 137
Ficus carica, 160
Fitzroya cupressoides, 40
Fraxinus, 246
americana, 249
angustifolia, 240
'Veltheimii', 240
excelsior, 246
'Diversifolia', 247
'Jaspidea', 247
'Pendula', 246
latifolia, 248
mariesii, 247
ornus, 247
oxycarpa, 248
pennsylvanica, 249

Genista aetnensis, 197
Ginkgo biloba, 24
Gleditsia triacanthos, 199
'Inermis', 199
Gymnocladus dioicus, 201

Halesia monticola, 244

Idesia polycarpa, 237
Ilex, 208
× *altaclarensis*, 209
'Hodginsii', 209
aquifolium, 208
'Pyramidalis', 208
dipyrena, 208
pernyi, 209

Juglans, 118
ailantifolia, 118
cinerea, 118
mandshurica, 118
nigra, 118
regia, 118
Juniperus, 42
chinensis, 44
'Aurea', 44
'Keteleeri', 44
communis, 42
'Hibernica', 42
'Pyramidalis', 42
drupacea, 42
recurva, 45
var. *coxii*, 45
rigida, 42
squamata, 45
virginiana, 44

Kalopanax pictus, 235
var. *maximowiczii*, 235
Koelreuteria paniculata, 236

+ *Laburnocytisus adamii*, 200
Laburnum, 200
alpinum, 200
anagyroides, 200
× *watereri*, 200
Larix, 70
decidua, 70
× *eurolepis*, 70
gmelinii, 73
griffithii, 73
kaempferi, 70
laricina, 72
occidentalis, 72
sibirica, 70
Laurus nobilis, 168
Ligustrum ludicum, 250
Liquidambar, 170
formosana, 170
var. *monticola*, 170
orientalis, 170
styraciflua, 170
Liriodendron chinense, 166
tulipifera, 166

Maclura pomifera, 160
Magnolia, 162
acuminata, 163
campbellii, 165
delavayi, 162
grandiflora, 162
hypoleuca, 163
kobus var. *borealis*, 164
macrophylla, 163
salicifolia, 165
× *soulangiana*, 164
'Lennei', 164
× *veitchii*, 165
Malus, 184
baccata, 186
var. *mandschurica*, 186
floribunda, 184
'Golden Hornet', 187
halliana, 186
hupehensis, 186
'John Downie', 187
× *magdeburgensis*, 185
× *purpurea*, 184
'Lemoinei', 184
× *robusta*, 186
spectabilis, 185
sylvestris, 185
tschonoskii, 187
Mespilus germanica, 174
Metasequoia glyptostroboides, 53
Morus alba, 160
nigra, 160
Myrtus luma, 237

Nothofagus, 133
antarctica, 134
dombeyi, 134
fusca, 134
menziesii, 134
obliqua, 133
procera, 133
solandri, 134
var. *cliffortioides*, 134
Nyssa sylvatica, 240

Ostrya carpinifolia, 131
Oxydendrum arboreum, 244

Parrotia persica, 171
Paulownia tomentosa, 253
Phellodendron amurense, 202
japonicum, 202
Phillyrea latifolia, 250
Phoenix canariensis, 254
Picea, 74
abies, 78
asperata, 80
bicolor, 80
brachytyla, 76
brewerana, 75
engelmannii, 79
'Glauca', 79
jezoensis var. *hondoensis*, 77
likiangensis, 78
var. *purpurea*, 78
mariana, 80
obovata, 78
omorika, 76
orientalis, 77
polita, 74
pungens var. *glauca*, 79
'Hoopesii', 79
rubens, 80
schrenkiana, 74
sitchensis, 77
smithiana, 74
spinulosa, 75
Picrasma quassioides, 204
Pinus, 88
aristata, 100
var. *longaeva*, 100
armandii, 105
attenuata, 96
ayacahuite, 102
balfouriana, 100
banksiana, 92
brutia, 94
bungeana, 99
cembra, 106
contorta var. *contorta*, 91
var. *latifolia*, 91
coulteri, 99
densiflora, 88
flexilis, 107
halepensis, 94
× *holfordiana*, 102
jeffreyi, 98
koraiensis, 107
lambertiana, 104
leucodermis, 93
montezumae, 101
var. *hartwegii*, 101
monticola, 105
mugo, 92
muricata, 88
nigra
var. *caramanica*, 90
var. *maritima*, 90
var. *nigra*, 90
parviflora, 107
patula, 96
peuce, 104
pinaster, 95
pinea, 95
ponderosa, 98
radiata, 96
resinosa, 88
rigida, 96
strobus, 102
sylvestris, 88
thunbergii, 93
uncinata, 92
wallichiana, 107
Pittosporum tenuifolium, 237
Platanus × *acerifolia*, 173
'Pyramidalis', 173
orientalis, 172
Podocarpus, 28
andinus, 28
macrophyllus, 28
nubigenus, 28
salignus, 28
totara, 28
Populus, 108
alba, 110
× *berolinensis*, 109
× *canadensis*, 108
'Eugenei', 109
'Regenerata', 109
'Robusta', 109
'Serotina', 108
'Serotina Aurea', 108
canescens, 111
lasiocarpa, 111
nigra var. *betulifolia*, 108
'Italica', 108
tremula, 110
trichocarpa, 111
Prunus, 189
'Accolade', 189
'Amanogawa', 192
avium, 189
× *blireana*, 190
cerasifera, 190
'Atropurpurea', 190
'Nigra', 190
cerasus 'Rhexii', 194
dulcis, 194
'Hokusai', 192
'Kanzan', 192
laurocerasus, 195
lusitanica, 195
maackii, 194
padus, 195
'Watereri', 195
sargentii, 189
serotina, 195
serrula, 191
'Shimidsu', 193
'Shirofugen', 193
'Shirotae', 193
'Spire', 189
subhirtella 'Autumnalis', 190
'Tai Haku', 193
'Ukon', 193
'Umineko', 191
yedoensis, 191
Pseudolarix amabilis, 73
Pseudotsuga, 86
japonica, 87
macrocarpa, 87
menziesii, 86
var. *glauca*, 86
Pterocarya, 116
fraxinifolia, 116
× *rehderana*, 117
stenoptera, 116
Pyrus communis, 188
salicifolia, 188

Quercus, 140
acuta, 152
acutissima, 153
agrifolia, 150
alba, 147
bicolor, 146
canariensis, 142
castaneifolia, 142
cerris, 140
coccinea, 148
dentata, 144
frainetto, 144
× *hispanica* 'Lucombeana', 143
ilex, 150
imbricaria, 152
libani, 153
macranthera, 144
macrocarpa, 146
marilandica, 147
myrsinifolia, 152
nigra, 147
palustris, 148
petraea, 140
phellos, 152
pontica, 150
pubescens, 140
pyrenaica, 144
robur, 140
rubra, 148
suber, 150
× *turneri*, 143
variabilis, 151
velutina, 148

Rhus potaninii, 206
verniciflua, 206
Robinia hispida, 198
pseudoacacia, 198
'Frisia', 198

Salix, 112
alba, 114
'Argentea', 114
'Britzensis', 114
'Coerulea', 114
caprea, 112
× *chrysocoma*, 114
cinerea, 112
daphnoides, 112
fragilis, 112
matsudana 'Tortuosa', 115
pentandra, 112
Sassafras albidum, 169
Saxegothaea conspicua, 29

Sciadopitys verticillata, 54
Sequoia sempervirens, 50
Sequoiadendron
giganteum, 50
Sophora japonica, 199
'Pendula', 199
Sorbus, 177
aria, 182
'Lutescens', 182
'Majestica', 182
aucuparia, 177
'Beissneri', 177
cashmeriana, 180
commixta 'Embley', 178
cuspidata, 183
discolor, 178
domestica, 177
folgneri, 183
hupehensis, 179
intermedia, 181
'Joseph Rock', 179
× *latifolia*, 182
sargentiana, 178
thibetica, 183
× *thuringiaca*, 181
'Fastigiata', 181
torminalis, 180
vilmoriniana, 180
'Wilfred Fox', 182
Stuartia pseudocamellia, 235
sinensis, 235
Styrax, 245
hemsleyana, 245
japonica, 245
obassia, 245
Taxodium ascendens, 53
distichum, 52
Taxus, 24
baccata, 24
'Fastigiata', 24
'Adpressa Variegata', 24
cuspidata, 24
× *media*, 24
Tetracentron sinense, 166
Thuja, 46
koraiensis, 48
occidentalis, 47
'Lutea', 47
'Spiralis', 47
orientalis, 48
'Elegantissima', 48
plicata, 46
'Zebrina', 46
standishii, 47

Thujopsis dolabrata, 49
Tilia, 230
americana, 232
amurensis, 233
cordata, 230
euchlora, 230
× *europaea*, 230
× *moltkei*, 232
mongolica, 233
oliveri, 232
'Petiolaris', 232
platyphyllos, 230
'Rubra', 230
tomentosa, 232
Torreya californica, 26
nucifera, 26
Trachycarpus fortunei,
254
Tsuga, 82
canadensis, 83
caroliniana, 83
chinensis, 83
diversifolia, 84
dumosa, 84
heterophylla, 82
× *jeffreyi*, 84
mertensiana, 84
sieboldii, 84

Ulmus, 154
americana, 155
carpinifolia, 156
'Sarniensis', 156
var. *cornubiensis*, 156
glabra, 154
'Horizontalis', 154
'Lutescens', 154
× *hollandica*, 157
'Vegeta', 157
laevis, 155
parvifolia, 157
procera, 155
pumila, 157
Umbellularia californica, 169

Zelkova, 158
carpinifolia, 158
serrata, 159
sinica, 159
'Verschaffeltii', 158